表面原位交联聚合与应用

郑　直　赵红晓　何伟伟　编著
　　　　范晓丽　刘焕明

科学出版社

北　京

内 容 简 介

本书为读者提供了一类新的交联聚合方法：以"超高热"氢束流（泛指氢离子、氢分子或氢原子等含氢粒子的束流）作为引发剂的原位交联聚合。此类交联反应无须用到溶剂或任何添加剂，同时可有效节省能量、不损伤聚合物表面的原有结构。本书系统介绍了这类方法的相关概念、理论原理、各种实例、方法改进及在新型纳米薄膜材料、生物适应性材料等前沿领域的应用。本书共 11 章。第 1 章为概述；第 2 章介绍了与氢离子、氢原子和氢分子碰撞相关的基础理论与计算；第 3～8 章详细介绍了使用氢离子作为引发剂的处理和测试系统及交联聚合实例；第 9～11 章介绍了使用 H_2 分子作为引发剂的交联聚合及其应用。

本书可供化学、物理、材料、化工、生物和高分子等专业的本科生、研究生及相关领域研究人员使用，以期进一步拓展思路，开阔视野。

图书在版编目（CIP）数据

表面原位交联聚合与应用/郑直等编著. —北京：科学出版社，2021.11
ISBN 978-7-03-069895-7

Ⅰ．①表… Ⅱ．①郑… Ⅲ．①交联-聚合-研究 Ⅳ．①O631.5

中国版本图书馆 CIP 数据核字（2021）第 191436 号

责任编辑：贾 超 付林林 / 责任校对：杜子昂
责任印制：吴兆东 / 封面设计：陈 敬

科 学 出 版 社 出版
北京东黄城根北街 16 号
邮政编码：100717
http://www.sciencep.com

北京虎彩文化传播有限公司 印刷
科学出版社发行 各地新华书店经销
*
2021 年 11 月第 一 版 开本：720×1000 1/16
2022 年 2 月第二次印刷 印张：13 3/4
字数：270 000
定价：118.00 元
（如有印装质量问题，我社负责调换）

自 序

在常态下分子不停地运动，而在特定的条件下碰撞会导致分子分解。这种分子碰撞解离现象主导了质谱中分子碎片的形成、燃烧和等离子体化学等异于常态化学的科学原理，以及分子动力学与表面科学的交叉，相关的研究持续了几十年。例如，仅仅关于这种分子碰撞解离的质谱学研究便有上万篇科研论文，相关分子碰撞解离的综论文章也不少。本书则另辟蹊径，回顾和分析了这类特殊解离碰撞控制和驱动的化学反应及其带动的工业制造和工艺创新发明。

采用动能范围很小（5~20 eV）的最轻原子/分子（H 或 H_2）作为弹射粒子，并以吸附在表面上的有机分子为靶标，本书集中论述了如何通过可控的解离碰撞来实现 C—H 键断裂而不会破坏任何其他化学键的工艺。尽管文中直接探讨的离子束轰击与表面原位交联技术非常专业，但其科学和技术范围涉及化学、物理学、材料学、生物医学、半导体器件等众多领域。尤其重要的是，分子碰撞引发 C—H 键断裂的工业开发机会相当丰富，因为 C—H 键断裂将吸附的有机分子聚合成稳定的交联聚合分子膜，其厚度可调控至纳米级。这类只断裂 C—H 键而不破坏其他化学键的分子碰撞，确保了功能性交联聚合物薄膜的生产，并保留了在工业过程和工程设计中通过选择有机吸附剂所设定的化学官能团。此研发成果转化在实用工业制造工艺发明的一个示例是黄金饰品的修饰，在黄金饰品上先涂覆单层自组装硫烃分子膜，再在烃链上负载抗菌有机分子，最后以动能约为 10 eV 的 H_2 碰撞引发 C—H 键断裂，实现交联作用，产生高稳定性和耐磨的抗菌分子膜，超薄的表层厚度又确保了不损害珠宝的视觉美感。

本书陈述了一个跨学科的成功特例：主题是利用动能为 2~20 eV 的 H^+/H/H_2 的解离碰撞来断裂被吸附有机分子中的 C—H 键的研究，并以气相分子碰撞中的简单运动学来表述实际生产过程中的 H^+/H/H_2 的制备与动能调控，通过简单的分子动力学和相关实验设计与结果，阐明了有机分子与氢离子、氢原子、氢分子等弹射粒子之间解离碰撞中 C—H 键断裂及其后的分子交联应用。我深爱这些研究过程、方法与科学内容，衷心希望读者得悟这跨学科之道理和分子解离碰撞新境界。

刘焕明

2021 年 11 月

前　言

　　人们在探索客观世界的过程中，会不断有新的发现并产生新的认知。本书的特色之一就是基于离子束轰击、动量传递以及相互作用截面等不为合成化学家所熟悉的概念，系统介绍了一类表面原位交联聚合反应新发现：即利用氢束流（泛指氢离子、氢分子、氢原子等含氢粒子的束流）作为引发剂与有机分子碰撞，从而实现可控的 C—H 键断裂和分子薄膜的原位交联聚合。

　　读者需要理解利用氢束流来控制 C—H 碰撞解离的概念，这里起关键作用的是氢束流的"动能"（kinetic energy）而不是"总能量"（例如，基态 H^+ 的能量远高于基态 H 的能量，并且在本书的某些实验中可能远高于 H 的动能）。实际上，带有 10 eV 动能的 H^+ 的能量远高于 10 eV，而带有 1 keV 动能的 H^+ 的能量仍基本保持在 1 keV。而相关的实验性探索只能通过特殊设计的"质量选择离子束轰击系统"进行，该系统的离子动能范围为 2～100 eV，动能偏差约为 0.6 eV，而本书涉及实验中使用的最高动能为 150 eV。

　　课题组在早期的论述中曾使用过"低能量""低动能""超高热"（hyperthermal）等术语来描述弹射粒子。而在本书的撰写过程中，统一使用"超高热"来概述从 1eV 到几百电子伏的轰击动能（通常<500 eV）。对于使用"超高热"氢束流/氢离子束引发表面交联聚合的概念，编著人员进行了深入认真的讨论，尽管"超高热"的说法很容易让非专业读者产生此类反应是在"超高温"下进行的误解，但本着科学的态度，大家一致认为"超高热"用一个单词（术语）就界定清楚了动能范围，比"低能量（动能）"更能准确反映弹射粒子属性。"超高热"在本书大部分章节指的是弹射粒子动能在 10 eV 左右，相比之下"低能量"一词表示的能量范围却非常宽，即使从专业的角度也容易产生混淆。例如本书涉及的实验，低能量意味着几电子伏至几十电子伏；对于离子注入来说，低能量意味着 100 keV 左右（在这个领域的高能量意味着 MeV）；而在离子溅射中，低能量表示 1 keV 或略大于 1 keV，因为普通离子枪在 1 keV 以下操作时离子通量很小。

　　气体的平均动能可以通过公式 $3kT/2$ 来简单计算，其中 k 为玻尔兹曼常数，T 为热力学温度。对于氢原子来说，300 K 热力学温度对应的动能仅有 0.039 eV。因此，需要在这里澄清和强调的是，动能约为 10 eV 的"超高热氢"实际上是指通过氢等离子体（其制备基本与在厨房中使用微波烹饪类似）的气体运动学碰撞而产生的 10 eV H^+/H_2，而不是宏观上通过将氢气加热到 10^5℃的高温来控制氢的动能。可以这样理解：本书涉及的实验中 10 eV H^+/H_2 的体积密度实际上是非常低的，因此从宏观上讲，反应区域的空间温度并不高。但毫无疑问，当体积密度很高时（如太阳内部的"超高热氢"）应该能够达到百万级的"超高"温度。对于从事科学研究的人们来说，对专业术语本就应该精挑细选，以期教给读者一种用科学态度进行研究和传达科学思想及信息的精确方法。本书的任务之一就是引导人们去理解"超高热氢"这一较难理解的概念及其应用的重要性。

另外，上述质量选择离子束轰击系统虽然可以清晰阐明本书涉及的大多数关键概念，但却不利于本技术今后的工业开发。为此，刘焕明教授课题组又发明了一种足以满足工业应用的简单电子回旋共振（ECR）设备，其可产生高通量的超高热氢分子作为引发剂，实现了聚环氧乙烷等多种材料的表面交联聚合，显著提高了材料利用率和稳定性，成功获得了生物相容性好、抗菌活性及抗蛋白质吸附性能高、稳定性显著增强的生物材料。这方面的原理和应用将在第 9～11 章中详细介绍。

科学研究需要遵循科学规律，更需要认真思考和大胆质疑。本书涉及并解决了一个重要的科学问题：超高热氢束流碰撞导致的 X—H（C—H、O—H、N—H 等）化学键的选择性断裂，反应性和选择性需要做到很好的平衡，才能在实现高效交联聚合的同时保证表面官能性不被破坏。然而，从科学研究到技术转移可能还需要很长的一段路要走，需要很多对这一领域感兴趣的研究人员不断努力去实现。

本书由郑直、赵红晓、何伟伟、范晓丽和刘焕明撰写。其中第 1 章由刘焕明和郑直撰写；第 2 章由范晓丽撰写；第 3～6 章由郑直撰写；第 7～9 章由赵红晓撰写；第 10～11 章由何伟伟编写。由于本书理论性较强，还涉及众多非常专业的制备技术和术语，加之作者水平所限及时间仓促，难免有把握不准确之处，还请读者多提宝贵意见，并真心希望读者能从书中受益。

2021 年已近岁末，愿疫情的阴霾尽快散去。

郑　直

2021 年 11 月于许昌

目　　录

第1章 绪 论

1.1 引 言

经过一个多世纪广泛的研究和开发，聚合物已成为自第二次世界大战以来增长最快的材料之一[1]，融入了人类的日常生活和工作。聚合物材料具有突出的化学、物理、电学、光学和机械性能，同时兼具成本低和易于加工的特点。聚合物涂层是聚合物工业中最重要的应用之一，在某些基材上形成功能性聚合物薄膜可改变表面性质，但材料的整体性质保持不变。近年来，固体表面上聚合物薄膜的制备越来越受到关注[2,3]。以分子尺寸厚度附着在固体基质上的聚合物薄膜的应用，已经在各种保护涂层[4]、材料生物相容性的改进[5]和电子器件的制造[6]等诸多方面得到证明。特别是随着纳米科技的迅速发展，人们为了得到具有特殊功能性的聚合物薄膜，开始对包含纳米颗粒[7]或纳米棒[8]的超薄聚合物薄膜的研制给予更多的关注。另外，众所周知，聚合物分子产生交联以后很难再溶解于有机溶剂，使得通过旋涂等方法制备交联聚合物薄膜难以实现。

在化学的世界里，人们过去常常从热平衡的角度对化学反应进行研究[9,10]。而对于聚合反应，尤其是在本书工作中涉及的表面交联聚合，则主要是强调每个弹射粒子的定位、轰击能量、动量传递、相互作用截面和选择性等不为合成化学家所熟悉的概念，从一个全新的角度和思考方式来系统阐释了一种非常规的化学反应驱动方式。本书提出了"轻敲化学"（chemistry with a tiny and light hammer）这种新的化学反应机制来设计和实现化学反应（交联聚合反应）。超高热氢束流（氢离子、氢分子、氢原子等）被用作诱导表面交联聚合的新型引发剂，通过对轰击粒子剂量和轰击能量的精确控制，成功实现了可控制的交联聚合反应和纳米级超薄聚合物薄膜的制备，可用于开发新型纳米薄膜材料、生物适应性材料及微电子器件等，并成为聚合物科学中一条新的聚合途径。

1.2 聚 合 技 术

聚合是单体或较小化学单元结合形成聚合物的过程。聚合反应通常可通过以下方法实现：向单体中加入自由基引发剂[11]，使用具有能够产生自由基的官能团单体[12]，或使用催化剂[13]。

最近，通过表面引发聚合（SIP）从无机基材原位接枝聚合物膜的研究产生了巨大的吸引力，其中大多数聚合技术包括常规的自由基聚合[14]、基于（引发-转移-终止）剂的活性自由基聚合[15]和离子聚合等[16]都已经在固体表面上实现。然而，这些 SIP 中的大多数需要合成具有复杂结构的自组装-引发剂分子，因此需要许多反应步骤来完成聚合物薄膜的构建[17]。

特别值得指出的是，具有交联网络结构的聚合物材料通常不溶于有机溶剂，因此难以用传统的湿聚合方法制备相应的聚合物薄膜。本节简单介绍常用制备聚合物薄膜的干聚合方法。

1.2.1 固态辐照聚合

与湿化学聚合不同，电子、紫外（UV）光或某种形式的高能辐射（如γ射线或 X 射线辐射等）通常被用来辐照凝聚态单体以进行固态聚合。这种方法的优点：第一，聚合物可以由典型反应条件下不产生聚合物的单体形成；第二，固态聚合完全消除了溶剂或添加剂的干扰；第三，通过该技术生成的聚合物不同于使用常规湿化学技术由相同单体形成的聚合物。

1.2.2 等离子体聚合

在各种辐照聚合技术中，等离子体聚合作为重要的一类已经被深入研究。在20 世纪 90 年代早期，已经报道了通过平行板射频等离子体聚合（RFPP）技术制备的碳基聚合物薄膜[18]。随后，等离子体聚合技术又取得了很大进展[19-24]。人们已经系统研究了等离子体聚合中的离子种类、离子能量和剂量的作用。许多典型的聚合物单体已被证明可以通过等离子体聚合技术而发生聚合，包括四氟乙烯[25]、苯乙烯[26]、丙烯酸[19,27]、异戊二烯[27,28]和乙烯[29]等。

等离子体聚合技术指的是通过加热、低压、简单喷雾或这些方法的组合将有机和无机分子置于蒸气中，使这些分子通过接受电离能量，从而形成能够彼此反应的活性物种，并最终将它们自身沉积在表面上。这些活性物种可以是离子、自由基、中性或离子分子等。等离子体聚合这个术语通常用于描述导致表面聚合物膜形成的过程。该方法允许在低温下沉积聚合物薄膜。根据其所诱导的反应，等离子体聚合可分为等离子体诱导的聚合和聚合物态聚合[30]。对于前一类反应，通过等离子体处理含有官能团的单体，会导致活化物质（主要是自由基和离子）的产生。这些活化的物质彼此结合能够形成交联的聚合物薄膜。在后一种情况下，高能量等离子体轰击往往会引起靶标分子中含有的化学键断裂，从而导致活性位点的产生和接下来的聚合反应。

尽管等离子体聚合有效制备超薄聚合物膜在微电子、生物材料、腐蚀保护和黏附控制等领域具有重要作用，但是产品通常是具有复杂结构的聚合物。在大多数等离子体工艺中，活性物质是离子、原子、激发态物质或具有不同化学性质的自由基的混合物，众多反应同时进行，因此最终产物将是成分与结构复杂的薄膜。同时，在反应气体中发生等离子体烧蚀或蚀刻，会导致形成挥发性降解产物[31]。此外，基于等离子体处理的聚合物薄膜形成与许多变量有关，如反应器设计、功率水平、单体结构、单体气体压力、单体流速以及在哪个涂层上沉积等因素都会影响其薄膜性质难以再现[32]。因此，精准操控表面等离子体聚合反应机理的研究在理论和实验上都有难度。

1.2.3　紫外光辐照聚合

人们很早就已经知道紫外光是引发聚合过程的有力工具[33]，在许多情况下，实际上发生的是交联聚合过程[34-36]。紫外光照射（紫外线辐照固化）已证明能够在几秒内将液态树脂转化为固体聚合物材料并且特别有效，可用作耐候性保护涂料、高分辨率浮雕图像、玻璃层压板和纳米复合材料等[37,38]。特别是光引发的交联聚合反应可以通过红外光谱实时跟踪，并已被证明可以很快完成[39,40]。

近年来，随着环境保护法规越来越严格以及人们健康意识的普遍提升，环保型涂料体系的研究得到了极大推动[41,42]。与常规的交联方法（如众所周知的硫磺硫化等）相比，紫外光辐照聚合被认为是较环境友好的改进方法。然而，实际上在大多数紫外光辐照聚合过程中仍然需要添加光引发剂与终止剂。

1.2.4　光引发剂在聚合中的作用

光引发剂通过产生活性物质如自由基或离子在 UV 固化聚合中起关键作用[43]。有研究认为光引发剂会影响聚合过程的动力学以及聚合物网络的交联密度[37]，特别是它能够控制聚合速率和入射光的渗透，并因此控制可固化的深度。

为了提高交联聚合的效率，可用作自由基型的光引发剂必须满足以下要求[44]：要求汞灯发出具有强吸收的紫外光辐照、尽量短的激发态寿命以避免被大气中的氧猝灭、快速光解和分离以产生自由基、自由基对单体的高反应性、光引发剂在配方中的良好溶解性及无色无味光产物的形成等。但是，额外添加的光引发剂可能留下残留的光活性物质，从而导致固化涂层的加速降解以及在处理过程中产生不希望的萃取物[45,46]。光引发剂的另一个缺点在于其潜在的毒性[47,48]。

因此，在 UV 照射期间，不使用任何光引发剂而获得交联聚合物的研究会非常具有吸引力。Doytcheva 及其同事[49]开发了一种新的方法，通过紫外光辐照而不使用光引发剂实现了聚环氧乙烷固体膜的有效交联聚合，但作为交联剂的季戊四醇三丙烯酸酯（PETA）的存在也会带来一定问题。此外，尽管 Andreopoulos 课题组[50,51]在没有光引发剂的情况下实现了新型聚乙二醇（PEG）基聚合物的快速光聚合，但该方法在水凝胶的合成中受到限制。另外，大多数可用的丙烯酸酯单体具有较高的毒性，并且通常都需要彻底的照射，使得在微电子器件领域的应用中难以涂覆复杂的形状[52]。因此，寻找一种新的环境友好型加工技术以实现有效聚合，不但具有很高的学术研究价值，而且可以为大规模工业化应用提供重要手段。

1.2.5　电子束聚合

人们已经开发出了使用电子束辐照进行固态聚合的方法以实现聚合物薄膜的构建[53,54]，并研究了在二芳基碘盐存在下电子束诱导的阳离子聚合方法[55]，发现这种聚合在非常低的辐照剂量下能够快速发生。此外，Bruk 等[56]通过轰击能量为 1～100 keV 电子束辐照实现了聚合物薄膜在固体表面上沉积。在基于硅、氮化硅或金的基底上，运用这种技术可以制备膜厚度范围为 0.1～10 μm，包括聚甲基丙烯酸甲酯（PMMA）、丙二醇甲醚醋酸酯（PMA）、聚四氟乙烯（PTFE）、聚苯乙烯（PS）和聚丁烯（PB）等在内的多种均匀且无缺陷的聚合物薄膜。

特别是将脉冲电子束聚合技术[57]引入作为研究自由基聚合动力学和机理的工具[58]，这种表面处理技术已显示出明显的快速、清洁和环保的优点。在某种程度上，电子束固化技术正在越来越多地取代 UV 固化技术并用于实现高质量的表面涂层。然而，电子束本身电荷排斥导致的束斑扩散，使得这种方法需要几十千电子伏甚至几兆电子伏的超高能量来聚焦和传递电子束，而高能量电子束的轰击将导致聚合物薄膜的表面损坏。另外，高生产投资和高运营成本也是这类技术的短板。

1.2.6　其他有效的聚合方法

除了上述辐照聚合技术之外，一些其他方法，如可见光辐照、γ 射线辐照等[59]也可用于实现表面聚合。特别值得注意的是，Jakubiak 和 Rabek[60]对可见光辐照聚合中的光引发剂进行了综述，他们认为与紫外光照射类似，可见光引发剂的问题仍然不能得到很好解决。

γ 射线辐照的一个重要用途是将气态或液态单体接枝到固体塑料或涂层表面，从而显著改善表面性能[61]。因此，可以通过改变或设计聚合物材料的润湿特性、抗静电性能、黏合性能或表面电阻率以满足所需要求。γ 射线辐照的主要问题在于其较高的轰击能量，同样会导致聚合物表面的损坏。

尽管辐射源存在差异，但大多数固态辐照聚合过程都将在聚合物内部形成交联网络结构。而这个过程我们通常称为交联聚合。

1.2.7　交联聚合

Carothers 和 Hill 首先指出，凝胶化是交联过程中聚合物分子形成无限大尺寸的三维网络结构的结果[62]。长期以来，由于所涉及反应的复杂性和产物的不溶性，这种交联网络形成机制和固化树脂的精细结构一直存在争议。基于 Flory[63]和 Stockmayer[64]开创性的理论和实验工作，大量关于交联聚合的相关结果和讨论已经见诸报道。Dusek[65]对基于链交联聚合过程中的交联网络形成进行了综述，特别是强调了导致微凝胶样颗粒形成的环化作用的重要性。Dotson 等[66]研究了经典的 Flory-Stockmayer 理论对通过自由基交联聚合建立交联网络的预测，为了更全面地探索微观凝胶化的重要性，同时作为充分理解网络形成过程的最重要因素之一，几个研究小组[67,68]还进一步讨论了交联聚合机理。

如上所述，大多数涉及等离子体和紫外光的固态照射都会导致处理过的薄膜发生交联作用，并因此使交联薄膜具有不可溶性。特别是在本书的工作中，我们主要是采用简单的分子（单体）或线型聚合物分子制造交联聚合物薄膜，用超高热氢束流作为引发剂来处理这种属于交联聚合类的表面反应。

1.2.8　离子束引发交联聚合反应

虽然已经有大量的聚合（交联）方法被广泛用于制造聚合物材料或聚合物薄膜，但 Marrion 指出，理想的状况是从涂料配方中消除所有的有害物质[52]。一方面新的聚合路线技术成本可能很高，而环境污染对用户损害所带来的风险和惩罚可能会更高，因此寻求新的聚合（交联）方法和更加环保有效的涂层技术的探索永远不会终止。

过去的几十年中，使用粒子轰击为化学反应提供额外驱动力的研究在许多课题组获得成功[69,70]。人们对采用离子束轰击制备交联聚合物产生了兴趣，主要是因为这种方法为以精准离子束条件来改变和调控聚合物近表面性质提供了可能性。尽管过去强调术语——离子束（诱导）聚合或离子束交联聚合的报道并不多，但通过离子束技术引发聚合物表面交联并因此增加材料相应强度和不溶性的研究已经引起人们的注意[71-73]。然而，基于这类交联作用的表面反应机理仍需进行全面和深入的研究[74]。在研究超高热氢束流诱导交联聚合这一具有挑战性的工作之前，本书将首先介绍一些与离子-聚合物表面相互作用有关的重要影响因素。

1.3 离子束轰击对聚合物薄膜表面的影响

用于改性聚合物薄膜的离子束辐照可以广泛应用于以受控的方式改变聚合物薄膜物理和化学性质的研究，这个过程中涉及电学和光学性质[75,76]、表面浸润性[77,78]、黏合性[79,80]、生物相容性[81]、表面硬度和耐磨性等诸多性能[82,83]。特别是离子束辐照技术已被证明在生物医学领域是一种有前景的聚合物表面改性方法，可以改善和控制细胞附着和黏附的生物相容性[84-86]。至于离子束处理聚合物薄膜的表征，Davenas 等[87]通过卢瑟福背散射光谱（RBS）、傅里叶变换红外光谱（FTIR）、紫外可见（UV-vis）吸收光谱和 X 射线光电子能谱（XPS）研究了几种离子束辐照聚合物中化学键和新诱导性能的变化。

X 射线光电子能谱是一种非常成熟的表面分析工具，通常用于表征聚合物表面和离子束诱导的化学反应情况[76,77,82,84]；而原子力显微镜（AFM）技术主要用来表征离子束处理的聚合物的表面形态、粗糙度和纳米级结构等[88-91]。在本书中，各种超高热氢束流处理的样品主要采用 XPS 和 AFM 进行表征，具体过程将在第3 章中详细讨论。

1.3.1 离子束轰击技术

近年来，离子束研究和技术变得越来越重要。这项技术的主要特点是通过使用弹射粒子的动能来克服特定反应的活化能，这为化学家提供了一种相当独特的方法来控制化学反应。从某种程度上来说，可能只有使用离子束技术才能实现既控制反应物的能量值到足够高以促进反应物的化学吸附，又能控制到足够低以防止撞击引起的负面解离发生[92]。

目前有很多科学家正在致力于低能量离子束系统的开发和应用[93-95]。与等离子体表面处理不同，低能量离子束系统能够提供纯的（不含杂质）入射离子，精确控制离子的种类、能量和剂量，并且可以具备众多的优点，包括简化工艺和缩短处理时间、实现化学键的选择性断裂、引入所需的官能团及更好地理解相关表面反应或离子-表面相互作用的机理[77,92]。总的来说，离子束技术在研究聚合物表面化学方面展现出无限的未来前景。

1.3.2 离子束轰击对表面官能性的调控作用

对于聚合物应用（如生物医学应用）过程中，表面反应活性作为关键技术考虑时，体相材料通常仅仅充当了研究某种特定表面反应性的一种经济实用的载体。

从表面添加或去除某些化学官能团可导致在聚合物的外部区域发生显著变化，而内部体相性质却能够保持不变。

现代技术要求的具有特定性能的聚合物薄膜可以通过离子束技术很好地实现。与前面提到的将聚合物链交联到显著深度并可能改变其整体性质的紫外光辐照相反，离子束处理通过入射物分子而非光辐射来影响聚合物结构，从而能够将其影响作用限制在某些原子渗透和扩散边界内[96]。因此，离子束技术可以为我们提供一种制造具有特定表面反应性交联聚合物薄膜的方法。尤其值得指出的是，低能量离子束系统的使用允许我们设计聚合物表面的单一功能性，而对起始聚合物表面的损害可以达到最小。刘焕明课题组在离子剂量和能量的严格控制下实现了这种独特的表面反应[77]。因此，该领域的研究和开发与新材料合成和加工技术的进步息息相关。

为了理解离子束轰击对聚合物表面的影响，特别是用离子束如何定制聚合物表面功能性，首先必须考虑各种弹射粒子与聚合物表面的相互作用。基本概念和一些相关实验结果将在下面 1.3.3 节中介绍。

1.3.3 离子-表面相互作用

弹射粒子对表面的轰击在离子束辐照中起着至关重要的作用，这可能导致化学键断裂、表面活化或其他表面化学反应。例如，当聚烯烃[如低密度聚乙烯（LDPE）]或芳香族聚合物[如聚苯乙烯（PS）]暴露于离子束辐照时，主要影响是会导致自由基、双键和一些新化学键的形成，它们可以与其他原子或分子反应，从而对初始的聚合物结构进行修饰[97]。所有这些影响在很大程度上取决于目标参数（如化学结构、分子量、成分、温度等），以及离子束参数（如类型、离子能量和剂量等）。与离子-聚合物相互作用相关的主要现象包括链聚集、链断裂、官能团变化（双键形成）及溅射或分子发射等[98]。

1. 表面溅射作用

在离子束轰击下固体表面会被腐蚀，一般认为是发生了溅射的作用。理论上，具有较大质量的弹射粒子都会侵蚀各种材料表面。作为人们感兴趣的主要技术参数，溅射产率被定义为每个弹射粒子引发的平均发射原子数。表面溅射的效果一般取决于被轰击材料的类型、状态和结构，特别是弹射粒子的特性[99]。例如，关于碳和石墨溅射产率的实验数据显示，Xe^+ 作为弹射粒子的产率高于 Ar^+。当溅射速率较低时，先前溅射出来材料的再沉积会变得更加显著，并且在离子束处理产生新的表面特征与通过溅射去除改性层之间存在微妙的平衡[89]。

过去，人们已经做了很多努力来研究聚合物的表面溅射效应，包括表面损伤、溅射引起的化学变化以及溅射引起的表面粗糙等[100-104]。为了证明与起始或者受损材料有关的发射机制，Delcorte 等[105,106]通过 2～22 keV Ga^+ 轰击研究了离子束引起的受损表面。从聚合物靶标溅射出来的分子离子可以通过飞行时间二次离子质谱仪表征。与完全相同条件下的 Ar[+]轰击相比，用 SF[+]$_5$轰击能够使特征分子、离子的二次离子产率提高 10～50 倍。这种效应被认为是多原子起始弹射粒子所固有的高溅射速率和低穿透深度的作用结果[107]。

虽然离子束溅射沉积技术已经得到应用并且发展很快[108]，但溅射沉积的样品有时只是作为前驱体而不是最终目标产物。在目标样品直接受到离子束轰击的情况下，人们并不希望发生表面溅射效应而对材料表面造成损害。Sigmund[109]的研究认为，这种反向的溅射产率与在固体表面实施沉积的能量成正比。考虑到只有当入射离子能量大于 20 eV 时的溅射效应才变得显著并可测量[110]，为了避免或最小化不必要的聚合物表面溅射效应，本书涉及的研究将主要采用超高热（约 10 eV）的粒子轰击。

2. 自由基形成

在与离子束轰击相关的研究工作中，许多实验数据都表明了过程中自由基的形成[111,112]。Lee[113]研究了离子束辐照聚合物表面的基本原理，并在图 1-1 中阐明了辐照产生的各种功能性化学物种，其中涉及了自由基的形成。在某种程度上，即使是断链过程也可能在被照射的表面上留下自由基。因此，当相邻分子链上产生的两个自由悬空离子或自由基对结合时，可能发生交联作用[113]。

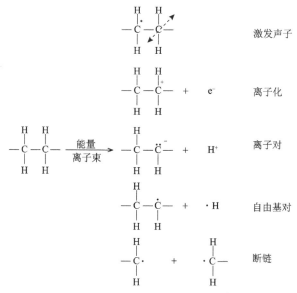

图 1-1　离子辐照引起的典型结果[114]

包括声子激发、电离、离子对形成、自由基形成和断链等

Kang 的课题组研究表明，由千电子伏特级（keV）Ar⁺离子束轰击在 PTFE 薄膜上引起的表面化学反应就包括自由基的形成[111]。根据他们的工作可知，在 Ar⁺离子束照射的 PTFE 表面上存在自由基，证据是表面暴露于空气后氧气浓度的增加。他们假设在接触空气中的活性氧之前，离子束在 PTFE 表面上诱导产生的自由基在真空室中可能是稳定的。他们的研究还发现较高的离子能量将在聚合物表面上导致更为广泛的自由基形成。

Martínez-Pardo 及其同事研究了在兆电子伏特级（MeV）H⁺离子束辐照下 PS 和 LDPE 薄膜的相互作用机理[112]。他们的实验结果可以用于推断辐照过程中的自由基形成过程。有人提出，轰击 LDPE 表面产生的烷基自由基可以通过质子迁移反应沿聚合物链或链端移动，从而促进了表面分子进一步的交联，因为质子迁移作用增加了大分子的自由基与另一个自由基中的活性位点相遇的可能性。研究人员对这种基于质子辐照 LDPE 产生自由基前躯体的机制也已作了详尽的阐述[112]。

同样，Davenas 等[87]发现聚乙烯（PE）和聚苯乙烯在辐照下通过氧化和脱氢作用进行改性，形成了 C=C 双键，进而允许网状化结构的形成。例如，通过自由基的形成来实现分子链之间的交联聚合。为了证实离子束轰击过程中自由基的存在，Švorčík 和 Nakagawa 课题组[115,116]的研究中，使用电子顺磁共振（EPR）确定了离子辐照引起自由基的产生。

总的来说，尽管自由基产生的准确步骤尚未完全确定，但有机分子薄膜上由于离子束辐照在分子链中形成自由基的可能性很大，并且这种交联聚合作用会进一步导致表面三维网络结构的形成。

3. 主链断裂与交联聚合作用

过去，科研人员曾花费了大量精力研究电子和原子核的停滞作用对材料的影响。然而，这些在聚合物材料中产生性质变化的作用，包括交联和主链断裂的程度，却有一些相互矛盾的报道[113]。

当高能离子穿过聚合物介质时，通过两个主要过程失去能量，即通过与目标电子相互作用的电子停滞和通过与靶标原子核相互作用的核停滞。Lee 的研究结果[113]表明，尽管这两个过程都可能引起交联和断裂，但电子停滞主要对交联聚合产生贡献，而核停滞则主要对分子链的断裂起作用。研究人员认为核停滞作用由于独立的位移损伤性质会导致更多的断裂，并且在相邻分子链紧邻位置同时产生两个自由基的概率是低的。另外，电子停滞作用由于大量集中的激发而可能引起更多的交联，这会产生较大的激发体积并因此导致这个体积内产生的离子和自由基对之间强制性的相互作用。

Lee 的研究进一步指出，交联最重要的参数是每单位离子路径长度或线性能量转移（LET）所聚集的能量。然而，这个结论主要在允许使用统计结果的情况下，通过高轰击能量获得的。对于能量大约为 10 eV 的 H$^+$离子束轰击，能量转移的深度仅限于几纳米的范围，因此从高能量离子束轰击研究中获得的统计结果可能不适用。

在离子束轰击过程中，主链断裂和分子间交联是两个主要过程，而主导过程不仅取决于聚合物结构，还取决于辐射源的特性，即离子种类、离子能量和剂量等参数[113]。

Martínez-Pardo 等[112]研究了用三种不同能量和剂量的 H$^+$（MeV 级）照射 PS 和 LDPE 薄膜的情况，发现 LDPE 受离子束辐照的影响大于 PS，并且提出了 PS 和 LDPE 的自由基机制，发现对于 PS 来说既可以通过主链又能够通过苯环进行交联。此外，他们的研究结果还表明，在高能量和剂量下同时存在交联和断链，并且变得非常重要。

PS 是在用高能粒子轰击时主要发生交联作用的聚合物。Klaumünzer 及其同事[74]通过分别用 0.3 MeV H$^+$、1.5 MeV O$^+$、0.4 MeV Ar$^+$及 6.5 MeV Ar$^+$照射 PS 薄膜研究了相关的交联效应。结果发现，除了电子能量损失之外，粒子入射速度也是定量理解 PS 交联效率的重要参数。然而，尽管对离子束诱导 PS 薄膜交联作用已经研究了十多年，但仍然缺乏全面和深入的理解。

随后，在 PTFE 表面上也证实了由 keV Ar$^+$离子束轰击引起的表面交联聚合反应，并导致了表面显微硬度的增加[111]。这里显微硬度是交联度的反映，随着离子剂量的增加，交联度和显微硬度都会随之增加。

Schnabel 等[117]通过离子束辐照研究了聚硅烷的交联，其研究结果清楚地证实了聚甲基苯基硅烷由于表面交联聚合作用形成三维网络并使薄膜变成不溶的事实。当经受高 LET 辐照时，应该主要进行分子间的交联，并且一些其他具有各种芳香族或脂肪族成分的聚硅烷主要表现相似。相反，对于相同的聚硅烷，研究者发现用 ^{60}Co-γ 射线照射主要诱导主链断裂，反而导致聚合物平均分子量降低。这意味着离子束辐照下交联或断链哪个作为主体也取决于不同的辐射源。

主链断裂会产生分子量较小的分子，这种效应对薄膜机械强度是不利的。而表面交联聚合作用则通过化学键合形成网络结构增强了聚合物薄膜的机械强度、硬度、耐磨性、耐刮擦性、溶剂稳定性及热稳定性等[118,119]。特别是在本书涉及的工作中，更希望通过超高热氢束流（氢离子、氢分子、氢原子等）轰击发生交联而不是链断裂，从而直接制备表面交联聚合物薄膜。这种新颖的表面交联聚合反应在不对初始表面结构造成任何损害的情况下进行。

4. 表面官能团在离子束轰击下的变化

离子束通过将特定官能团接枝到聚合物表面，已在生物材料、黏合和印刷等方面得到应用[77,120]。离子束轰击通过几种途径诱导表面官能团的变化。对于在简单的聚乙烯薄膜上惰性 H_2 和 He^+ 离子束轰击的情况，主要的化学作用是形成不饱和 C═C 键、表面层部分石墨化或由于断链而形成甲基等，而 N_2^+ 离子束轰击主要导致 C—N 和 C═N 表面官能团的形成[121]。

通过在仅含有 C—H 键的聚合物表面进行多原子离子束轰击，可以在表面引入各种官能团。例如，通过在特定的轰击能量（<100 eV）和剂量[77]下用 OH^+ 和 NH^+ 进行轰击，可以将特定的化学官能团接枝到聚苯乙烯表面。在这种情况下，离子束引起的表面官能团的化学变化在很大程度上取决于离子种类、剂量和能量等。显然，由于弹射粒子具有不同的化学性质，OH^+ 轰击导致形成含有 C—O 键的官能团，而 NH^+ 轰击导致形成含有 C—N 键的官能团。当 OH^+ 的轰击能量超过 10 eV，或剂量高于 1×10^{16} 离子/cm^2 时，会产生 C—OH、C—C═O 和 C—COOH 等官能团的混合物，但这种处理同时会严重损坏分子中的芳香环。然而在 10 eV 的轰击下，剂量为 1×10^{16} 离子/cm^2 时仅发现 C—OH（或 COR）基团。因此，入射离子的化学性质并不是决定最终表面功能性的一个充分控制参数。类似的结果和论据同样可以应用于 NH^+ 轰击。

类似地，氟化是对离子束诱导过程研究最充分的过程之一。通过 1 keV F^+ 和 CF_3^+ 离子束轰击能够在聚合物表面上产生—CF—和—CF_2—的氟键合环境。研究人员发现通过 SF_5^+ 和 $C_3F_5^+$ 离子束轰击在聚合物表面上的氟化机制是不同的[122]。总而言之，当用于轰击主体的离子束本身直接带有官能化反应物时，对离子种类、离子剂量和能量的精确控制为我们提供了一种独特的方式来定制聚合物表面功能性[92]。

对于简单的惰性离子束轰击，考虑到在重复单元中具有官能团的靶分子的影响，人们对 5 keV Ar^+ 离子束轰击 PMMA 薄膜的一系列离子束轰击剂量进行了研究[88]。从拟合的 XPS C 1s 芯能级谱图看出，对应于高结合能（C—O—C 和 C═O 侧链基团）两种组分的信号强度随着离子剂量的增加而降低。特别是在相对较高的 5×10^{15} 离子/cm^2 轰击剂量时，C═O 基团的信号消失。结合氧原子浓度以及与氧结合的碳原子浓度随离子剂量增加而同时降低的事实，研究人员认为 Ar^+ 离子束轰击可破坏—$COOCH_3$ 官能团。至于 Ar^+ 离子束轰击引起的 PMMA 的交联或断链效应，由于较大的侧链限制了链的迁移，从而阻碍了交联[113]。因此，Ar^+ 离子束轰击在诱导表面交联的同时会损害具有官能团的侧链。因此较低的离子束轰击剂量有利于官能团的保存。

此外，在 PTFE 薄膜上进行 Ar^+ 离子束轰击会在其 XPS C 1s 芯能级谱图中产生几个额外信号，分别对应于—CF、—CF_3 和 $C(CF_2)_4$ 等物种[111]。并且随着离子剂量或能量的增加，这些信号的强度也会显著增加，而初始主要物种—CF_2 的强度却显著降低。在这种情况下，Ar^+ 离子束轰击导致主干骨架结构的破坏和新化学键的产生。离子束轰击引起的表面官能团变化可通过调节离子种类、离子剂量和能量来控制。以上这些论点有助于使用超高热氢束流处理和研究这类新型表面聚合反应。

1.3.4 离子束轰击过程中的表面荷电效应

在聚合物表面上进行离子束轰击的过程中，由于正电荷在绝缘性聚合物表面上的积聚，从而降低了轰击能量的准确度。此外，与导电基底相比，人们发现如果使用绝缘基底，其荷电效应会导致离子注入深度的减小[123]。研究人员还通过对表面电位的测试与分析研究了离子束轰击引起的荷电效应[124]。为了克服表面荷电效应带来的麻烦，Oates 等[125]开发了一种技术，在离子注入前将一层很薄的导电膜沉积在基板上。对于高能量（keV～MeV）的离子束轰击，这种表面荷电效应很少被提及，因为相应的轰击能量偏差可能不会带来非常严重的问题。而另一方面，如果在导电表面上进行离子束轰击，入射的离子束可以在接近表面时立即被中和，不会出现荷电效应[126]。然而，对于在绝缘聚合物上辐照的超高热（eV 级）离子，这种荷电效应会变得非常显著。

有两种方法可以解决辐照过程中的荷电问题。一种是在轰击靶室中添加电子枪，提供额外的电子以中和表面上的正电荷。在本书的研究中，则使用了另一种简单的方法，即通过在导电或半导电的基底上制备超薄有机薄膜，其电子可以很容易穿过薄膜并补偿表面上的正电荷。显然，制备的薄膜越薄，避免荷电效应的效果就会越好。因此，这种方法使得在导电基底上用超高热轰击制备超薄交联有机薄膜成为可能。

1.3.5 离子束参数的影响

对于离子束，轰击参数的控制决定了辐照效果和最终产品的性质，这些参数包括离子束轰击剂量、离子束轰击能量和离子束种类等。

1. 离子束轰击剂量

通过精确控制离子束轰击剂量，可以利用沿离子束柱的静电场方便地实现离子束的快速开启和关闭。为了实现制备具有单一表面化学官能性的聚合物薄膜，这种可控性特别重要[92]。

Marletta 等已经对离子束诱导与聚合物表面相互作用的影响做了很多研究[127,128]。在他们的实验中，聚酰亚胺薄膜用中等能量（150 eV）Ar^+离子束以$5 \times 10^{12} \sim 2 \times 10^{17}$离子$/cm^2$的不同剂量进行轰击，对处理后的样品进行 XPS 分析[129]。实验结果显示对聚酰亚胺进行一定离子剂量的轰击后，XPS C 1s 芯能级谱图的变化非常明显。对于初始聚合物改性，似乎能够通过逐步消除羰基和相应的亚胺环破坏，以低离子剂量（5×10^{14} 离子$/cm^2$）来进行。当以中等剂量（5×10^{15} 离子$/cm^2$）辐照时，C 1s 芯能级谱图中在较低结合能位置处产生了肩峰，这主要是由于无定形炭等一些新化合物的形成。

Choi 的课题组[130]研究了 Ar^+辐照过程中聚合物与氧气之间的化学反应，离子剂量范围为 $5 \times 10^{14} \sim 1 \times 10^{17}$ 离子$/cm^2$，XPS C 1s 和 O 1s 芯能级谱图显示了作为离子剂量函数的相应变化。随着离子剂量的增加，发现 C 1s 和 O 1s 芯能级谱图都变得更宽，表明由于更高剂量离子的传递，逐渐引入了新的化学键。研究者对 PMMA 样品也用 5 keV Ar^+进行了轰击，离子剂量范围为 $1 \times 10^{12} \sim 5 \times 10^{15}$ 离子$/cm^2$。Pignataro[88]解释了他们的实验数据，即在大于 1×10^{14} 离子$/cm^2$ 的离子剂量下，交联成为最可能的效应（而不是主链断裂）并产生了三维网络结构。此外，Kang 的课题组[111]得到了类似的实验结果。随着 Ar^+离子剂量的增加，经处理的 PTFE 薄膜的表面交联度增加，而从 XPS C 1s 芯能级谱图分析来看，初始 CF_2物种的组分却明显降低。

最近，由于 AFM 技术的快速发展，离子束轰击过程中离子剂量对聚合物表面形貌的影响受到更多关注。Netcheva 和 Bertrand[89]观察到 Xe^+轰击聚苯乙烯表面的粗糙度和表面形态的变化强烈依赖于离子剂量，并提出了一个可能的离子剂量阈值。同样，其他一些 AFM 观察结果也表明，随着离子剂量的增加会增加表面粗糙度[103,104]。在用更高的离子剂量和能量轰击处理后，作为聚合物中非常强的脱氢和交联结果，可以观察到石墨化的现象[90,115]。其他一些研究小组也获得了类似的研究结果[131]。

最重要的是，为了用离子束来调控聚合物的表面功能，对于聚合物表面最终组分来说，离子剂量的影响变得尤为重要。刘焕明课题组[92]指出过量的离子剂量会导致不必要的化学键断裂，这会导致反应物相同的碳位点多次接收到离子束轰击，以及发生其他不必要的表面化学反应。例如，在额外的 OH 束流到达的情况下，将两个 OH 插入相同的碳位点可导致氧化数为 2（而不是 1）从而形成醇，随后可通过重排释放水分子形成羰基[132]。

当离子束直接携带官能性反应物时，使用剂量控制可以限制少于半个单层覆盖的官能团的引入，并将阻止多于一个化学基团化学吸附到相同的碳位点。总而言之，在聚合物表面功能的工程和调控过程中，离子剂量的精确控制是关键的反应因素。而另一个关键因素是对离子束轰击能量的控制。

2. 离子束轰击能量

离子束技术利用弹射粒子的动能能够克服特定化学反应的活化能，为化学家提供了一种控制化学反应的独特方法[92]。在聚合物表面上的离子束轰击过程中，轰击能量是决定离子-表面相互作用的关键因素。Kang 课题组的研究结果[111]表明，经 Ar+离子束处理 PTFE 薄膜的表面组成对千电子伏范围内的离子能量表现出相当强的依赖性。从 Ar+离子束处理的 PTFE 薄膜的 XPS C 1s 芯能级谱图来看，作为起始反应物中主要组分的 CF_2 随着轰击能量的增加而降低。

Marletta 课题组[133]收集了有关重离子与聚合物相互作用的有价值信息，其中涉及 γ 射线、X 射线、电子和中子的辐照诱导效应的差异。对于高能量（1 MeV）轰击，入射离子束会经历电子能量的损失。显然，不同类型的辐照可以导致产生不同的化学和物理改变，因为能量沉积机制和随后的辐照诱导化学反应会随着弹射粒子的性质和能量而变化。

Lee 及其同事[82]认为，当用 2 MeV 的高能量 Ar+离子束处理 PTFE 薄膜时，断链成为主要的化学反应，而在相对较低离子能量（2 keV）照射下的表面反应会同时涉及断链和交联作用。同样，在 Martínez-Pardo 及其同事的研究中，1.8 MeV 的高能量 H+离子束辐照也证实了断链是主要过程；而对于 1.0 MeV 和 1.5 MeV 的轰击能量，存在交联和断裂过程。然而，使用较高离子能量（100 keV 至 1 MeV）的一些结果[134-136]已经表明，轰击处理后聚合物的物理化学性质不随轰击能量明显改变，而是随着高能粒子的数量而变化。

通常，用高能量离子束轰击会导致人们不希望的化学反应发生，如断链、溅射甚至石墨化等，这会对初始聚合物结构造成严重损害[105,117,137]。例如，当用 90 keV N+以高剂量轰击聚酰亚胺时，会发生碳化和石墨化，另外 AFM 表面形貌也会产生较大变化[90]。对于 250 keV Ar+[138]对聚苯乙烯的表面处理、4 keV Xe+对聚乙烯的表面处理[139]，甚至对于 500 eV N+离子束轰击的情况，都观察到了类似的表面损伤[91]。结合这些结果，研究者已经认识到高能量的轰击带来的复杂效应，使得表面反应和最终产物难以精确控制。

在对聚合物表面的超高热离子束轰击的研究中，刘焕明课题组[77,92]以 $1×10^{16}$ 离子/cm² 的恒定剂量向聚苯乙烯表面输送纯的 OH+，但能量范围控制在 5～50 eV。他们的研究结果表明，在低于 10 eV 的情况下，实现了在聚合物表面上引入单羟基官能团的目标。另外，在轰击能量高于 10 eV 的情况下，轰击会导致醚、羰基和最终羧酸的形成。当离子束能量超过 10 eV 时，会有大量的 OH 在撞击时解离，从而产生原子氧及其相关的其他反应路径，并将表面碳位点氧化成氧化数为 2 和 3 的产物[132]。当有机烃薄膜暴露于 CF+物种轰击时也观察到了类似的作用结果[92]。随着轰击能量从 2 eV 增加到 100 eV，处理后的烃表面组分发生了显著变化。总而言之，超高热离子束轰击对于精细制造改性聚合物薄膜是优选方案。

3. 离子束种类

对于离子束辐照过程，首先应该考虑的是离子种类的选择，并可以通过低能量离子束系统进行质量分离。使用纯离子物质参与表面反应减少了副反应，因此易于研究相应的反应机理。根据不同的研究要求，大量的离子种类均可用于离子束技术，包括简单的 $Ar^{+[88,111]}$、$N^{+[90,91]}$、$Xe^{+[89]}$、$Ga^{+[105]}$，以及多原子离子如 CF^+ 等物种[92]。研究人员还进行了高轰击能量（MeV）H^+ 的轰击以改变聚合物表面，并发现在这个过程中交联和断链也会同时发生。

强化学活性离子的轰击将导致交联聚合物薄膜中特殊官能团的引入。刘焕明课题组的研究[140]发现，当碰撞离子能量低至 2～100 eV 时，由氟碳化合物分子离子（CF^+ 和 CF_2^+）轰击引起的表面反应在很大程度上取决于离子种类的分子特性。另外，含氟离子的分子性质使其仅作为以高轰击能量输送强化学活性氟原子的便利载体。

为了能够产生特定的表面化学官能团，刘焕明课题组[77]将纯的 OH^+ 和 NH^+ 输送到聚苯乙烯表面进行反应。在他们的实验中，OH^+ 和 NH^+ 的反应性差异值得注意。在其他条件相同的情况下，通过 OH^+ 和 NH^+ 轰击掺入聚合物中的氮和氧的量分别为 8% 和 11%。因此，除了离子能量和剂量之外，弹射粒子的化学性质仍然在离子束轰击中起到重要作用。此外，在暴露于 OH^+ 前首先使用 Ar^+ 离子束轰击预处理，由于额外产生的键断裂以及活性位点（自由基）的形成，也大大增加了 OH 在最终产物中的掺入[77]。特别值得一提的是，为了将 OH 基团引入非常稳定的 Teflon 表面，通过用惰性气体原子的轰击预处理进行表面活化步骤，能够产生更多的活性位点，并将 OH 反应物输送到那些位点[92]。

根据 De Jager 的研究结果[141]，即使最轻的 H^+ 也可以传递足够的能量来诱导化学反应。更为重要的是，超高热 H^+ 离子束轰击引起的表面损伤可以忽略不计。对于人们感兴趣的大多数离子能量范围，由 H 或 He 等小原子引起的核停滞作用可以忽略不计，因为低质量原子的卢瑟福横截面和动量转移很小[113]。对于具有大量核子的离子物种而言，能够主导链断裂作用的核停滞过程显得尤为重要。例如，用较大质量的 Ar^+ 或 Xe^+ 离子束轰击会导致比 H^+ 更多的链断裂。此外，Wielunski 及其同事解释说，聚合物表面上 H^+ 离子束轰击产生薄膜的硬度比 Ar^+ 大得多[142]。他们的研究结果还表明，由电子停滞过程主导的 H^+ 撞击引起的键合变化在提高聚合物硬度方面比 Ar^+ 撞击更有效，因为 Ar^+ 撞击同时具有相当大的核停滞和电子停滞，而核停滞主要导致链断裂不利于表面硬度的提高。以上这些结果共同支持这样一个结论，即电子停滞是主导聚合物交联和硬化的主要过程。在本书所涉及的实验中，选择氢粒子（氢离子、氢分子、氢原子等）作为引发剂来诱导未受损的表面交联聚合反应，并采用 Ar^+ 与 H^+ 相比较来研究断链和表面溅射效应。

1.4　超高热氢束流轰击

　　基于上述介绍，在本书涉及的工作中，通过强调每个弹射粒子的定位、反应截面和选择性等非常规考虑的重要性，对如何驱动化学反应进行了细致的阐述。以能量均为 10 eV 的光、电子和 H^+ 为例，其相应的波长分别为 1240 Å、3.9 Å 和 0.091 Å，与氢相互作用的反应截面分别为 0.2 Å^2、0.3 Å^2 和 4 Å^2 [143,144]。这种相当不寻常的比较表明，在这三种常见的弹射粒子中，H^+ 能够以最高的有效性"击中"最大的区域。而一个更有趣的属性是能量转移，在由粒子碰撞引起的反应框架中，所谓选择性的主要考虑因素并不是弹射粒子与靶标分子的电子结构与波长的匹配，而是动量转移的最大化。

　　一般来说，尽管文献中所提及的"超高热"一词通常是指轰击能量为几百电子伏[76,84]，但理论上只需要几电子伏轰击能量就足够破坏表面化学键[126]。通过这种方式可以开辟一条全新的反应路径，而该领域无论在理论上还是实验上都需要进一步开发。H^+ 由于其最小的离子尺寸而具有非常高的电荷密度，导致在碰撞期间对靶原子中电子的电磁相互作用具有强烈影响并且导致电子激发和电离[113]。因此，本书作者最初选择 H^+ 作为引发剂轰击分子表面来实现全新交联聚合反应的研究，是由于离子比较容易以电场与磁场来提纯和准确调控动能，但为了避开离子引起的负面反应和产生高束流密度超高热离子束的技术困难及高投资成本，作者进一步开发了高通量氢分子作为引发剂，实现了更为高效和实际可产业化的交联聚合反应。

1.5　本书的基本思想和章节介绍

1.5.1　HHIC 与轻敲化学

　　本书统一使用 HHIC（hyperthermal hydrogen induced cross-linking）描述超高热氢引发的交联聚合反应，这里的"氢"是泛指，基本思想是选择超高热氢束流（氢离子、氢分子、氢原子等）作为诱导表面交联聚合的新型引发剂，这类质量很小的粒子与目标分子的碰撞类似于"小锤子的敲击"，并由此产生交联聚合化学反应。因此在本书中用"轻敲化学"来形象地描述这种全新的化学反应机制。一方面由于这类弹射粒子本身的质量非常小，另一方面通过精确控制轰击能量和剂量，以受控方式选择性地断裂有机膜中的 C—H 键，同时保持 C—C 和 C═O 键以及其他化学键的完整，从而最大限度地减少聚合物表面损伤，并保持交联聚合物薄膜的表面（羧基等官能团）官能性，同时也使我们能够进一步研究表面反应机理。另外，本书特别强调弹射粒子轰击能量、动量传递、相互作用截面等不为合成化学家所熟悉的概念，从一个全新的角度和思考方式来系统阐释了一种非常规的化学反应驱动方式。另外，在本书的描述中 H^+ 与质子（proton）是等同的。

读者在阅读过程中需要注意的是，HHIC 是机理与反应过程，并不限制超热氢的制备方法。在研究实验室，设计与建造的低能量离子束轰击（LEIB）系统只用简单离子源，采用一系列离子聚焦法就能保障在几毫米面积样品上产生足够的氢离子通量（单位时间内弹射粒子束流通过截面的数量），详细内容将在第 3 章介绍。为了能够满足工业应用，需要借助于简单的电子回旋共振（ECR）设备以产生高通量的超高热 H_2。因此，在本书中出现的 HHIC 主要是指这类以高通量的超高热 H_2 作为引发剂的高效交联聚合反应。

1.5.2 原位交联聚合

通常情况下，直链聚合物即使具有较大分子量一般也能找到合适的有机溶剂来溶解，并通过溶液旋涂法制备超薄均匀的聚合物薄膜。但是，无论是聚合物还是有机小分子发生交联作用后，由于分子间形成了网络状结构，很难被有机溶剂所溶解，因此直接制备超薄交联聚合物薄膜，特别是在保证薄膜无损伤并保持官能性的状态下来实现，对广大化学工作者来说也是一种挑战。因此，本书的主要内容聚焦在各类交联聚合物薄膜的原位制备、反应机制及其应用方面，以期为化学、高分子、物理、材料、生物等多学科的广大读者提供一种表面交联聚合的新理念和新方法。

1.5.3 章节介绍

本书第 1 章为概述；第 2 章为超高热氢束流（泛指氢离子、氢分子、氢原子等含氢粒子的束流）碰撞解离 C—H 键，进行了相关的计算和分析；第 3 章阐述了实验方法与仪器设备等相关实验细节；第 4 章主要介绍了简单烷烃分子的交联聚合，用于阐述使用超高热 H^+ 离子束流选择性地断裂化学键并诱导实现表面交联聚合反应的基本思想，讨论了这种新型表面反应的交联机理；第 5 章主要介绍了具有羧基官能团超薄交联聚合物薄膜的可控制备，进一步研究了 H^+ 离子束流轰击过程对靶分子中羧基官能团的影响；第 6 章讨论了含 C═C 不饱和键分子薄膜的交联聚合；第 7 章讨论了基于单质铜基底、金基底以及硅基底上自组装单层的交联聚合物薄膜的形成；第 8 章介绍了多层碳纳米管和有机半导体等其他材料的表面交联聚合反应；第 9 章介绍了基于电子回旋共振系统产生超高热氢分子作为引发剂对交联聚合反应的改进；第 10 章介绍了使用超高热氢分子束制备交联聚合物薄膜在抗蛋白质/细胞吸附中的应用；最后，第 11 章进一步介绍了超高热氢分子束轰击诱导交联聚合物薄膜及其在抗菌中的应用。

    作为一个整体，本书详尽介绍了这类基于氢束流作为自由基引发剂的表面交联聚合反应及其应用，对于开发新型纳米薄膜材料、生物适应性材料及微电子器件等具有一定的启发作用，可作为化学、化工、物理、材料等专业研究人员的参考书目。

参 考 文 献

[1] Egitto F D, Matienzo L J. Plasma modification of polymer surfaces for adhesion improvement. IBM Journal of Research and Development, 1994, 38(4): 423-439.

[2] Prucker O, Naumann C A, Rühe J, et al. Photochemical attachment of polymer films to solid surfaces via monolayers of benzophenone derivatives. Journal of the American Chemical Society, 1999, 121(38): 8766-8770.

[3] Turyan I, Mandler D. Two-dimensional polyaniline thin film electrodeposited on a self-assembled monolayer. Journal of the American Chemical Society, 1998, 120(41): 10733-10742.

[4] Guenbour A, Kacemi A, Benbachir A. Corrosion protection of copper by polyaminophenol films. Progress in Organic Coatings, 2000, 39(2-4): 151-155.

[5] Lee S D, Hsiue G H, Chang P C T, et al. Plasma-induced grafted polymerization of acrylic acid and subsequent grafting of collagen onto polymer film as biomaterials. Biomaterials, 1996, 17(16): 1599-1608.

[6] Odzhaev V B, Jankovsky O N, Karpovich I A, et al. Electrical properties of polyethylene modified by multistage ion implantation. Vacuum, 2001, 63(4): 581-583.

[7] Zamborini F P, Leopold M C, Hicks J F, et al. Electron hopping conductivity and vapor sensing properties of flexible network polymer films of metal nanoparticles. Journal of the American Chemical Society, 2002, 124(30): 8958-8964.

[8] Wang S H, Yang S H. Preparation and characterization of oriented PbS crystalline nanorods in polymer films. Langmuir, 2000, 16(2): 389-397.

[9] Astumian R D, Robertson B. Imposed oscillations of kinetic barriers can cause an enzyme to drive a chemical reaction away from equilibrium. Journal of the American Chemical Society, 1993, 115(24): 11063-11068.

[10] Popielawski J, Cukrowski A S, Fritzsche S. Perturbation of the thermal equilibrium by a simple chemical reaction. Physica A: Statistical Mechanics and its Applications, 1992, 188(1-3): 344-349.

[11] Ding Y, Hay A S. Polymerization of 4-bromobenzenethiol to poly(1, 4-phenylene sulfide) with a

free radical initiator. Macromolecules, 1997, 30(6): 1849-1850.

[12] Crivello J V, Song S. The synthesis and cationic photopolymerization of monomers based on dicyclopentadiene. Journal of Polymer Science Part A: Polymer Chemistry, 1999, 37(16): 3427-3440.

[13] Terashima T, Kamigaito M, Baek K Y, et al. Polymer catalysts from polymerization catalysts: direct encapsulation of metal catalyst into star polymer core during metal-catalyzed living radical polymerization. Journal of the American Chemical Society, 2003, 125(18): 5288-5289.

[14] Prucker O, Rühe J. Synthesis of poly(styrene) monolayers attached to high surface area silica gels through self-assembled monolayers of azo initiators. Macromolecules, 1998, 31(3): 592-601.

[15] De Boer B, Simon H K, Werts M P L, et al. "Living" free radical photopolymerization initiated from surface-grafted iniferter monolayers. Macromolecules, 2000, 33(2): 349-356.

[16] Zhao B, Brittain W J. Synthesis of tethered polystyrene-block-poly(methyl methacrylate) monolayer on a silicate substrate by sequential carbocationic polymerization and atom transfer radical polymerization. Journal of the American Chemical Society, 1999, 121(14): 3557-3558.

[17] Zhou F, Liu W, Chen M, et al. A novel way to preparation of ultra-thin polymer films through surface radical chain-transfer reaction. Chemical Communications, 2001, (23): 2446-2447.

[18] Schelz S, Eitle J, Steiner R, et al. In situ electron spectroscopy on polymeric films prepared by RF plasma polymerization: styrene and hydrogen/styrene gas mixtures as process gases. Applied Surface Science, 1991, 48-49: 301-306.

[19] Barton D, Short R D, Fraser S, et al. The effect of ion energy upon plasma polymerization deposition rate for acrylic acid. Chemical Communications, 2003, (3): 348-349.

[20] Zajíčková L, Rudakowski S, Becker H W, et al. Study of plasma polymerization from acetylene in pulsed r.f. discharges. Thin Solid Films, 2003, 425(1-2): 72-84.

[21] Groenewoud L M H, Engbers G H M, Feijen J. Plasma polymerization of thiophene derivatives. Langmuir, 2003, 19(4): 1368-1374.

[22] Guerin D C, Hinshelwood D D, Monolache S, et al. Plasma polymerization of thin films: correlations between plasma chemistry and thin film character. Langmuir, 2002, 18(10): 4118-4123.

[23] Beck A J, Candan S, Short R D, et al. The role of ions in the plasma polymerization of allylamine. The Journal of Physical Chemistry B, 2001, 105(24): 5730-5736.

[24] Hung L S, Zheng L R, Mason M G. Anode modification in organic light-emitting diodes by low-frequency plasma polymerization of CHF_3. Applied Physics Letters, 2001, 78(5): 673-675.

[25] Ryan M E, Fonseca J L C, Tasker S, et al. Plasma polymerization of sputtered poly (tetrafluoroethylene). The Journal of Physical Chemistry, 1995, 99(18): 7060-7064.

[26] Chen M, Yang T. Diagnostic analysis of styrene plasma polymerization. Journal of Polymer Science Part A: Polymer Chemistry, 2015, 37(3): 325-330.

[27] Hegemann D, Hossain M M, Korner E, et al. Macroscopic description of plasma polymerization. Plasma Processes and Polymers, 2007, 4(3), 229-238.

[28] Kurosawa S, Hirokawa T, Kashima K, et al. Adsorption of anti-C-reactive protein monoclonal antibody and its F(ab')$_2$ fragment on plasma-polymerized styrene, allylamine and acrylic acid

coated with quartz crystal microbalance. Journal Photopolymer Science and Technology, 2002, 15: 323-329.

[29] Wu Y J, Timmons R B, Jen J S, et al. Non-fouling surfaces produced by gas phase pulsed plasma polymerization of an ultra low molecular weight ethylene oxide containing monomer. Colloids and Surfaces B: Biointerfaces, 2000, 18(3-4): 235-248.

[30] Chan C M. Polymer Surface Modification and Characterization. New York: Hanser, 1994.

[31] Clouet F, Shi M K. Interactions of polymer model surfaces with cold plasmas: hexatriacontane as a model molecule of high-density polyethylene and octadecyl octadecanoate as a model of polyester. I. Degradation rate versus time and power. Journal of Applied Polymer Science, 1992, 46(11): 1955-1966.

[32] Garbassi F, Morra M, Occhiello E. Polymer Surfaces: from Physics to Technology. New York: John Wiley & Sons, 1994.

[33] Decker C. High-speed curing by laser irradiation. Nuclear Instruments & Methods in Physics Research, 1999, 151(1-4): 22-28.

[34] Decker C, Viet T T, Thi H P. Photoinitiated cationic polymerization of epoxides. Polymer International, 2001, 50(9): 986-997.

[35] Decker C. Light-induced crosslinking polymerization. Polymer International, 2002, 51(11): 1141-1150.

[36] Aikawa S, Tasaka S, Zhang X M, et al. Surface photocrosslinking of ethylene-vinyl acetate copolymer films. Journal of Applied Polymer Science, 2000, 76(12): 1741-1745.

[37] Decker C, Viet T T. Photocrosslinking of functionalized rubbers. X. Butadiene-acrylonitrile copolymers. Journal of Applied Polymer Science, 2001, 82(9): 2204-2216.

[38] Decker C. Kinetic study and new applications of UV radiation curing. Macromolecular Rapid Communications, 2002, 23(18): 1067-1093.

[39] Decker C, Viet T T. Photocrosslinking of functionalized rubbers, 7. Styrene-butadiene block copolymers. Macromolecular Chemistry and Physics, 1999, 200(2): 358-367.

[40] Decker C, Zahouily K, Keller L, et al. Ultrafast synthesis of bentonite-acrylate nanocomposite materials by UV-radiation curing. Journal of Materials Science, 2002, 37(22): 4831-4838.

[41] Jahromi S, Moosheimer U. Oxygen barrier coatings based on supramolecular assembly of melamine. Macromolecules, 2000, 33(20): 7582-7587.

[42] Sarkar S, Levit N, Tepper, G. Deposition of polymer coatings onto SAW resonators using AC electrospray. Sensors and Actuators B: Chemical, 2006, 114 (2):756-761.

[43] Decker C, Zahouily K, Decker D, et al. Performance analysis of acylphosphine oxides in photoinitiated polymerization. Polymer, 2001, 42(18): 7551-7560.

[44] Decker C. Materials Science and Technology, Processing of Polymers. New York: Wiley, 1997.

[45] Allen N S, Robinson P J, Clancy R. Photo-oxidative stability and photoyellowing of electron-beam- and UV-cured multi-functional amine-terminated diacrylates: a monomer/model amine study. Journal of Photochemistry and Photobiology A: Chemistry, 1990, 47(2): 223-247.

[46] Allen N S, Marin M C, Edge M, et al. Photoinduced chemical crosslinking activity and photo-oxidative stability of amine acrylates: photochemical and spectroscopic study. Polymer

Degradation and Stability, 2001, 73(1): 119-139.

[47] Park J G, Ha C S, Cho W J. Syntheses and antitumor activities of polymers containing amino acid and 5-fluorouracil moieties. Journal of Polymer Science Part A: Polymer Chemistry, 1999, 37(11): 1589-1595.

[48] DePass L R, Bushy R C. Carcinogenicity testing of photocurable coatings. Journal of Radiation Curing, 1982, 9: 18.

[49] Doytcheva M, Dotcheva D, Stamenova R, et al. UV-initiated crosslinking of poly(ethylene oxide) with pentaerythritol triacrylate in solid state. Macromolecular Materials and Engineering, 2001, 286(1): 30-33.

[50] Andreopoulos F M, Deible C R, Stauffer M T, et al. Photoscissable hydrogel synthesis via rapid photopolymerization of novel PEG-based polymers in the absence of photoinitiators. Journal of the American Chemical Society, 1996, 118(26): 6235-6240.

[51] Zheng Y, Andreopoulos F M, Micic M, et al. A novel photoscissile poly(ethylene glycol)-based hydrogel. Advanced Functional Materials, 2001, 11(1): 37-40.

[52] Marrion A R. The Chemistry and Physics of Coatings. Cambridge: Royal Society of Chemistry, 1994.

[53] Schwab U. A new accelerator for electron beam curing. Vacuum, 2001, 62(2-3): 217-224.

[54] Itoh M, Shiota T. Effect of intramolecular hydroxyls on electron beam polymerization and photopolymerization of acrylate monomers. Journal of Applied Polymer Science, 1990, 39(1): 145-152.

[55] Crivello J V, Yang B, Kim W G. Synthesis and electron-beam polymerization of 1-propenyl ether functional siloxanes. Journal of Macromolecular Science, Part A, 1996, 33(4): 399-415.

[56] Bruk M A, Zhikharev E N, Spirin A V, et al. Deposition of thin polymer films on different substrates by electron beam polymerization of monomers from the vapor phase. Polymer Science Series A, 2003, 45: 32-38.

[57] Van Herk A M, De Brouwer H, Manders B G, et al. Pulsed electron beam polymerization of styrene in latex particles. Macromolecules, 1996, 29(3): 1027-1030.

[58] Botman J I M, Derksen A M, Van Herk A M, et al. A linear accelerator as a tool for investigations into free radical polymerization kinetics and mechanisms by means of pulsed electron beam polymerization. Nuclear Instruments and Methods in Physics Research Section B: Beam Interactions with Materials and Atoms, 1998, 139(1-4): 490-494.

[59] Luo Y, Aso Y, Yoshioka S J. Swelling behavior and drug release of amphiphilic N-isopropylacrylamide terpolymer xerogels depending on polymerization methods : γ-irradiation polymerization and redox initiated polymerization. Chemical & Pharmaceutical Bulletin, 1999, 47(4): 579-581.

[60] Jakubiak J, Rabek J F. Photoinitiators for visible light polymerization. Polimery, 1999, 44(7-8): 447-461.

[61] Zhang C H, Huang Y D, Zhao Y D. Surface analysis of gamma-ray irradiation modified PBO fiber. Materials Chemistry and Physics, 2005, 92(1):245-250.

[62] Carothers W H, Hill J W. Studies of polymerization and ring formation. XV. Artificial fibers

from synthetic linear condensation superpolymers. Journal of the American Chemical Society, 1932, 54: 1579-1587.

[63] Flory P J. Molecular size distribution in three dimensional polymers. Ⅲ. Tetrafunctional branching units. Journal of the American Chemical Society, 1941, 63(11): 3083-3100.

[64] Stockmayer W H. Theory of molecular size distribution and gel formation in branched polymers Ⅱ. General cross linking. Journal of Chemical Physics, 1944, 12(4): 125-131.

[65] Dusek K. In Developments in Polymerization. Oxford: Applied science publishers, 1982.

[66] Dotson N A, Diekmann T, Macosko C W, et al. Nonidealities exhibited by crosslinking copolymerization of methyl methacrylate and ethylene glycol dimethacrylate. Macromolecules, 1992, 25(18): 4490-4500.

[67] Matsumoto A, Kawasaki N, Shimatani T. Free-radical cross-linking polymerization of diallyl terephthalate in the presence of microgel-like poly(allyl methacrylate) microspheres. Macromolecules, 2000, 33(5): 1646-1650.

[68] Okay O, Kurz M, Lutz K, et al. Cyclization and reduced pendant vinyl group reactivity during the free-radical crosslinking polymerization of 1, 4-divinylbenzene. Macromolecules, 1995, 28(8): 2728-2737.

[69] Blanchet G B, Fincher C R, Jackson C L, et al. Laser ablation and the production of polymer films. Science, 1993, 262(5134): 719-721.

[70] Stutzmann N, Tervoort T A, Bastiaansen K, et al. Patterning of polymer-supported metal films by microcutting. Nature, 2000, 407(6804): 613-616.

[71] Rao G R, Lee E H, Mansur L K. Wear properties of argon implanted poly(ether ether ketone). Wear, 1994, 174(1-2): 103-109.

[72] Wells S K, Giergiel J, Land T A, et al. Beam-induced modifications of TCNQ multilayers. Surface Science, 1991, 257(1-3): 129-145.

[73] Seki S, Maeda K, Kunimi Y, et al. Ion beam induced crosslinking reactions in poly (di-n-hexylsilane). The Journal of Physical Chemistry B, 1999, 103(15): 3043-3048.

[74] Klaumünzer S, Zhu Q Q, Schnabel W, et al. Ion-beam-induced crosslinking of polystyrene—still an unsolved puzzle. Nuclear Instruments and Methods in Physics Research Section B: Beam Interactions with Materials and Atoms, 1996, 116(1-4): 154-158.

[75] Ektessabi A M, Yamaguchi K. Changes in chemical states of PET films due to low and high energy oxygen ion beam. Thin Solid Films, 2000, 377-378: 793-797.

[76] Marletta G, Toth A, Bertoti I, et al. Optical properties of ceramic-like layers obtained by low energy ion beam irradiation of polysiloxane films. Nuclear Instruments and Methods in Physics Research Section B: Beam Interactions with Materials and Atoms, 1998, 141(1-4): 684-692.

[77] Nowak P, McIntyre N S, Hunter D H, et al. Addition of a single chemical functional group to a polymer surface with a mass-separated low-energy ion beam. Surface and Interface Analysis, 1995, 23(13): 873-878.

[78] Suzuki Y, Kusakabe M, Iwaki M. Surface modification of polystyrene for improving wettability by ion implantation. Nuclear Instruments and Methods in Physics Research Section B: Beam Interactions with Materials and Atoms, 1993, 80/81: 1067-1071.

[79] Kim S, Lee K J, Seo Y. Surface modification of poly(ether imide) by low-energy ion-beam irradiation and its effect on the polymer blend interface. Langmuir, 2002, 18(16): 6185-6192.

[80] Kim H J, Lee K J, Seo Y. Enhancement of interfacial adhesion between polypropylene and nylon 6: Effect of surface functionalization by low-energy ion-beam irradiation. Macromolecules, 2002, 35(4): 1267-1275.

[81] Cui F Z, Luo Z S. Biomaterials modification by ion-beam processing. Surface and Coatings Technology, 1999, 112(1-3): 278-285.

[82] Lee E H, Rao G R, Mansur L K. Super-hard-surfaced polymers by high-energy ion-beam irradiation. Trends in Polymer Science, 1996, 7(4): 229-237.

[83] Dong H, Bell T. State-of-the-art overview: ion beam surface modification of polymers towards improving tribological properties. Surface and Coatings Technology, 1999, 111(1): 29-40.

[84] Satriano C, Marletta G, Conte E. Cell adhesion on low-energy ion beam-irradiated polysiloxane surfaces. Nuclear Instruments and Methods in Physics Research Section B: Beam Interactions with Materials and Atoms, 1999, 148(1-4): 1079-1084.

[85] Tsuji H, Satoh H, Ikeda S, et al. Negative-ion beam surface modification of tissue-culture polystyrene dishes for changing hydrophilic and cell-attachment properties. Nuclear Instruments and Methods in Physics Research Section B: Beam Interactions with Materials and Atoms, 1999, 148(1-4): 1136-1140.

[86] Ishihara K, Fukumoto K, Iwasaki Y, et al. Modification of polysulfone with phospholipid polymer for improvement of the blood compatibility. Part 1. Surface characterization. Biomaterials, 1999, 20(17): 1545-1551.

[87] Davenas J, Xu X L, Boiteux G, et al. Relation between structure and electronic properties of ion irradiated polymers. Nuclear Instruments and Methods in Physics Research Section B: Beam Interactions with Materials and Atoms, 1989, 39(1-4): 754-763.

[88] Pignataro B, Fragala M E, Puglisi O. AFM and XPS study of ion bombarded poly(methyl methacrylate). Nuclear Instruments and Methods in Physics Research Section B: Beam Interactions with Materials and Atoms, 1997, 131(1-4): 141-148.

[89] Netcheva S, Bertrand P. Surface topography development of thin polystyrene films under low energy ion irradiation. Nuclear Instruments and Methods in Physics Research Section B: Beam Interactions with Materials and Atoms, 1999, 151(1-4): 129-134.

[90] Švorčík V, Arenholz E, Rybka V, et al. AFM surface morphology investigation of ion beam modified polyimide. Nuclear Instruments and Methods in Physics Research Section B: Beam Interactions with Materials and Atoms, 1997, 122(4): 663-667.

[91] Lee J W, Kim T H, Kim S H, et al. Investigation of ion bombarded polymer surfaces using SIMS, XPS and AFM. Nuclear Instruments and Methods in Physics Research Section B: Beam Interactions with Materials and Atoms, 1997, 121(1-4): 474-479.

[92] Lau W M. Ion beam techniques for functionalization of polymer surfaces. Nuclear Instruments and Methods in Physics Research Section B: Beam Interactions with Materials and Atoms, 1997, 131(1-4): 341-349.

[93] Lau W M, Feng X, Bello I, et al. Construction, characterization and applications of a compact

mass-resolved low-energy ion beam system. Nuclear Instruments and Methods in Physics Research in Physics Research Section B: Beam Interactions with Materials and Atoms, 1991, 59-60(1): 316-320.

[94] Foo K K, Lawson R P W, Feng X, et al. Deceleration and ion beam optics in the regime of 10-200 eV. Journal of Vacuum Science & Technology A: Vacuum Surfaces and Films, 1991, 9(2): 312-316.

[95] Shimizu S, Sasaki N, Ogata S, et al. Ion beam deceleration characteristics of a high-current, mass-separated, low-energy ion beam deposition system. Review of Scientific Instruments, 1996, 67(10): 3664-3671.

[96] Cao P, Zhao D X, Shen D Z, et al. Cu^+-codoping inducing the room-temperature magnetism and p-type conductivity of ZnCoO diluted magnetic semiconductor. Applied Surface Science, 2009, 255(6): 3639-3641.

[97] Yogesh K, Sascha A P, Wilhelm H B, et al. Determination of cross-link density in ion-irradiated polystyrene surfaces from rippling. Langmuir, 2009, 25(5): 3108-3114.

[98] Venkatesan T. High energy ion beam modification of polymer films. Nuclear Instruments and Methods in Physics Research Section B: Beam Interactions with Materials and Atoms, 1985, 7-8(2): 461-467.

[99] Itoh T. Ion Beam Assisted Film Growth. Tokyo: Elsevier, 1989.

[100] Mackay S G, Bakir M, Musselman I H, et al. X-Ray photoelectron spectroscopy sputter depth profile analysis of spatially controlled microstructures in conductive polymer films. Analytical Chemistry, 1991, 63(1): 60-65.

[101] Ratchev B A, Was G S, Booske J H. Ion beam modification of metal-polymer interfaces for improved adhesion. Nuclear Instruments and Methods in Physics Research Section B: Beam Interactions with Materials and Atoms, 1995, 106(1-4): 68-73.

[102] Lesiak B, Jablonski A, Palczewska W, et al. Ion bombardment induced modification of polyacetylene studied by auger electron spectroscopy (AES) aided by the pattern recognition method. Journal of Chemistry, 1995, 69(1): 141-150.

[103] Netcheva S, Bertrand P. Ion-beam-induced morphology on the surface of thin olymer films at low current density and high ion fluence. Journal of Polymer Science Part B: Polymer Physics, 2001, 39(3): 314-325.

[104] Koh S K, Cho J S, Kim K H, et al. Altering a polymer surface chemical structure by an ion-assisted reaction. Journal of Adhension Science and Technology, 2002, 16(2):129-142.

[105] Delcorte A, Bertran P. Influence of chemical structure and beam degradation on the kinetic energy of molecular secondary ions in keV ion sputtering of polymers. Nuclear Instruments and Methods in Physics Research Section B: Beam Interactions with Materials and Atoms, 1998, 135(1-4): 430-435.

[106] Hong K, Song K, Cha H, et al. Identification of ^{137}Cs in an individual microparticle by laser desorption/ionization ion trap mass spectrometer. Journal of Radioanalytical and Nuclear Chemistry, 1999, 241(3): 533-541.

[107] Gillen G, Roberson S. Preliminary evaluation of an SF_5^+ polyatomic primary ion beam for

analysis of organic thin films by secondary ion mass spectrometry. Rapid Communications in Mass Spectrometry, 1998, 12(19): 1303-1312.

[108] He J L, Li W Z, Wang L D, et al. Deposition of PTFE thin films by ion beam sputtering and a study of the ion bombardment effect. Nuclear Instruments and Methods in Physics Research Section B: Beam Interactions with Materials and Atoms, 1998, 135(1-4): 512-516.

[109] Sigmund P. Theory of sputtering. I. Sputtering yield of amorphous and polycrystalline targets. Physical Review, 1969, 184(2): 383.

[110] Bird J R, Williams J S. Ion beam for materials analysis. NSW: Academic Press Australia, 1989.

[111] Kang E T, Zhang Y. Surface modification of fluoropolymers via molecular design. Advanced Materials, 2000, 12(20): 1481-1494.

[112] Martínez-Pardo M E, Cardoso J, Vázquez H, et al. Characterization of MeV proton irradiated PS and LDPE thin films. Nuclear Instruments and Methods in Physics Research Section B: Beam Interactions with Materials and Atoms, 1998, 140(3-4): 325-340.

[113] Lee E H. Ion-beam modification of polymeric materials-fundamental principles and applications. Nuclear Instruments and Methods in Physics Research Section B: Beam Interactions with Materials and Atoms, 1999, 151(1-4): 29-41.

[114] Zheng Z. Controlled fabrication of cross-linked polymer films using low energy H$^+$ ions . Hong Kong: the Chinese University of Hong Kong, 2003.

[115] Švorčík V, Arenholz E, Hnatowicz V, et al. AFM surface investigation of polyethylene modified by ion bombardment. Nuclear Instruments and Methods in Physics Research Section B: Beam Interactions with Materials and Atoms, 1998, 142(3): 349-354.

[116] Nakagawa K, Nishio T. Electron paramagnetic resonance investigation of sucrose irradiated with heavy ions. Radiation Research, 2000, 153(6): 835-839.

[117] Herden V, Klaumünzer S, Schnabel W. Crosslinking of polysilanes by ion beam irradiation. Nuclear Instruments and Methods in Physics Research Section B: Beam Interactions with Materials and Atoms, 1998, 146(1-4): 491-495.

[118] Lee E H, Rao G R, Lewis M B, et al. Ion beam application for improved polymer surface properties. Nuclear Instruments and Methods in Physics Research Section B: Beam Interactions with Materials and Atoms, 1993, 74(1-2): 326-330.

[119] Charlesby A. Elastic modulus formulae for a cross-linked network. International Journal of Radiation Applications and Instrumentation, Part C, Radiation Physics and Chemistry, 1992, 40(2): 117-120.

[120] Sun J Q, Bello I, Bederka S, et al. A novel vacuum process for OH addition to polystyrene, polyethylene, and Teflon™. Journal of Vacuum Science & Technology A: Vacuum Surfaces and Films, 1996, 14(3): 1382-1386.

[121] Tóth A, Bell T, Bertóti I, et al. Surface modification of polyethylene by low keV ion beams. Nuclear Instruments and Methods in Physics Research Section B: Beam Interactions with Materials and Atoms, 1999, 148(1-4): 1131-1135.

[122] Ada E T, Kornienko O, Hanley L. Chemical modification of polystyrene surfaces by low-energy polyatomic ion beams. The Journal of Physical Chemistry B, 1998, 102(20): 3959-3966.

[123] Ogata K, Andoh Y, Sakai S. Charging effects and ultraviolet irradiation for carbon films prepared by ion beam bombardment. Nuclear Instruments and Methods in Physics Research Section B: Beam Interactions with Materials and Atoms, 1991, 59-60: 225-228.

[124] Bilek M M M, Evans P, McKenzie D R, et al. Metal ion implantation using a filtered catholic vacuum arc. Journal of Applied Physics, 2000, 87(9): 4198-4204.

[125] Oates T W H, McKenzie D R, Bilek M M M. Plasma immersion ion implantation using polymeric substrates with a sacrificial conductive surface layer. Surface and Coatings Technology, 2002, 156(1-3): 332-337.

[126] Jacob W. Surface reactions during growth and erosion of hydrocarbon films. Thin Solid Films, 1998, 326(1-2): 1-42.

[127] Marletta G. Chemical reactions and physical property modifications induced by keV ion beams in polymers. Nuclear Instruments and Methods in Physics Research Section B: Beam Interactions with Materials and Atoms, 1990, 46(1-4): 295-305.

[128] Marletta G, Catalano S M, Pignataro S. Chemical reactions induced in polymers by keV ions, electrons and photons. Surface and Interface Analysis, 1990, 16(1-12): 407-411.

[129] Marletta G, Oliveri C, Ferla G, et al. Esca and reels characterization of electrically conductive polyimide obtained by ion bombardment in the keV range. Surface and Interface Analysis, 1988, 12(8): 447-454.

[130] Choi S C, Han S, Choi W K, et al. Hydrophilic group formation on hydrocarbon polypropylene and polystyrene by ion-assisted reaction in an O_2 environment. Nuclear Instruments and Methods in Physics Research Section B: Beam Interactions with Materials and Atoms, 1999, 152(2-3): 291-300.

[131] Matyjaszewski K, Coca S, Jasieczek C B. Polymerization of acrylates by atom transfer radical polymerization. Homopolymerization of glycidyl acrylate. Macromolecular Chemistry and Physics, 1997, 198(12): 4011-4017.

[132] Lau W M, Kwok R W M. Engineering surface reactions with polyatomic ions. International Journal of Mass Spectrometry and Ion Processes, 1998, 174(1-3): 245-252.

[133] Toth A, Bertoti I, Marletta G, et al. Ion beam induced chemical effects in organosilicon polymers. Nuclear Instruments & Methods in Physics Research Section B: Beam Interactions with Materials and Atoms, 1996, 116(1-4):299-304.

[134] Wintersgill M C. Ion implantation in polymers. Nuclear Instruments and Methods in Physics Research Section B: Beam Interactions with Materials and Atoms, 1984, 1(2-3): 595-598.

[135] Puglisi D, Licciardello A, Calcagno L, et al. Molecular weight distribution and solubility changes in ion-bombarded polystyrene. Nuclear Instruments and Methods in Physics Research Section B: Beam Interactions with Materials and Atoms, 1987, 19-20(2): 865-871.

[136] Torrisi L, Calcagno L, Foti A M. MeV helium ion beam etching of polytetrafluoroethylene. Nuclear Instruments and Methods in Physics Research Section B: Beam Interactions with Materials and Atoms, 1988, 32(1-4): 142-144.

[137]Seguchi T, Kudoh H, Sugimoto M. Ion beam irradiation effect on polymers. LET dependence on the chemical reactions and change of mechanical properties. Nuclear Instruments and Methods

in Physics Research Section B: Beam Interactions with Materials and Atoms, 1999, 151(1-4): 154-160.

[138] Calcagno L, Foti G. Ion irradiation of polymers. Nuclear Instruments and Methods in Physics Research Section B: Beam Interactions with Materials and Atoms, 1991, 59-60(2): 1153-1158.

[139] Delcorte A, Weng L T, Bertrand P. Secondary molecular ion emission from aliphatic polymers bombarded with low energy ions: effects of the molecular structure and the ion beam induced surface degradation. Nuclear Instruments and Methods in Physics Research Section B: Beam Interactions with Materials and Atoms, 1995, 100(2-3): 213-216.

[140] Bello I, Chang W H, Lau W M. Mechanism of cleaning and etching Si surfaces with low energy chlorine ion bombardment. Journal of Applied Physics, 1994, 75(6): 3092-3097.

[141] De Jager P W H, Kruit P. Applicability of focused ion beams for nanotechnology. Microelectronic Engineering, 1995, 27(1-4): 327-330.

[142] Wielunski L S, Clissold R A, Yap E, et al. Mechanical and structural modification of CR-39 polymer surface by 50 keV hydrogen and argon ion implantation. Nuclear Instruments and Methods in Physics Research Section B: Beam Interactions with Materials and Atoms, 1997, 127-128(2): 698-701.

[143] Alberas-Sloan D J, White J M. Low-energy electron irradiation of methane on Pt(111). Surface Science, 1996, 365(2): 212-228.

[144] Smith N S, Raulin F. A box model of the photolysis of methane at 123.6 and 147 nm-comparison between model and experiment. Journal of Photochemistry and Photobiology A: Chemistry, 1999, 124(3): 101-112.

第 2 章　超高热氢束流碰撞解离 C—H 键

2.1　引　　言

化学是以实验为基础的科学，在化学的发展和研究中，实验技术与理论方法相互依赖、彼此促进。进入 20 世纪以后，随着自然科学和其他技术领域的发展，化学在认识物质的组成、结构、合成和测试等方面都有了长足的进步，理论方面也取得了许多重要进展。随着计算机技术的发展和计算方法的程序化，通过量子化学计算研究化学问题引起了化学工作者的普遍兴趣。一方面，对于大量的实验结果，人们期望能从理论上加以解释和论证；另一方面，对新的反应进行实验研究之前，初步的量子化学计算通过定量或者定性地预测各种可能的结果，优化设计实验条件以增强实验研究的目的性和计划性。随着理论计算方法的不断完善和更新，这些目标的实现已经成为可能[1]。特别对于实验手段难以实现、又迫切需要了解的领域，量子化学计算往往是解决难题的理想途径。

2.1.1　研究化学反应的理论途径

化学反应是许多反应物在碰撞中相互作用转变为新产物的过程。在一定的条件下，化学反应体系中含有的分子各处于固有的平动、转动、振动与电子能级，经历分子（原子）间频繁的碰撞，不仅其平动运动的方向和大小在改变，而且常伴随有能量的转移，由此可能诱发出高能激发态，并可能导致分子内化学键的断裂与重组，从而使反应物发生质变，实现化学反应。在化学反应中，反应物发生化学反应生成产物的路径即为反应途径。

化学反应动力学是研究反应机理和反应速率、揭示化学现象和规律的科学。从反应动力学的角度研究化学反应包括两方面的内容：化学反应速率，研究影响反应速率的各种因素及其对反应速率的影响；化学反应机理，在分子水平上研究反应规律及相应的反应机理。

近些年来，交叉分子束、激光诱导、化学激光等许多快速、高精度实验技术手段的飞速发展以及理论方法、计算机技术的快速发展和广泛应用，使得人们可以从分子、原子层次研究化学反应。分子反应动力学，又称分子反应动态学，是化学反应动力学的研究领域之一。

有选择地将反应物分子激发到特定的能态上，使之发生反应生成不同能态的生成物分子，是分子反应动力学的主要研究内容之一[2,3]。分子反应动力学的研究内容还包括反应速率以及各种因素对反应速率的影响。研究并适当地选择反应途径，可以使热力学所预期的可能性变为现实。研究并了解反应历程，可以找出影响反应速率的关键因素，设计反应按照所希望的方向进行，并使副反应以最慢的速率进行，达到更好的期望效果。

在宏观的化学反应动力学以及微观的分子反应动力学的研究中，分子体系的势能面是反应速率与反应历程分析与计算的基础。由势能面的特征可知：反应物区和产物区都是势能面上的阱，即极小值点，相应的分子结构在这些位置处可以稳定存在；而过渡态区形似马鞍，既是反应路径上的极大值点，又是其他方向上的极小值点。连通反应物、中间体、过渡态和产物的峡谷即是反应路径。势能面的概念是采取 Born-Oppenheimer 近似把核运动与电子运动分离以求解分子体系定态薛定谔方程时引入的。根据 Born-Oppenheimer 近似，势能是电子状态守恒条件下核构型的函数[4]，对分析化学反应微观机理十分重要。多原子分子势能面是解释许多实验结果包括分子反应动力学的基础，势能面的研究在当今的理论化学领域占相当大的比例[5-7]。

2.1.2　化学反应速率计算

无论是在化学及相关的科学研究领域，还是在化工生产中，反应速率都是重要的科学数据[8]。依据反应速率，可以更加合理地设计生产流程，提高原料利用率，缩短生产周期，实现高产率、高质量。因此，反应速率的研究和测量一直是化学领域中的重要课题之一。特别是气相热速率常数的测定，对于准确模拟反应过程具有重要意义。但是，由于实验条件的限制，很难通过实验的方法对高温、高压、强挥发性等化学反应进行测量。如何从理论上预测化学反应的速率常数，从而解决实验化学家面临的棘手问题，是理论化学工作者普遍关注的问题。理论化学和计算方法的不断创新以及计算机和计算技术的飞速发展，从理论上准确预测化学反应的速率常数变得可能。

现代量子化学计算可获得反应路径和反应过渡态[9]，沿反应路径的结构和振动模式等信息可以使我们深入了解反应的本质，进一步可由化学反应动力学理论计算获得化学反应速率常数。过渡态理论[10-13]被很多人认为是研究化学动力学的最后一个前言，被誉为热化学反应速率理论的"始祖"。在过渡态概念的启发下，发展出了多种热反应速率理论，这些反应理论被分为两大类[14]。第一类理论依赖于势能面，发展迅速，学派众多，第二类热反应速率理论不依赖于势能面，发展比较缓慢。根据研究方法的不同，第一类理论被分为两种，过渡态型理论与碰撞型理论，这些理论并非绝对独立，各有长短，相互补充。

计算反应速率的两大类理论大多数都是经典理论，即没有考虑量子效应。然而，真实的化学反应，如氢原子传递反应，特别是低温下的反应，量子效应不能被忽视。因此，过渡态型理论发展出了量子化的过渡态理论，碰撞型理论发展出了量子力学散射理论。量子散射方法计算化学反应速率的过程可分为两个阶段：首先，利用从头算方法得到反应过程中的振动绝热势垒和反应势能面函数；然后，采用量子动力学理论计算反应速率常数。近年来，量子散射方法被用于研究 CH_4、C_2H_6、CH_3OH 和 CH_3NH_2 分子的夺氢反应[15-18]，其在反应速率的计算方面得到了很好的应用。

对于含有多原子的大体系，基于量子力学的精确计算所需的时间非常长。因此对于一般的多原子反应，先通过少量精确的电子结构计算得到降维势能面。然后，采用简化维数的散射模型（模型中只考虑显式的键断裂和键形成自由度，其余自由度采用近似方法处理），运用量子力学散射方法计算反应速率。Clary 等在此框架下建立了量子动力学超球面方法[15-19]，用于研究 $H_a+H_bYZ\longrightarrow H_aH_b+YZ$ 反应。该方法用非常精确的量子化学方法计算键形成和断裂区域的势能面，并采用量子散射来处理动力学，预测的速率常数在大多数的温度范围下具有可靠性。与现代过渡态理论相比，该方法具有无需对一维隧穿路径做任何假设的优点。该方法还可以准确计算重要的动力学量，如同位素效应和产物分支比。此外，该方法很容易被推广到包含多个反应通道的复杂多原子反应。一个很好的例子是氢原子与丙烷（C_3H_8）反应，生成 H_2 和两个自由基——异丙基自由基[$(CH_3)_2HC\cdot$]和正丙基自由基（$\cdot CH_2CH_2CH_3$）。此反应中，量子隧穿现象非常重要，计算出的两种自由基产物的分支比与实验结果吻合得很好[20]。除了涉及氢原子的反应，量子动力学超球面从头计算速率常数的方法适用于许多其他反应。

2.1.3　从头算分子动力学考察复杂能量表面

对于含有少量原子的小体系，可以采用量子化学方法搜寻一级鞍点确定过渡态，随着体系所含原子个数的增加，自由度按照原子个数的 3 倍迅速增加，采用量子化学方法确定过渡态和反应路径不再现实。从头算分子动力学方法[21-23]是一个非常有力的计算工具，被广泛用于研究化学反应，如 HCl 在水溶液中的离子化[24]，H_2O 分子在水中的解离机理[25]，InP 晶体的熔化和液体到非晶的淬火过程等[26]。

分子动力学模拟的时间尺度一般为皮秒，足够模拟化学键振动，但还不足以模拟化学反应的全过程。一般的化学反应需要克服一定的能垒才能发生，即由势能面上的最小值开始，向反应物方向进行，体系能量升高直到最高能量态，如果此高能量态是势能面上的一级鞍点，即为反应的过渡态。因为能垒的存在，分子动力学模拟过程中，体系一般在稳定结构附近振荡，分子被限制于稳定结构的势阱内，高能量态结构出现的概率非常小，从一个稳定结构通过过渡态到达另一个稳定结构的反应几乎不会发生。因此，要模拟反应过程，需要更多的反应步数，即计算时间。针对此问题，一方面，可以采用分子动力学模拟较高温度下体系的行为，热驱动下体系可能出现高能量态结构及其附近结构；另一方面，可以采用"限制"分子动力学方法，即通过限制反应坐标，迫使化学反应发生，例如，将两个原子之间的距离设定成反应过程中出现的系列值，然后对这些特定值下的结构进行分子动力学模拟。

基于量子力学的从头算方法和第一性原理方法都能得到 0 K 下体系的稳定结构，这些结构通常由初始结构经过结构优化获得。也就是说，所能获得的结构依赖于人们提出初始结构的能力。随着原子数量增加，可能的结构数量也会急剧增长。特别是对于复杂体系，此种方法无法获得超出常规"认识"的结构。此外，当温度高于 0 K 时，这些结构仍然稳定存在还是会发生转变与结构的热稳定性相关。这些问题均关系到势能面上的极小值。分子动力学模拟是研究体系在特定温度下热稳定性的有力工具，更是发现各种可能稳定结构以获得其他方法难以找到的极小值点的有效途径。此类模拟一般分为两个阶段，第一阶段，每一个时间步下将结构的模拟温度设定到特定的温度值，该阶段持续的时间较短；第二阶段，在特定温度下进行 Nose-Hoover 恒温器控制下的正则从头算分子动力学模拟。

2.2 超高热氢碰撞解离 C—H 键设计原理及计算方法

本节主要介绍采用超高热氢碰撞解离 C—H 键的设计原理，以及用于验证此设计的计算方法。

2.2.1 超高热氢碰撞解离 C—H 键设计原理

在绝对弹性、硬球正面碰撞的情况下，质量为 m_1、动能为 E_1 的硬球入射撞击质量为 m_2、静止（初始能量 E_2 为 0）的硬球，碰撞后两体的动能分布遵从公式 $\varepsilon = E_2/E_1 = 4M_1M_2/(M_1+M_2)^2$。根据此能量分布公式可知，氢分子作为弹射粒子与氢原子碰撞后，能量分数 $\varepsilon=0.89$，与碳原子碰撞后，能量分数 $\varepsilon=0.49$。根据两种碰撞的能量分数来看，相较于氢分子与碳原子碰撞，氢分子与氢原子碰撞后的能量转移更有效，理论上存在碰撞致使 C—H 键断裂的可行性和机会。当弹射粒子为氢原子时，与氢原子碰撞后的能量分数 $\varepsilon=1$，与碳原子碰撞后的能量分数为 $\varepsilon=0.28$。相较于氢分子弹射粒子，氢原子作为弹射粒子导致 C—H 键断裂的机会更大。

　　基于以上碰撞转移能量的简化模型，提出用超高热氢作为弹射粒子，碰撞碳氢化合物转移能量致使 C—H 键断裂的设计原理。此设计原理依赖于简化的两体碰撞的化学选择性。在简单的硬球碰撞模型下，一个 10 eV 的氢原子作为弹射粒子与碳氢化合物碰撞，通过两个原子的正面碰撞，最多可以将 2.8 eV 的能量转移到碳原子上，而与氢原子碰撞转移的能量可达 10 eV。普通碳氢化合物分子中 C—H 和 C—C 单键的典型键能为 3～5 eV，因此，与 10 eV 的氢原子弹射粒子发生碰撞，可以断裂 C—H 键，并使所有的 C—Z 键保持完整，其中 Z 是任何比氢重的原子。该硬球碰撞致使 C—H 键解离的设计原理满足以下假设条件：

　　（1）假设分子为没有内部结构的硬球；

　　（2）反应速率与分子碰撞频率成正比；

　　（3）发生碰撞的分子必须具有较高的能量并且满足一定的空间构型条件，碰撞反应才能发生。

　　简单的热驱动脱氢反应一般采取氢原子自由基与碳氢化合物反应，生成 H_2 分子和带有 C 自由基的碳氢化合物。该类反应的能垒一般为 0.5 eV[20]，过渡态理论和量子力学散射方法计算的反应速率与实验结果符合良好，均表明只有当温度升高到 300℃以上时反应速率才开始显现[27]。然而，仅仅利用热能驱动反应不仅违反绿色反应的原理，高温下有机分子的结构可能变形或者分解，还有可能会失去它们的化学官能团。用超高热氢入射碰撞碳氢化合物致使 C—H 键断裂的方法相比于常规的脱氢方法有两个优点：其一，通过优化弹射粒子的能量，预期反应活性会大幅度提高；其二，碰撞方法使得弹射粒子可以穿透吸附或者凝聚态的碳氢化合物分子薄膜并在薄膜下运动。

2.2.2　从头算分子动力学计算方法

　　微观粒子的运动不服从经典力学规律，而是服从量子力学规律。量子力学的基本任务就是求解薛定谔方程，求出微观粒子体系的状态函数。量子化学以量子力学理论为基础，以计算机为主要计算工具来研究化学中的分子、原子、电子的结构和性质，以及化学反应路径、反应微观机理，揭示物质所具有的特性和化学反应的内在本质及其规律[9,28]。随着量子化学理论的日臻成熟和计算机技术的发展，量子化学理论和计算方法被广泛用于研究小分子反应，其方法和结果都显示出其他研究手段无法比拟的优越性。

分子动力学方法是跟踪运动原子轨迹的有力工具。鉴于原子核质量和电子质量之间的巨大差别，粒子的运动由经典力学描述，即原子的运动服从牛顿运动定律。因此，体系随时间的运动轨迹通过求解牛顿第二运动方程：$\dfrac{\mathrm{d}^2 r_i}{\mathrm{d}t^2} = \dfrac{f_i}{m_i}$。如果引发位移的力是由密度泛函方法计算得到的，则被称为从头算分子动力学方法[23]。从头算分子动力学计算包括两步：利用从头算方法计算体系静态能量，包括电子能量以及所有自由度上的原子受力；然后采用分子动力学方法，对牛顿方程积分，求出原子核位置运动的矢量，原子核移动以获得下一步结构；以上两个步骤依次重复循环。相较于经典分子动力学方法，从头算分子动力学方法的主要优势在于不需要提供势能面，原子受力由从头算方法计算得到静态能量求出。

我们采用从头算分子动力学方法研究超高热氢与碳氢分子的碰撞过程。碰撞过程中，整个碰撞体系的总能量保持不变，弹射粒子和靶分子在微正则系统中运动，原子的速度分布符合 Maxwell-Boltzmann 关系，原子的运动轨迹通过 verlet 算法对经典牛顿运动方程积分获得[29]。分子动力学模拟过程约为 150 fs，步长为 0.05 fs。对于每一步的结构，其受力和电子能量均采用基于从头算方法的 Gaussian 程序计算[30]。测试了几个从头算分子轨道方法，发现 CASSCF/6-31G 和 B3LYP/6-31G [31-36]在合理的计算时间下均能够给出高精度的结果。从头算方法计算得到的每个原子受力被用于运动方程积分。入射氢的速度大小和运动方向分别由其初始动能大小和相对于被碰撞分子的运动方向来确定。

本章结合量子化学计算与分子动力学模拟，得到氢原子、质子、氢分子、氘原子等与碳氢化合物碰撞的详细过程，包括碰撞过程的热力学及动力学稳定性，能量传递、转化，碰撞结束后体系的精确结构、平动、振动等信息，从而揭示碰撞反应的机理，总结致使 C—H 键断裂的有效碰撞构型和能量范围。

2.3　计算结果与讨论

超高热 H 碰撞碳氢分子优先解离 C—H 键的基本设计概念如图 2-1 所示。这个反应设计的物理原理和新颖之处在于，碰撞致使 C—H 键断裂而不破坏其他键。这是一种非常规的反应途径，不需要热能来克服反应势垒，而且反应活性高，化学选择性高。本节通过从头算分子动力学模拟超高热氢（氢原子、质子）、氢分子、氘原子碰撞碳氢分子，模拟结果证明并验证了我们的设计原理。

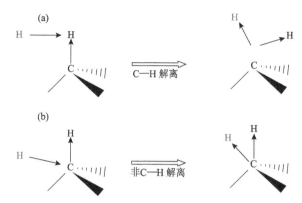

图 2-1　超高热 H 撞击碳氢化合物致使 C—H 键解离的示意图

（a）氢撞击 C—H 键的氢原子，有效转移动能致使 C—H 键断裂，氢原子离开；

（b）氢撞击 C—H 键的碳原子，给 CH_4 分子传递一些动能后氢原子离开

为了评估设计原理的有效性和可行性，选出 50 种最有可能导致 C—H 键和 C—C 键断裂的碰撞构型，按 0.05 fs 步长进行反应动力学的量子化学计算，包括：①一个氢（氢原子、质子）撞击一个简单碳氢化合物，$H/H^+ \rightarrow C_xH_{2x+2}$；②一个氢分子撞击一个简单碳氢化合物，$H_2 \rightarrow C_xH_{2x+2}$；③其他弹射粒子如氦原子撞击一个简单碳氢化合物，$He \rightarrow C_xH_{2x+2}$。其中，$x$ 作为抛射能量的函数可达 6。通过设定弹射粒子相对于目标靶分子的初始速度和方向来模拟每个碰撞构型，采用基于量子化学的从头算方法计算总能量和每个原子受力，原子的速度和运动方向被更新到下一个时间步，迭代一直持续到碰撞事件结束，通常持续约 150 fs。

2.3.1　氢（氢原子、质子）碰撞碳氢化合物 C_xH_{2x+2}（x=1~6）

自由基带有未成对电子，因此具有特殊的性质，磁性就是其特殊性质之一。此外，自由基中的单电子具有强烈的配对倾向，倾向于以各种方式与其他原子基团结合，形成更稳定的结构，因而自由基非常活泼，成为许多反应的活性中间体。通过过氧化物、光引发或加速等途径促使自由基反应是自由基反应的特点之一。

计算和实验结果表明，超高热氢碰撞有机分子断裂 C—H 键，只有当弹射粒子撞击氢原子时（H→H）才有效。在这种情况下，弹射粒子与靶标的质量匹配较好，C—H 键优先断裂，实现了化学选择性。图 2-1 描述了超高热氢优先断裂 C—H 键的基本概念。除了高选择性，该化学反应活性也很高。在超高热状态下，弹射粒子氢撞击烃基有机物分子层 C—H 键上氢原子的概率非常高，弹射粒子氢在没有碰撞的情况下不会穿透前几层分子，保障了超高热氢断裂 C—H 键的有效性。

在碰撞构型的采样中，发现当撞击能量为 10 eV 时，入射氢原子可以断裂 C—H 键而不是 C—C 键。这个结果支持我们提出的优先断裂 C—H 键的设计思路，

但碰撞动力学的细节明显偏离了二元碰撞的运动学，即弹射粒子的部分动能以内能的形式传递给了目标分子。对于相同的靶标分子，从弹射粒子氢原子到靶标分子的能量转移，撞击分子中的氢原子比撞击分子中的碳原子效果更好。当 10 eV 的 H 原子作为弹射粒子与靶标分子的氢原子正面碰撞时，根据空间碰撞构型的不同，动能损失为 3~7 eV。虽然最大能量转移小于二元碰撞模型预测的能量转移（10 eV），但足以导致靶标分子中 C—H 键断裂。相比之下，弹射粒子氢原子与靶标分子的碳原子正面碰撞的动能损失较小，为 2~3 eV，转移的能量不足以解离 C—C 键。分子动力学计算结果支持了我们的设计原理，并丰富了其理论模型，超越了过于简化的二元原子碰撞模型。

H→C_2H_6 碰撞和 H→CH_4 碰撞分子动力学模拟的结果如下。

如图 2-2 所示，11 eV 动能的氢原子以垂直于 C1—H3 键方向撞击 C_2H_6 分子的 H3 原子。碰撞后，入射的氢原子被散射，动能损失 6 eV，C1—H3—H3 键断开，H3 原子离开 C1 原子，经由 C2 原子离开 C_2H_6 分子。解离后的 C_2H_5 基团获得 1 eV 的动能和 5 eV 的内能，主要用于键解离、振动和转动激发。图 2-3 显示了 H→CH_4 的碰撞结果，与 H→C_2H_6 结果类似。图 2-4 和图 2-5 所示为氢原子弹射粒子沿着 C—H 键方向撞向 C_2H_6 和 CH_4 分子的结果，与垂直于 C—H 键方向撞击的结果稍有不同。此种情形下，入射氢原子与从靶标分子解离出的氢原子结合，形成氢分子。此种结果与氢原子自由基的特点密切相关。相应地，碰撞过程中损失的动能部分转换成了氢分子的振动能。

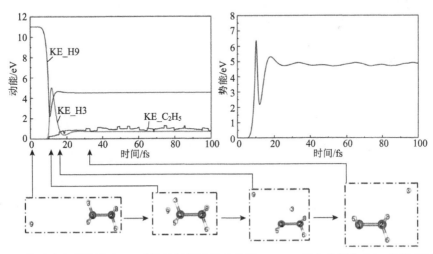

图 2-2　分子动力学模拟 11 eV 动能的氢原子以垂直于 C1—H3 键方向撞击 C_2H_6 分子 H3 原子的结果

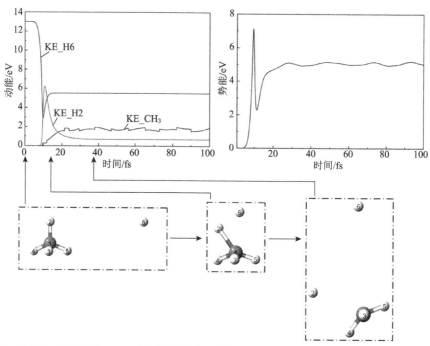

图 2-3　分子动力学模拟 13 eV 动能的氢原子以垂直于 C1—H2 键方向撞击 CH₄ 分子 H2 原子的
结果

碰撞后，H6 原子被散射，动能损失 7 eV（54%能量传递），C1—H2 键断裂，H2 原子离开 C1 原子，CH₃ 基团获
得 2 eV 的动能和 5 eV 的势能

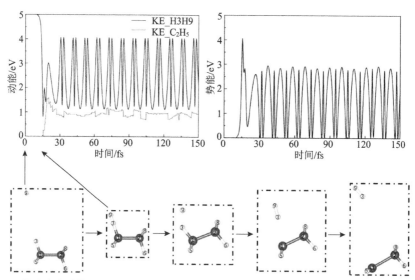

图 2-4　分子动力学模拟 5 eV 动能的氢原子沿着 C1—H3 键方向撞击 C₂H₆ 分子 H3 原子的结果

碰撞后，C1—H3 键断裂，H9 原子和 H3 原子结合成氢分子，动能为 2.5 eV，以及少量的振动和转动能，C₂H₅ 基
团获得 1 eV 的动能，体系获得 1.5 eV 的内能，包括键解离、振动和转动激发

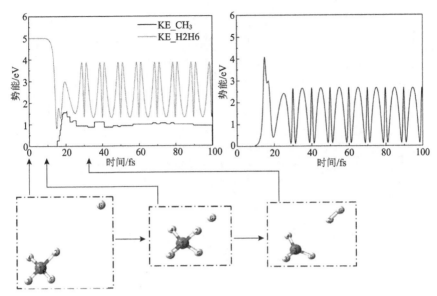

图 2-5　分子动力学模拟 5 eV 动能的氢原子沿着 C1—H2 键方向撞击 CH₄ 分子 H2 原子的结果
碰撞后，C1—H2 键断裂，H2 原子与 H6 原子结合成氢分子，动能为 2.5 eV，以及少量的振动和转动能，CH₃ 基团
获得 1 eV 的动能，体系获得 1.5 eV 的内能，源于键解离、振动和转动激发

　　不同于氢原子自由基，质子（H^+）是带有一个电子的正电荷。超高热 H^+ 弹射粒子在接近有机分子时可能会被中和，因为它的空 1s 态位于基底的价带，且远低于费米能级。采用分子动力学模拟了 H^+ 弹射粒子碰撞碳氢化合物的过程。如图 2-6 所示，动能为 3 eV 的 H^+ 沿着垂直于 C1—H2 键的方向撞向 H2 原子，C1—H2 键断裂。入射的 H^+ 和 H2 结合，形成氢分子，动能增加 2 eV，解离后的 CH₃ 基团获得 1 eV 的动能。碰撞过程中发生电荷转移现象，释放能量。电荷转移释放的能量用于内能、键解离和动能（包括振动和转动能）增加。图 2-7 为动能为 10 eV 的 H^+ 撞向碳原子的结果。如图所示，H^+ 被散射，将少量动能转移给了 CH₄ 分子，碰撞过程中，因电荷转移而释放的能量用于转动和振动激发。

　　以上结果表明，H^+ 弹射粒子与氢原子弹射粒子碰撞结果的不同之处在于，发生了弹射粒子到碳氢化合物分子的电荷转移放热现象，此过程通常提供 3 eV 的能量，可以缓解 C—H 键和 C—C 键的断裂。先前对 H^+ 与气态 CH₄、C₂H₂、C₂H₄ 在 10～30 eV 能量范围内碰撞的实验研究表明[37-39]，弹射粒子可以通过以下机制将能量传递给碰撞体：①通过与运动质子的远距离偶极子耦合作用，目标分子发生振动激发；②电荷交换；③近距离接触时通过准分子跃迁态的内能传递。

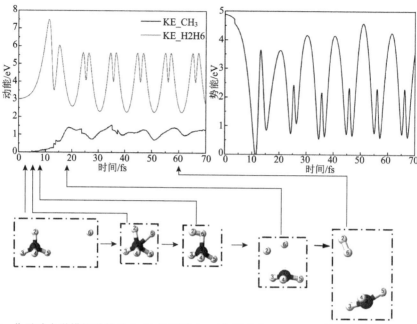

图 2-6　分子动力学模拟动能为 3 eV 的质子（H6+）以垂直于 C1—H2 键方向撞击 CH4 分子 H2 原子的结果

碰撞后，C1—H2 键断开，H2 原子离开 C1 原子与质子结合，形成氢分子（H2H6），动能增加 2 eV，电荷转移释放的能量用于键解离、振动和转动激发

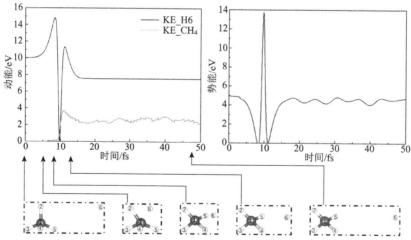

图 2-7　分子动力学模拟 10 eV 动能的质子（H6+）撞向 CH4 分子中的碳原子

碰撞后，H6+被散射，部分动能转移给 CH4 分子，电荷转移释放的能量用于振动和转动激发

　　我们的计算显示，虽然沿着 CC 轴，10 eV 的 H+ 弹射粒子仍然不能断裂 C—C 键（图 2-8），但在某些碰撞构型中，它可以通过垂直于 CC 轴撞击碳原子来断裂 C—C 键。如图 2-9 所示，动能为 2 eV 的 H9+ 沿着垂直于 C1—C2 键的方向撞向

C2，H9$^+$经过 C2 原子转移到 C1 原子，然后 C1—C2 键断裂，C$_2$H$_6$ 分子断裂成 CH$_4$ 和 CH$_3$，总动能增加 1 eV，内能降低 1 eV，损失的内能和电荷转移释放的能量用于键解离、振动和转动激发。此外，当弹射粒子 H9$^+$的动能增加到 5 eV 时（图 2-10），H9 经过 C2 原子到 C1 原子，然后与 H3 原子结合，离开 C1，形成氢分子，动能基本保持不变，电荷转移释放的能量用于转动和振动激发。

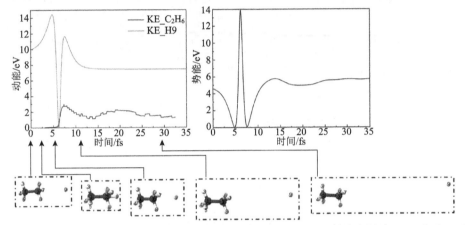

图 2-8　分子动力学模拟动能为 10 eV 的质子（H9$^+$）沿着 C1—C2 键方向撞击 C$_2$H$_6$ 分子 C2 原子的结果

碰撞后，H9$^+$被散射，部分动能转移给了 C$_2$H$_6$ 分子，电荷转移释放的能量用于内能、振动和转动激发

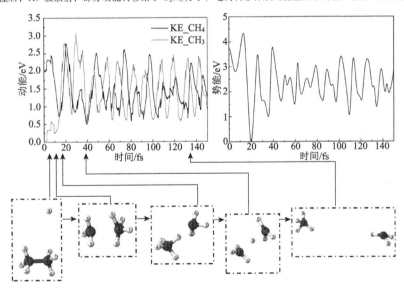

图 2-9　分子动力学模拟动能为 2 eV 的质子（H9$^+$）以垂直于 C1—C2 键方向撞击 C$_2$H$_6$ 分子 C2 原子的结果

碰撞后，H9$^+$经过 C2 原子，转移到 C1 原子，然后 C1—C2 键断裂，C$_2$H$_6$ 分子解离成 CH$_4$ 和 CH$_3$ 基团，损失的内能和电荷转移释放的能量用于键解离、振动和转动激发

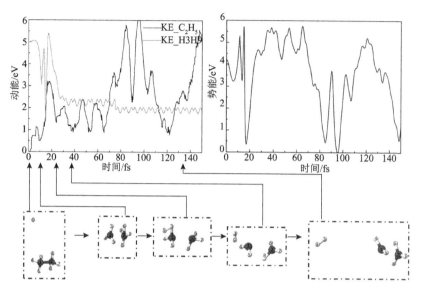

图 2-10　分子动力学模拟动能为 5 eV 的质子（$H9^+$）以垂直于 C1—C2 键方向撞击 C_2H_6 分子
C2 原子的结果

碰撞后，$H9^+$ 经过 C2 原子，转移到 C1 原子，然后与 H3 原子结合成氢分子，动能基本保持不变，损失的内能和
电荷转移释放的能量用于键解离、振动和转动激发

可以通过设计 H^+ 弹射粒子的动能，促使 C—H 键解离，防止 C—C 键断裂。总而言之，超高热 H^+ 碰撞的计算结果，定性地说明了电荷转移对化学反应和化学选择性的可能影响。

2.3.2　氢分子碰撞碳氢化合物 C_xH_{2x+2}（$x=1\sim6$）

高通量超高热氢分子生成的成本较低，制备工艺和设备实用，在实际生产中具有可扩展性。基于此，采用从头算分子动力学方法研究了超高热氢分子碰撞诱导 C—H 键断裂的物理和化学机制，在这种特殊的 C—H 键断裂过程中，唯一的化学试剂是少量的氢分子，它的化学惰性不足以驱动其他反应。将这种非常规的反应设计与其他 C—H 键碰撞解离方法进行比较，说明该方法如何实现分子尺度的精确控制。

图 2-11～图 2-14 所示为从头算分子动力学模拟氢分子弹射粒子撞击碳氢分子的结果。计算结果证实了超高热氢分子碰撞导致 C—H 键解离，碰撞过程中相关分子运动的细节和能量分布验证了碰撞致使 C—H 键解离的设计原理。研究发现当动能为 19 eV 的氢分子与 C_2H_6 和 CH_4 发生碰撞时，可以通过近似于直接反冲的机制从 C_2H_6 中解离出一个氢原子（图 2-11～图 2-13）。具体细节如下。

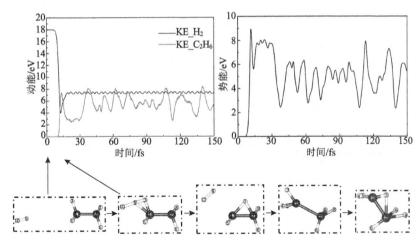

图 2-11　分子动力学模拟 18 eV 动能的氢分子（H9H10）以垂直于 C1—H3 键方向撞击 C₂H₆
分子的结果

氢分子中的 H9 原子撞向 C₂H₆ 分子的 H3 原子。碰撞完后，氢分子被散射，动能损失 10 eV（56%能量传递），获
得很少量的振动和转动能，H3 原子被撞离 C1 原子，随后在 C1 和 C2 原子之间来回运动，C₂H₆ 分子获得 6 eV 的
动能和 4 eV 的内能

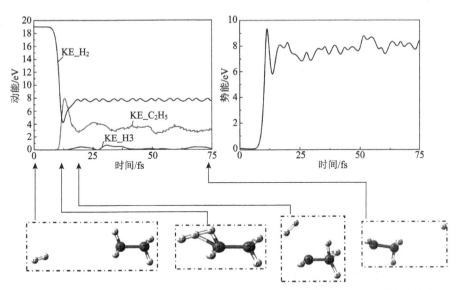

图 2-12　分子动力学模拟 19 eV 动能的氢分子（H9H10）以垂直于 C1—H3 键方向撞击 C₂H₆
分子的结果[40]

氢分子中的 H9 原子撞向 C₂H₆ 分子的 H3 原子，碰撞后，氢分子被散射，动能损失 11 eV（58%能量传递），获得
很少量的振动和转动能，H3 原子被撞离 C1 原子，然后经由 C2 原子离开 C₂H₆ 分子，C₂H₅ 获得 3 eV 的动能和 8 eV
的内能，用于解离、振动和转动激发

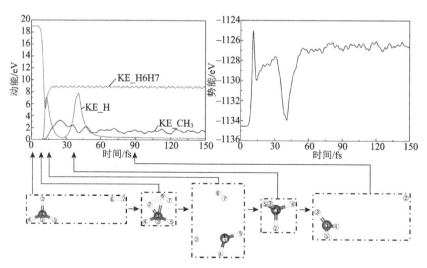

图 2-13　分子动力学模拟 19 eV 动能的氢分子（H6H7）以垂直于 C1—H2 键方向撞击 CH₄ 分
子的结果

氢分子中的 H6 原子撞向 CH₄ 分子的 H2 原子，碰撞后，氢分子被散射，动能损失 10 eV（55%能量传递），获得
很少量的振动和转动能，H2 原子被撞离 C1 原子，CH₃ 获得 2 eV 的动能和 8 eV 的内能，用于键解离、振动和转
动激发

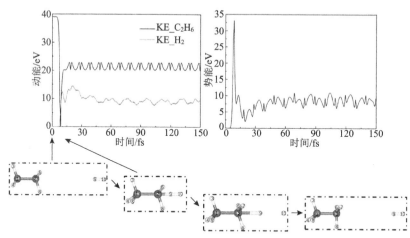

图 2-14　分子动力学模拟 39 eV 动能的氢分子（H9H10）以平行于 C1—C2 键的方向撞击 C₂H₆
分子的结果[40]

氢分子中的 H9 原子撞向 C₂H₆ 分子的 C2 原子。碰撞后，氢分子被散射，动能损失 30 eV（77%能量传递），
获得很少量的振动和转动能，C₂H₆ 分子获得 21 eV 的动能和 9 eV 的内能

　　如图 2-12 所示，当平动能为 19 eV 的氢分子（图 2-12 中 H9 和 H10 原子）沿
着垂直于 C1—H3 键的方向撞击 C₂H₆ 中的 H3，H3 原子从碰撞中获得足够的动能

来克服 H—C 键的化学势，从而离开 C1，致使 C1—H3 键断裂。反冲的 H3 在离开 C_2H_5 之前，在 C_2H_5 的 C2 位处停留若干飞秒。对 H3 反应动力学的分析清晰地揭示了碰撞诱导 C—H 键解离的反冲机理。另外，我们的分析揭示了多体相互作用的本质。因为反应动力学涉及了所有原子及其之间高度相关的运动。更确切地说，类反冲机制不同于理想的二元 $H_2 \rightarrow H$ 碰撞，不同于原子量为 2 的硬球与另一个原子量为 1 的硬球碰撞。例如，分子动力学分析表明，氢分子与 C_2H_6 的 $H_{\#3}$ 正面碰撞后，保留了 8 eV 的平动能。相比之下，在 $H_2 \rightarrow H$ 的理想双硬球碰撞下，碰撞后的氢分子只保留 5.3 eV 的平动能。这种差异主要是因为 C_2H_6 的 $H_{\#3}$ 并不是一个不受约束的氢原子，而是与 C_2H_6 在共价键的约束下共存。

从头算分子动力学模拟在超高热氢分子诱导 C—H 键断裂的设计中发挥了重要作用，同时阐明了科学意义。图 2-11 和图 2-12 所示的模拟结果表明，被散射氢分子的平动能保留了 8 eV，反冲的 C_2H_5 获得了约 3 eV 的平动能。相比之下，反冲 H3 原子的平动能小于 1 eV。初始动能损失了约 8 eV，大部分用于解离 C—H 键和反冲 C_2H_5 的内能，少量的初始动能（<1 eV）转化为散射氢分子的振动能。

图 2-13 所示为 $H_2 \rightarrow CH_4$ 碰撞的结果，平动能为 19 eV 的氢分子（图 2-13 中 H6 和 H7 原子）沿着垂直于 C1—H2 键的方向撞击 CH_4 中的 H2，H2 原子从碰撞中获得足够的动能来克服 C—H 键的化学势，从而离开 C1，致使 C1—H2 键断裂。反冲的氢分子保留了 9 eV 的动能，反冲的 CH_3 的动能为 2 eV，碰撞后体系的内能约为 8 eV，少量的初始动能转化为了被散射 H_2 的振动能。

对于碰撞过程中平动能转化为振动能的情况，之前的研究表明[37]，发生在 20 eV 能量下的 $H^+ \rightarrow H_2$ 碰撞，H_2 从 $0 \rightarrow 1$ 态的振动激发发生的相对概率仅为 8.5%，而从 $0 \rightarrow 2$ 态的振动激发的相对概率为 3.6%。因此，可以总结，碰撞过程中产生的能量损失并不占主导地位。此结论支持了设计原理的核心，即超高热氢分子作为一种反冲剂的有效性。

在本项研究中，一共检查了 50 多种不同的碰撞轨迹，证实了超高热氢分子诱导 C—H 键断裂遵循着主要受碰撞运动学约束的反冲机制。此外，如图 2-14 所示，当动能为 39 eV 的氢分子弹射粒子撞击 C_2H_6 的碳原子后，靶标分子保持完整，该结果支持了我们的假设，即 $H_2 \rightarrow C$ 碰撞中存在无效的能量传递机制。研究发现 C—C 键断裂的阈能为 40 eV，说明存在一个 19～40 eV 的实际动能窗口，该范围内动能可以高效率优先解离 C—H 键。

虽然图 2-11 所示的计算结果表明氢分子弹射粒子碰撞 C_2H_6 断裂 C—H 键的动能阈值为 19 eV，但是当 C—H 键是固体饱和烃的一部分时，这个阈值预计会下降，因为只有极少量的入射能量会损失给固体作为平动能。孤立的 C_2H_6 分子作为靶标分子时，部分入射能量转移成了靶标分子的动能。分子动力学模拟结果显示，碰撞过程中需要转移 8 eV 的能量给碳氢分子作为内能，才能导致 C—H 和 C—C 键断裂。因此，断裂 C—H 键和 C—C 键，弹射粒子能量的阈值应分别为 9 eV 和 16 eV。模拟结果还显示，碰撞过程中弹射粒子的部分能量转移给了分子作为动能，因此，断裂 C—H 键和 C—C 键，弹射粒子的能量分别约为 16 eV 和 30 eV。

2.3.3　其他超高热弹射粒子撞击碳氢分子

采用撞击方法解离 C—H 键的核心在于弹射粒子质量和目标靶原子质量的匹配。根据弹性、正面硬球碰撞能量分配公式，当弹射粒子为氦原子时，与氢原子碰撞后，能量分数 ε=0.64，与碳原子碰撞后，能量分数 ε=0.75，不同于氢原子和氢分子弹射粒子，氦原子作为弹射粒子与碳原子碰撞的能量分数大于其与氢原子碰撞的能量分数。因此，氦原子作为弹射粒子撞击碳氢化合物，理论上 C—C 键断裂的机会将会比 C—H 键断裂的机会要大。正如所料想的，我们的计算和实验结果均表明，当氢分子被其他较重的弹射粒子（如氦原子）取代时，优先断裂碳氢键的选择性就会消失。这是因为重弹射粒子不再能从原子的质量和与质量相关的运动学中有效地将氢原子与其他目标原子区分开来，详情如图 2-15、图 2-16 所示。

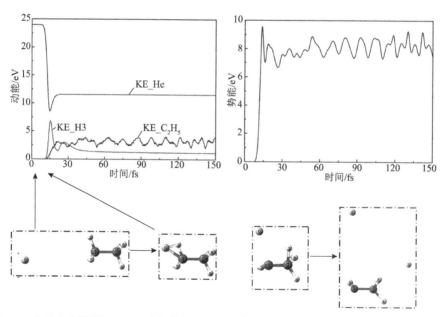

图 2-15　分子动力学模拟 24 eV 动能的氦原子以垂直于 C1—H3 键方向撞击 C_2H_6 分子 H3 原子的结果

碰撞后，氦原子被散射，动能损失 12 eV （50%能量传递），H3 原子被撞离 C1 原子，然后由 C2 原子离开 C_2H_6 分子，C_2H_5 获得 3 eV 的动能和 8 eV 的内能，用于键解离、振动和转动激发

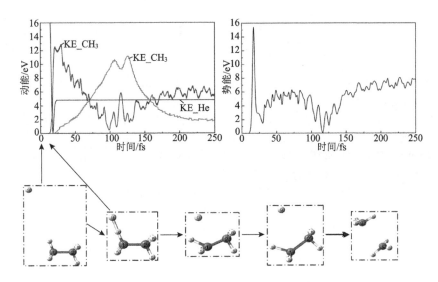

图 2-16　分子动力学模拟 20 eV 动能氢原子沿着 C1—H3 键方向撞击 C_2H_6 分子 H3 原子的
结果

碰撞后，氢原子被散射，动能损失 15 eV（75%能量传递），C_2H_6 分子发生旋转，然后 C—C 键断裂，解离成两个
CH_3 基团，获得 8 eV 的动能和 7 eV 的内能，用于键解离、振动和转动激发

2.4　结　　论

　　基于碰撞的运动特性，设计了超高热氢为弹射粒子撞击碳氢分子断裂 C—H 键的技术方法。该设计的先进之处在于 C—H 键断裂的选择性，即在特定入射动能范围内，优先断裂 C—H 键而 C—C 键仍然保留，该选择性既有利于有机分子之间的交联，又保留了前驱体分子的化学功能。在超高热氢碰撞的过程中，交联的程度受弹射粒子能量和流量的影响，前驱体的分子链和化学功能可以很好的保留下来。

　　本章介绍了超高热氢作为弹射粒子碰撞碳氢分子选择性解离 C—H 键技术的初始模型，即弹性、正面硬球碰撞模型，并采用从头算分子动力学方法模拟了超高热氢原子、质子、氢分子和氦原子与简单烷烃分子的碰撞过程。模拟结果证实并支持了我们的设计原理，即与氢原子质量匹配的弹射粒子可以达到较强的能量转移，证明了超高热氢作为弹射粒子碰撞有机分子优先解离 C—H 键的有效性，揭示了有效解离 C—H 键的能量阈值。

　　本章还介绍了所采用的从头算分子动力学方法，以及用于研究化学反应的理论，计算热驱动脱氢反应速率的理论和方法。

参 考 文 献

[1] Foresman J B, Frisch A E. Exploring Chemistry with Electronic Structure Methods. Pittsburgh: Gaussian, Inc. , 1997.

[2] 赵成大. 化学反应量子理论-兼分子反应动力学基础. 长春: 东北师范大学出版社, 1989.

[3] 周鲁. 分子反应动力学基础. 成都: 成都科技大学出版社, 1990.

[4] Wolfsberg M, Van Hook W A, Paneth P, et al. The Born-Oppenheimer Approximation: Potential Energy Surfaces. Dordrecht: Springer, 2009.

[5] Chuang Y Y, Coitiño E L, Truhlar D G. How should we calculate transition state geometries for radical reactions? The effect of spin contamination on the prediction of geometries for open-shell saddle points. Journal of Physical Chemistry A, 2000, 104(3): 446-450.

[6] Wu F X, Carr R W. Kinetics of CH_2ClO radical reactions with O_2 and NO, and the unimolecular elimination of HCl. Journal of Physical Chemistry A, 2001, 105(9): 1423-1432.

[7] Anderson P N, Hites R. OH radical reactions: the major removal pathway for polychlorinated biphenyls from the atmosphere. Environmental Science & Technology, 1996, 30(5): 1756-1763.

[8] 赵学庄, 罗渝然, 臧雅茹, 等. 化学反应动力学原理. 下册. 北京: 高等教育出版社, 1993.

[9] 徐光宪, 黎乐民, 王德民. 量子化学基本原理和从头计算法. 北京: 科学出版社, 1985.

[10] 傅献彩, 沈文霞, 姚天扬. 物理化学. 下册. 北京: 高等教育出版社, 1990.

[11] Garrett B C, Truhlar D G. Generalized transition state theory. Bond energy-bond order method for canonical variational calculations with application to hydrogen atom transfer reactions. Journal of the American Chemical Society, 1979, 101(16): 4534-4548.

[12] Smith I M. 1980. Kinetics and Dynamics of Elementary Gas Reactions. London: Butterworths, 1980.

[13] Moore J W, Pearson R G. 1980. Kinetics and Mechanism. 3rd ed. New York: Wiley, 1980.

[14] Laider K J. 1979. Theories of Chemical Reaction Rates. New York: McGraw-Hill, 1979.

[15] Kerkeni B, Clary D C. Ab initio rate constants from hyperspherical quantum scattering: application to $H+CH_4 \longrightarrow H_2+CH_3$. The Journal of Chemical Physics, 2004, 120(5): 2308-2318.

[16] Kerkeni B, Clary D C. Ab initio rate constants from hyperspherical quantum scattering: application to $H+C_2H_6$ and $H+CH_3OH$. The Journal of Chemical Physics 2004, 121(14): 6809-6821.

[17] Kerkeni B, Clary D C. Quantum scattering study of the abstraction reactions of H atoms from CH_3NH_2. Chemical Physics Letters, 2007, 438(1-3): 1-7.

[18] Walker R B, Hayes E F, Clary D C. The Theory of Chemical Reaction Dynamics. Dordrecht: Reidel, 1986.

[19] Clary D C. Quantum dynamics of chemical reactions. Science, 2008, 321: 789-791.

[20] Kerkeni B, Clary D C. Quantum reactive scattering of H^+ hydrocarbon reactions. Physical Chemistry Chemical Physics, 2006, 8(8): 917-925.

[21] Car R, Parrinello M. Unified approach for molecular dynamics and density-functional theory. Physical Review Letters, 1985, 55(22): 2471-2474.

[22] Remler D K, Madden P A. Molecular dynamics without effective potentials via the

Car-Parrinello approach. Molecular Physics, 1990, 70(6): 921-966.

[23] Payne M C, Teter M P, Allan D C, et al. Iterative minimization techniques for ab initio total-energy calculations: molecular dynamics and conjugate gradients. Review of Modern Physics, 1992, 64(4): 1045-1097.

[24] Lassonen K, Klein M L. Ab initio molecular dynamics study of hydrochloric acid in water. Journal of the American Chemical Society, 1994, 116(25): 11620-11621.

[25] Trout B L, Parrinello M. The dissociation mechanism of H_2O in water studied by first-principles molecular dynamics. Chemical Physics Letters, 1998, 288(2-4): 343-347.

[26] Lewis L J, Vita A D. Structure and electronic properties of amorphous indium phosphide from first principles. Physical Review B: Condensed Matter, 1998, 57(3): 1594-1606.

[27] Zhang W Q, Zhou Y, Wu G R, et al. Depression of reactivity by the collision energy in the single barrier $H + CD_4 \longrightarrow HD + CD_3$ reaction. Proceedings of the National Academy of Sciences of the United States of America, 2010, 107(29): 12782-12785.

[28] 林梦海. 量子化学计算方法与应用. 北京: 科学出版社, 2004.

[29] Fincham D, Heyes D M. Intergation Algorithms in Molecular Dynamics. CCp5 Quartely, 1982, 6: 4-10.

[30] Frisch M J, Trucks G W, Schlegel H B, et al. Gaussian 98, G98 A. 11st ed, Gaussian, Inc.: Pittsburgh PA, 2001.

[31] Hegarty D, Robb Mol M A. Application of unitary group methods to configuration interaction calculations. Molecular Physics, 1979, 38(6): 1795-1812.

[32] Eade R H A, Robb M A. Direct minimization in MC SCF theory. The quasi-Newton method. Chemical Physics Letters, 1981, 83(2): 362-368.

[33] Schlegel H B, Robb M A. MC SCF gradient optimization of the $H_2CO \longrightarrow H_2 + CO$ transition structure. Chemical Physics Letters, 1982, 93(1): 43-46.

[34] Bernardi F, Bottini A, McDouall J J W, et al. MC SCF gradient calculation of transition structures in organic reactions. Faraday Symposia of the Chemical Society, 1984, 19: 137.

[35] Yamamoto N, Vreven T, Robb M A, et al. A direct derivative MC-SCF procedure. Chemical Physics Letters, 1996, 250(3-4): 373-378.

[36] Frisch M J, Ragazos I N, Robb M A, et al. An evaluation of 3 direct MC-SCF procedures. Chemical Physics Letters, 1992, 189(6): 524-528.

[37] Chiu Y N, Friedrich B, Maring W, et al. Charge transfer and structured vibrational distributions in $H^+ + CH_4$ low-energy collisions. The Journal of Chemical Physics, 1988, 88(11): 6814-6830.

[38] Aristov N, Maring W, Niednerschatteburg G, et al. Vibrationally resolved inelastic scattering and charge transfer in H^+-C_2H_4 collisions. The Journal of Chemical Physics, 1993, 99(4): 2682-2694.

[39] Aristov N, Niednerschatteburg G, Toennies J P, et al. Vibrationally resolved inelastic scattering and charge transfer in $H^+ + C_2H_2$ collisions. The Journal of Chemical Physics, 1991, 95(11): 7969-7983.

[40] Trebicky T, Crewdson P, Paliy M, et al. Cleaving C—H bonds with hyperthermal H_2: facile chemistry to cross-link organic molecules under low chemical- and energy-loads. Green Chemistry, 2014, 16(3): 1316-1325.

第3章 实验方法与仪器设备

3.1 引 言

为了创造性地实现使用 H^+ 原位制造交联聚合物薄膜的目的,在本实验中采用了低能量离子束轰击(LEIB)系统和 X 射线光电子能谱(XPS)系统的独特组装。LEIB 系统用于产生、纯化并将所需的离子物质输送到样品表面[1-3]。这种系统可以使轰击离子能量精确地控制到几电子伏,也是这种独特设计的主要优点。离子能量和剂量的精确控制在聚合物薄膜的可控制造中起着重要作用,特别是对于表面官能团的保护。同时,有一个 XPS 系统与 LEIB 系统通过高真空的通道相关联,用于样品的原位分析。此外,使用原子力显微镜(AFM)来获得表面形态,以便直接研究表面交联聚合反应发生前后的聚合物薄膜的变化。为了制备超薄有机薄膜,将有机分子溶解在合适的溶剂中并使用旋涂技术来形成表面薄膜。以下部分将着重描述本书工作中涉及的离子束轰击处理技术和相关的仪器设备。

3.2 样 品 制 备

如第 1 章所述,离子束轰击过程中有机薄膜的表面荷电效应可能会降低轰击束能量的准确性,从而改变表面反应机理。为了避免或最小化这种影响,在本书研究中通常使用旋涂机在导电或半导电基底上制备非常薄的聚合物膜。

3.2.1 旋涂技术与原理

几十年来,旋涂方法已经广泛用于薄膜的制备[4,5]。典型的方法包括将一小块流体树脂沉积到基底的中心上,然后高速旋转基底(在本书中通常为 6000 r/min)。图 3-1 显示了旋涂设备的简单模型。向心加速度将导致大部分树脂扩散到基板边缘,并最终离开基板边缘,在表面留下薄薄的树脂膜。最终薄膜厚度等性质取决于树脂的性质以及旋涂工艺的参数,如最终转速、加速度、旋涂时间和排气等。

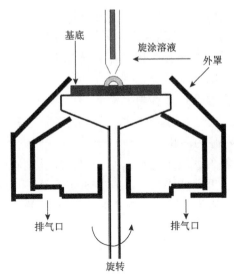

图 3-1　本书第 1～8 章实验中使用的旋涂系统示意图[6]

3.2.2　溶剂选择

为了使旋涂镀膜过程获得高质量的薄膜，对于成膜物质来说，相对良好的溶液起着关键作用。因此选择溶剂须满足以下条件：良好的溶解性、适当的挥发性和较低的毒性等。通过大量的比对和选择工作，最终选择了苯、氯仿、甲苯和异丙醇作为溶剂，分别制备了正三十二烷、二十二烷酸、聚异戊二烯和聚丙烯酸的溶液。

3.2.3　浓度

人们通常认为，高浓度的溶液在旋涂过程中会产生较厚的膜，因此可以通过改变浓度来控制薄膜厚度。然而，实验过程中发现，对于正三十二烷薄膜，当浓度增加至 0.2%（质量分数）时，通过 XPS 分析测定，浓度的进一步增加不会引起膜厚度的明显变化。

3.2.4　旋涂参数

在确定薄膜特性（如形态和厚度）的几个旋涂参数中，最终转速是最重要的因素。在本书的研究中通常使用 6000 r/min 的转速来制备正三十二烷薄膜和聚丙烯酸薄膜。而对于由 0.03% 和 0.1% 氯仿溶液制备的二十二烷酸薄膜，实验采用了 7700 r/min 的更高转速。然而，对于聚异戊二烯溶液的情况，发现高速旋转（6000 r/min）会在薄膜表面形成许多特别结构，这可以用显微镜观察到。因此，选择了 2500 r/min 的低转速来制备聚异戊二烯薄膜。另外，先滴落或先旋转的顺序也会影响薄膜的性质。例如，在制备二十二烷酸薄膜时，采取的方法是，首先以一定的速度旋转基板，达到最高转速后再将一小滴溶液沉积在旋转基底的中心。在该过程的最初几秒内，液滴便可迅速扩散到全部基底表面上。这能够导致流体树脂的快速和对称蒸发，从而使整个表面薄膜大面积均匀生长，并获得表面相对平坦良好的薄膜。

旋涂过程涉及很多变量，如旋转速度、加速度、旋转时间和排气等，这些变量在旋涂过程中趋于抵消或平均。人们发现需要足够长的旋转时间才能获得良好的可重复性。通常来说，更高的旋转速度和更长的旋转时间会产生更薄的薄膜。

3.2.5　两步旋涂技术

在某些情况下，如使用聚异戊二烯溶液，仅通过调节旋涂参数已经难以获得具有相对较大厚度的均匀涂布膜。然而，采用两步旋涂法解决了这个问题并得到了相对平坦的薄膜。这主要是由于第一步形成的超薄膜与旋涂溶液之间的良好相容性。先用稀释的 0.05%（质量分数）溶液在硅晶片上旋涂薄膜，随后以上述薄膜作为基材采用浓溶液进行第二次旋涂步骤。这种两步旋涂法的优点在于溶液与代替无机硅晶片的"超薄膜基材"具有更好的相容性，并且旋涂溶液能够更加方便、均匀地散布在有机基质上。

3.3　低能量离子束轰击系统

通常，离子束轰击系统是用于研究超高热离子与固体表面反应的相对昂贵和紧凑的设备，有利于对表面反应机制的理解[7]。本书所涉及 LEIB 系统独特的设计使得离子可以从离子源以几千电子伏的能量被提取、加速和传输，通过质量过滤系统，并在撞击样品表面之前，最终通过静电透镜减速到几电子伏所需的能量。使用沿离子束柱的静电场，可以方便快速打开和关闭离子束，并且可以非常精确地控制离子剂量。为了能够在离子束轰击期间有效控制交联聚合物膜的特定表面功能，离子剂量和能量的这种可控性特别重要。图 3-2 精确显示了这种 LEIB 系统以及相连真空传输室与 XPS 分析室相结合的独特组装结构。

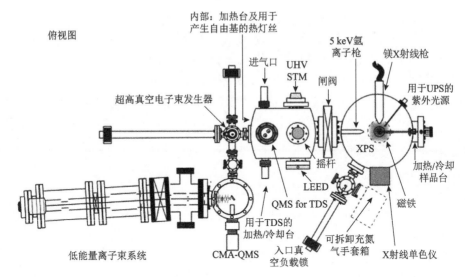

图 3-2　本书第 1～9 章实验中使用的 LEIB 和 XPS 联用系统示意图[6]

UHV：超高真空；STM：扫描隧道显微镜；UPS：紫外光光电子能谱；LEED：低能电子衍射；QMS：四极质谱；TDS：热脱附谱；CMA：柱面镜分析器，是用来选择性地让具一定电荷、质量与速度的粒子通过的分析仪器，当它配上 QMS 便可更准确地筛选带一定动能与质量电荷比的粒子，而且是一束未筛选的粒子沿仪器纵轴通过后剩下筛选过的粒子，可用此研究化学反应

　　LEIB 系统的主要构件元素如图 3-3 所示。在离子源部分产生的物质通过阳极上的直径约 1 mm 的小孔提取，然后通过 Einzel 透镜在提取聚焦室中聚焦。通过 Wien 过滤器后，离子束可以很好地实现质量分离。静电偏转板用于将离子束引导到第二 Einzel 透镜的光轴，而中性物质不受静电场影响，可以通过插入第二 Einzel 透镜入口处的孔与离子分离。随后，经过质量过滤的离子束通过一系列静电透镜聚焦和减速。最后，聚焦的纯离子束（如 H^+、H_2^+、H_3^+ 和 Ar^+）撞击在法拉第杯

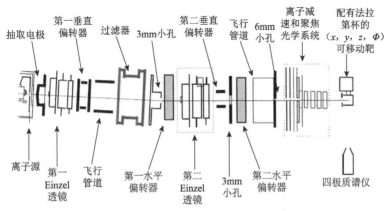

图 3-3　质量分离低能量离子束系统设计示意图[6]

或样品表面。此外，研究人员也可以通过分隔 Wien 过滤室和第二聚焦室的闸阀阻止离子束撞击样品或法拉第杯。另一个闸阀用于分离离子源室和 Wien 过滤室。

入射离子剂量可以由法拉第杯测量，通过轰击时间和离子束电流密度计算，详细信息将在后面章节讨论。对于 Ar^+ 离子束，法拉第杯在减速透镜出口处测量的总电流在 $10\sim200$ eV 的轰击能量范围内为 $1\sim5$ μA。离子电流密度在 50 eV 时高于 100 μA/cm^2，在 10 eV 时降低至 $10\sim20$ μA/cm^2。在目前的系统和操作配置下，离子束质量分辨率约为 40。

3.3.1 真空要求

在 10^{-6} Torr（1 Torr=1.33322×10^2 Pa）的背景压力和室温条件下，假设黏附概率为 1，在固体表面累积一个单分子层的污染物大约只需 1 s [8]。如果选择在 30 min 内污染率的可接受限度小于 1 个单分子层，那么气体动力学理论认为压力一定不能高于 $5×10^{-10}$ Torr。考虑到在室温下黏附概率通常小于 1，实际情况下大多数实验可以在 $10^{-10}\sim10^{-8}$ Torr 的基础压力下进行，该压力状态通常被认为是超高真空。

对于在本书中所涉及的实验，LEIB 系统通常保持在低于 $2×10^{-8}$ Torr 的压力，并且保证 XPS 室中的压力低于 $5×10^{-9}$ Torr。而在离子源室、抽取-聚焦室和目标/样品室的区域中，由旋转泵支持的三个涡轮分子泵用于维持 LEIB 系统内的真空条件。在离子束轰击样品期间，靶室中的压力可以达到 $5×10^{-8}$ Torr 的极限。然而，考虑到进一步的工业化应用，将整个表面改性从这种精密的低能量离子束系统转移到简单快捷的 ECR 系统，将会更加适应大规模生产，具体细节将在第 9 章中详细讨论。

3.3.2 离子源

离子源对于任何离子束系统都非常重要[9]。特别是对于需要精确控制离子束参数的研究，离子源应能够产生人们感兴趣的离子物质，而离子的动能离散应为 1 eV 或更低，至少为几 μA/cm^2 的离子电流密度应该是可以实现的。其他需要考虑的因素包括维护成本和该组件的运行等。在本书的研究工作中，选择了热阴极源[10]，这是使用最广泛的离子源类型之一，容纳着钨丝的空心阴极沿轴向放置在离子源中。

相关操作的基本原理涉及在电离室中加热钨灯丝阴极。在阴极和阳极之间施加电压之后，热电子发射[4]会在热阴极处发生。这些高能电子朝向阳极加速，并与空间电荷限制电位区域中的进料气体发生碰撞，并产生自由基、离子和二次电子等。随着大量气体粒子的碰撞和电离，形成等离子体。离子倾向于向阴极移动，而电子则倾向于与等离子体结合[11]。如果这种情况是自持续的，则等离子体状态可以一直保持。一般来说，正离子可以通过阳极板中心的圆孔从等离子体中轴向提取（图 3-3）。热电子发射过程的高电子密度优化了原料气体的电离。通常 Colutron 热丝直流离子源的功率约为 500 W。本书涉及的氢气进料中，H^+离子束的电流密度控制在 0.1～4 mA/cm^2。

3.3.3　基于 Einzel 透镜的离子束聚焦

通过提取板电极将从等离子体中提取的离子束加速到约 3 keV 的动能（图 3-3）。具有高电流密度的离子束由位于提取板出口的一系列 Einzel 透镜聚焦和校准。实际上，进入和离开 Einzel 透镜时离子种类及其动能是保持不变的。聚焦和准直的离子束通常在通过 Wien 滤波器之后通过质量过滤效应（散焦副作用）散焦。因此，需要额外配有小孔的 Einzel 透镜，从而在最终减速之前重新准直并聚焦质量过滤的离子束。

3.3.4　偏转器

研究人员通常都希望从离子源提取出来的离子束以高动能通过 Wien 滤波器、弯曲系统柱、若干小孔和透镜，并以受控的方式行进。这可以用一组水平和垂直电极来实现，即所谓的偏转器[12,13]。通过向这些电极施加适当的电压，使它们与束流中的离子之间产生了受限的静电偏转力，然后通过弯曲系统柱和离子束转向将中性物与离子束分离，并由此实现了对离子束传递的精确控制。

3.3.5　速度过滤器

速度过滤器（Wien 过滤器）在整个离子束轰击系统中起着关键作用，能够避免人们不希望的化学反应在该离子束系统中发生。进入 Wien 过滤器的离子包括那些具有相同的能量但各自质量不同的物质。因此，为了确保仅选择带有正电荷的纯离子来轰击样品表面，质量鉴别实际上是至关重要的。Wien 过滤器[11]由磁铁和一对静电偏转板组成，偏转板安装在磁极之间以产生垂直于磁场的电场。该 Wien 过滤器涉及电场和磁场的平衡，以便区分具有不同质量的离子。当带电粒子束以速度 v 通过 Wien 过滤器时，它将被一个方向上的静电场和相反方向的磁场所偏转。这些弯曲力的大小可以通过式（3-1）计算：

$$qE - q(v \times B) = 0 \qquad (3-1)$$

其中，E 是电场强度；q 是粒子的电荷；v 是带电粒子的速度；B 是磁场强度。当两个相反的作用力相等时，具有速度 v_0 的带电粒子将无偏转地通过滤波器。而具有其他速度的粒子在 v_0 的任一侧偏转并且通常在下游靶标处分散。通过垂直于电场和磁场的离子束的质量 M 由式（3-2）给出：

$$M = 2qv(B/E)^2 \tag{3-2}$$

因此，通过改变磁场或电场的强度，人们可以容易地从离子束混合物种中选择具有特定质量 M 的离子。在本书涉及的 LEIB 系统中使用的 Colutron 速度过滤器模型 600 B-H 的分辨率为 400。

本书 LEIB 系统所涉及的离子种类主要是 Ar^+ 和 H^+，后者仅用于比较。因此，纯氩气和氢气分别用于产生 Ar^+ 和 H^+。重要的是，通过调节磁场强度，H^+ 离子束可以很好地与 H_2^+ 和 H_3^+ 进行分离，从而确保输送到靶标样品表面的反应物是纯的 H^+。由于引入气体不可避免地含有少量空气，因此在较高的磁场电流下也会发现微量的 O_2^+ 和 N_2^+ 的存在。在 LEIB 系统的实际操作中，得到了离子质量的均方根与 Wien 过滤器的磁场电流之间的线性关系，如图 3-4 所示。实验值与式（3-2）预测的理论计算一致。还有一点需要注意的是最大磁场电流不应高于 14 A，否则过载会损坏 Wien 过滤器。

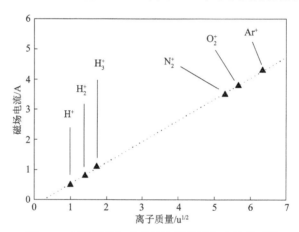

图 3-4　离子质量与速度过滤器磁场电流的关系[6]

3.3.6　离子束减速系统

离子束直径的扩大（束流扩散）来自离子束传输期间的空间电荷排斥。在任何低能量离子束系统[14]中，束流扩散都是一个严重的问题，因为它会降低可用的总电流（由于离子束中的电流损失）和靶标处的电流密度。因此，为了使离子束在轰击靶标之前减速，离子光学优化对于透镜的设计是非常关键的。为了降低扩散的程度，离子束通常以较高的 3～4 keV 的电压传输，实际上相当于使其漂浮在整个系统上。五个电极减速透镜在两种动态模式下安装在靶标附近：①仅使用两个有源电极进行单步减速；②通过激活所有五个电极进行多次聚焦-减速。本书涉及的工作主要应用第二个操作透镜系统[14,15]。在该系统中获得的离子束能量通常可以减速到 500 eV 至 10 eV。特别是在本书研究中使用 H^+ 离子束的情况下，可以实现 6 eV 的超低离子能量。最终能量范围为 10～20 eV 的离子能量分布半峰全宽约为 0.6 eV。例如，当 Ar$^+$离子束减速到 5 eV，其能量扩散约为+0.5 eV[1,14]。

3.3.7 H$^+$离子束优化

在纯的 H$^+$离子束产生之前，氢等离子体的产生是必不可少的。由于 H$^+$是由 H$_2$ 源产生的，因此电离步骤需要在灯丝上施加高电压和电流。本书工作中的最大设计灯丝电流为 20 A，电压为 16 V。但是实际应用中灯丝电流应低于 20 A，阳极孔径上的放电电流应小于 0.4 A。在灯丝和阳极电源中实行电压调节模式，否则，离子源中部分陶瓷部件将会发生损坏。此外，在实际操作中，产生 H$_2$ 等离子体的条件是非常复杂的，通常石英离子源室要优于氮化硼源，这是因为石英室用于排气所需的时间更短，并且用于产生稳定等离子体所需的灯丝电流更小。在这种情况下，重要的是确保玻璃部件的表面平坦且光滑，并且通过夹具和弹簧组件紧密地保持在一起，从而确保最小的泄漏。实验中将热电偶量规放置在离子源气体三通处以测量入口气体。

样品进入离子束轰击系统后，将其在真空（<5×10^{-8} Torr）条件下转移到长的转移杆上（图 3-2）。随后将其输送到样品处理室中，该样品处理室通过闸阀与 XPS 分析室分离。最后将样品转移到 XPS 系统进行表面分析。

3.3.8 离子束轰击剂量的测量

法拉第杯总是用于精准测量靶标处的电流密度。法拉第杯组件与样品架结合，样品架可旋转并且还可以与操纵杆一起向下和向上移动。测量离子束电流密度的示意图如图 3-5 所示。法拉第杯的遮蔽小孔在轰击目标样品之前沿束轴放置，以便进行离子束分析，其直径约为 1.3 mm。另一个直径为 10 mm 的大孔安装在法拉第杯的另一侧，用于总电流的测量[16,17]。除了需要较低离子剂量的情况，通过适当地引导和聚焦离子束，研究人员通常期望得到最大电流密度。通过 1.3 mm 孔内的离子束，电流密度可以靠测量施加在法拉第杯电路上的电压以及离子束轰击期间 101.7 kΩ 的电阻来计算。实现设计剂量所需的轰击时间估计如下：

$$T(s) = [剂量(离子 / cm^2) \times 1.602 \times 10^{-19}(C)] / 电流密度[C / (s \cdot cm^2)] \quad (3-3)$$

在确定所需的离子电流密度和轰击时间后，可以通过第二聚焦室和目标室之间的闸阀阻挡离子束（图 3-2），然后将直接安装在法拉第杯上方的样品架准确下降到沿离子束轴的位置。通过打开先前关闭的闸阀，将所需剂量的离子束输送到样品表面。最后，通过关闭闸阀或关闭 Wien 过滤器来终止离子束轰击及表面交联聚合反应过程。对于具有固定参数并经过通常优化的离子束，也可以在对目标样品进行实际轰击处理后再进行离子束电流密度的测量。

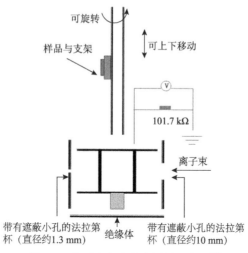

图 3-5　离子束电流密度测量示意图[6]

对于给定固定电流密度的离子束,离子剂量由实际暴露于离子束的时间确定。在本书涉及实验条件下,由于样品处理所需的离子剂量范围为 $1 \times 10^{13} \sim 1 \times 10^{17}$ 离子/cm^2,H$^+$离子束的电流密度可以很好地控制在 $0.1 \sim 4$ A/cm^2 的范围内,而相应的轰击时间则控制在几分钟到 80 min 的范围内。

3.3.9　离子束分布

在调整所需的离子束以通过法拉第杯的小孔之后,可以得到束电流,并通过上下移动法拉第杯来改变。作者课题组还通过实验绘制了离子束电流与 x 偏移值的典型关系,如图 3-6 所示。图中的零点是指通过具有小孔的法拉第杯的最大束电流。因此,本书中涉及 H$^+$离子束柱的直径约为 3 mm。

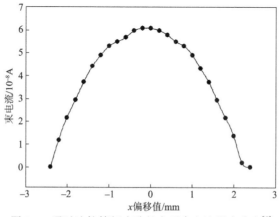

图 3-6　通过法拉第杯小孔的离子束电流强度分布[6]

3.4　X 射线光电子能谱原位表面分析

采用 LEIB 系统进行离子束轰击过程结束后，将处理过的样品通过真空系统转移回 XPS 室进行原位 XPS 表征。全部操作都在高真空舱室之间进行，需要非常谨慎，并确保 XPS 测试与离子束轰击处理的是同一个表面。

3.4.1　XPS 分析基本原理

在目前所有表面分析表征方法中，XPS 是使用最广泛的。XPS 也称为化学分析电子能谱（ESCA），其基本原理可以在许多教科书中找到[8,18,19]。基本的 XPS 测试如图 3-2 最右边部分所示。首先将待分析的样品表面置于超高真空环境中，然后用处于 X 射线能量范围内的光子照射。

在将能量从光子直接转移到芯能级电子之后，样品表面（通常在 10 nm 以内）原子发射的电子（光电子）能够逸出表面，随后可以根据其能量数值进行分离并计数。光电子的能量与它们初始所在的原子和分子环境有关。当 X 射线以确定的能量 hv 照射样品时，会发射具有一定结合能（B.E.）的电子。这些光电子具有一定的动能（K.E.），可通过电子能量分析仪测量，并由式（3-4）给出：

$$\text{K.E.} = hv - \text{B.E.} - \phi_{\text{sample}} \qquad (3\text{-}4)$$

其中，ϕ_{sample} 是样品的功函数。对于通过能谱仪接地的样品，如图 3-7 所示的情况，当光电子到达检测器时，其动能会以（$\phi_{\text{sample}} - \phi_{\text{spec}}$）修正，由检测器检测到的电子，其相关动能数值由式（3-5）给出：

$$\text{K.E.} = hv - \text{B.E.} - \phi_{\text{sample}} + (\phi_{\text{sample}} - \phi_{\text{spec}}) = hv - \text{B.E.} - \phi_{\text{spec}} \qquad (3\text{-}5)$$

其中，ϕ_{spec} 是 XPS 的功函数。为了消除 ϕ_{spec} 项，稳定元素的结合能可以用作参考，如溅射清洁的 Au 连接到 XPS，并把测试结果作为标准。在本书涉及的研究中，采用结合能为 84.0 eV 的 Au $4f_{7/2}$ 作为参考，不仅能够消除 ϕ_{spec} 项，还消除了由能谱仪不稳定导致的 ϕ_{spec} 项的变化。根据光电子动能或结合能的数值，XPS 不仅提供了表面元素的信息，还可以识别其他有用信息。

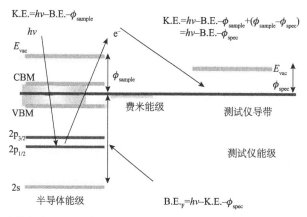

图 3-7　芯能级电子的光激发过程和样品与能谱仪之间的能级对准示意图[6]

CBM：导带底（导带最小值）；VBM：价带顶（价带最大值）

3.4.2　XPS 信息

XPS 通常只能够提供在表面最上层 10 nm 以内，包括以下几个方面的信息[8]：

（1）测定浓度>0.1at%（原子分数）时存在的所有元素（H 和 He 除外）。

（2）半定量地测定表面元素成分的近似值（误差<10%）。

（3）给出有关分子环境的信息（氧化态、键合原子等）。

（4）测定来自 $\pi^* \to \pi$ 跃迁的芳香族或不饱和结构的信息。

（5）基于价带谱和键合轨道识别的材料"指纹识别"。

（6）角度依赖 XPS 测试，在样品表面以下 10 nm 深度附近的非破坏性元素深度分析。

（7）使用氩离子刻蚀（主要用于无机材料），获得具有样品表面破坏性的元素深度分析（可以深入到样品表面以下数百纳米）。

1. 全谱分析

XPS 全谱作为一种直观的表征手段，用于初步测定样品表面元素种类、组分和元素相对含量。每种元素都有一组独特的结合能数值，在本书的研究中，对于硅基底上某种分布均匀的有机薄膜，C 1s 和 Si 2p 峰信号相对强度的变化直接反映了薄膜厚度的变化。初始旋涂的有机薄膜通常由简单的线型小分子组成，只有弱范德瓦耳斯力将它们连接在一起，通过在有机溶剂中浸泡一定时间，能够很容易地从硅基底上除去，使得 XPS 全谱中 Si 2p 峰信号强度急剧增强；而 H^+ 离子束轰击样品经过相同的有机溶剂浸泡后，有机薄膜变得不易溶解，相应的 C 1s 和 Si 2p 峰信号相对强度变化不大，可以间接证明表面交联聚合作用的发生以及表面交联网络的形成。因此，在本书多个章节的讨论中均用到 XPS 全谱以验证各类交联聚合物薄膜的形成。

2. 芯能级谱图

在 X 射线照射过程中，处于芯能级的内层电子在吸收 X 射线光子后从其初始能级被激发出来，相应的芯能级结构是 XPS 光谱的主要特征，这种芯能级谱图主要提供了识别某种元素化学状态的信息。对于本书中所涉及的聚合物薄膜，将 C—C 或 C—H 结构对应的 C 1s 结合能按照 285.0 eV 的基准数值处理，并用作其他元素结合能参考。

3. 震激/卫星峰

在 XPS 测试过程中，在各种主要类型碳峰之外，研究人员还从低结合能处注意到烃类分子的另一个特征峰，其通常被称为震激（shake-up）或卫星峰。对于外层价电子来说，一个内层电子被 X 射线激发并逸出表面，相当于增加了一个核电荷，会导致电荷的重新分布，从而使价电子从原来占用能级跃迁到未占用的更高能级。跃迁需要能量，会造成光电子损失部分能量（动能减小）。这种双电子过程最终导致在光电子主峰低动能侧（也就是高结合能侧）出现一个能量损失峰（震激峰）。其相关结构已被证明是由 $\pi^* \rightarrow \pi$ 跃迁引起的，涉及两个最高占据轨道和最低未占据轨道[20,21]。

对于含有不饱和键的聚合物体系，这种震激峰都是有可能出现的。特别是对于芯能级信号较弱的情况，人们已经尝试使用震激峰为主的方式进行表面结构测定[22-24]。在确定聚合物材料的结构时，来自乙烯基不饱和结构的震激峰已经被证实，其结合能位置距离 C 1s 主峰 6～7 eV[25]。在本书研究中，震激特征峰也被用于检测表面结构中不饱和键的变化。

4. 价带谱

来自化学键合相关分子轨道的光电子发射产生价带谱。原则上，价带谱应该比芯能级谱对分子结构更加敏感，因为后者仅间接反映价电子分布的变化。特别是对于聚合物薄膜的情况，价带谱能够揭示芯能级谱研究无法获得的一些结构信息。人们通过实验和理论研究，对聚合物价带谱（指纹图谱）识别进行了仔细探讨，并对相关结果进行了综述[26]。在本书的相关工作中，价带谱也为确认表面交联作用的发生提供了令人信服的证据。

3.4.3　XPS 定量分析

在本书涉及的研究中，使用 XPS 芯能级谱图，根据基底（如 Si 2p）和覆盖有机层（C 1s）的相对光电子强度，能够很容易地计算某个基底材料上有机薄膜的厚度。

1. 均质材料的原子浓度[27]

对于给定基底上的均匀有机材料，某种元素的光电子强度 I_A 可以由式（3-6）确定：

$$I_{A} = \int_{0}^{\infty} PDC_{A}T_{A}\sigma_{A}\exp\left(\frac{-z}{\lambda_{A,M}\cos\theta}\right)dz \qquad (3\text{-}6)$$

其中，P 是 X 射线光子强度；D 是在探测器方向上发射出电子的几何因子；C_A 是覆盖有机层中元素 A 的原子浓度；T_A 是对于给定元素 A 芯能级光电子动能的能谱仪传输常数；σ_A 是元素 A 的原子光电发射截面；$\lambda_{A,M}$ 是通过覆盖层光电子的非弹性平均自由程（IMFP）；θ 是极角，定义为样品法线与光电子探测器轴方向之间的角度；z 是距样品表面的垂直距离（深度）。

X 射线光子强度（P）在实验条件下是恒定的。因此，如果能谱仪传输常数、原子光电发射截面和非弹性平均自由程是已知的，则可以方便地计算原子浓度比。能谱仪传输功能取决于仪器本身，可以通过各种方法获得[28]。而原子光电发射截面 σ 则可以通过 Scofield 方法来获取[29]。

2. 非弹性平均自由程

X 射线能够深深地穿透到样品中，而电子却表现出低得多的穿透能力。只有从表面区域发射的没有能量损失的光电子才会被检测到，这是因为从上表面区域下方被 X 射线激发的电子并不能行进得足够远以到达检测器。在 XPS 检测实验中，人们主要关注的是没有能量损失的发射电子强度。术语 IMFP 是指具有给定能量的电子在两个连续的非弹性碰撞之间行进的平均距离，而采样深度是 IMFP 的 3 倍（约 95% 光电子发射的深度）。

通常，IMFP 的具体数值可以通过 Tanuma 等提出的方程（TPP-2）来计算[30-33]。对于本书中使用的单晶硅和铜等基底，TPP-2 方程预测的相应 IMFP 分别约为 32 Å 和 11 Å。Powell 和 Jablonski 开发了从 NIST 电子非弹性平均自由程数据库中估算 IMFP 不确定性的方法[34]。但对于有机化合物，人们发现计算得到的 IMFP 值比 TPP-2 方程的预测值大 40%，产生这种差异的主要原因在于，TPP-2 方程是基于高密度固体（主要是过渡金属）的数据来计算的，而有机化合物的密度要低得多。因此，Tanuma 和 Powell 又进一步开发了针对有机化合物的校正 IMFP 方程，称为 TPP-2M [35]。TPP-2M 给出了以 14 种有机化合物的能量为函数的 IMFP 数值，其中聚乙烯 C 1s 芯能级电子的 IMFP 值约为 37 Å。但是，现有的估算方法通常需要如带隙（以电子伏计）或密度之类的数据，而对于特定的长链烷烃（如正三十二烷和二十二烷酸分子），可能无法获得非常准确的测量值。

最近，Cumpson 开发了另一种估算 IMFP 的方案，其中包含了定量的结构-性质关系（QSPR），因此从单独的结构式就能估算出任何有机物质的 IMFP [36]。Cumpson 指出，这种 IMFP 估算方案的准确性优于通常针对有机材料的 TPP-2M 方程（不确定性为±5%）。由于实验中使用的有机长链烷烃和聚合物的结构式是众所周知的，因此这种新的 QSPR 方案也可用于确定 IMFP，并可以用式（3-7）描述：

$$\lambda_i(\mathrm{nm}) = \left[\frac{3.117(^0\chi^v) + 0.4207 N_{\mathrm{rings}}}{N_{\mathrm{non\text{-}H}}} + 1.104 \right](E/\mathrm{keV})^{0.79} \quad (3\text{-}7)$$

其中，$^0\chi^v$ 是分子的零阶价连接性指数，即所有 $\delta^{(v)}$ 值的倒数平方根的总和；N_{rings} 是所考虑分子或聚合物重复单元中芳香族六元环的数目。计算细节可以在文献[36]中找到，本书中使用的部分有机材料的 IMFP 数值（以 Al Kα 作为激发源）见表 3-1。

表 3-1　由 TPP-2M 方程和 QSPR 方法分别计算得到的部分有机材料的 IMFP 数值[6]

芯能级电子	有机材料的 IMFP/Å					
	TPP-2M	QSPR				
	PE	PE	$C_{32}H_{66}$	$C_{22}H_{44}O_2$	聚异戊二烯	PAA
C 1s	37	38	39	37	38	32

从表 3-1 可以看出，上述两种方法在估算本书相关有机物质方面没有显著差异。由于 TPP-2 系列预测方程已广泛用于 XPS 分析中的 IMFP 估算，作为近似值，本书选择聚乙烯的 IMFP 值（37 Å）作为有机覆盖层的标准。此外，对于 Si 2p、Cu 2p 等穿过有机覆盖层电子的 IMFP，在本书中分别使用来自对聚乙烯 TPP-2M 方法估算出的 41 Å 和 20 Å。

3. 薄膜厚度测定[27]

对于在某个基底上旋涂厚度为 d 的均匀有机薄膜，来自覆盖层元素 i 特定芯能级的光电子强度由式（3-8）给出：

$$I_{i,\mathrm{overlayer}} = \int_0^d PDC_i T_i \sigma_i \mathrm{e}^{\frac{-z}{\lambda_{i,\mathrm{overlayer}}\cos\theta}} \mathrm{d}z \quad (3\text{-}8)$$

其中，d 是覆盖层的厚度；C_i 是覆盖层中元素 i 的原子浓度；T_i 是指从元素 i 特定芯能级产生光电子动能的能谱仪传输常数；σ_i 是元素 i 的原子光发射截面；$\lambda_{i,overlayer}$ 是通过覆盖层光电子的 IMFP。此外，下面基底中某元素 j 的光电子穿过覆盖层相应的光电子强度由式（3-9）给出：

$$I_{j,substrate} = \int_0^\infty PDC_j T_j \sigma_j e^{\frac{-t}{\lambda_{j,substrate}\cos\theta}} e^{\frac{-d}{\lambda_{overlayer}\cos\theta}} dt \qquad (3\text{-}9)$$

其中，C_j 是基底中元素 j 的原子浓度；T_j 是从元素 j 特定芯能级产生光电子动能的能谱仪传输常数；$\lambda_{j,substrate}$ 和 $\lambda_{j,overlayer}$ 分别是从元素 j 的特定芯能级分别穿过基底和有机覆盖层光电子的 IMFP。

可以对式（3-8）和式（3-9）两个方程进一步求解，以计算覆盖层某元素与基底元素的光电子强度之比，然后通过求解式（3-10），能够很好地估算出有机覆盖层的厚度 d。XPS 中还有一些其他可用于厚度测量的方法，其细节描述可以在相关文献中找到[37,38]。

$$\frac{I_{i,overlayer}}{I_{j,substrate}} = \frac{C_i}{C_j} \cdot \frac{T_i \sigma_i}{T_j \sigma_j} \cdot \frac{\lambda_{i,overlayer}}{\lambda_{j,substrate}} \cdot \frac{1 - e^{-\frac{d}{\lambda_{i,overlayer}\cos\theta}}}{e^{-\frac{d}{\lambda_{j,overlayer}\cos\theta}}} \qquad (3\text{-}10)$$

4. 角分辨 XPS

角度分辨深度分析方法[39,40]是一种非破坏性 XPS 测试技术，主要利用了极角 θ（即样品表面法线和检测器之间的角度）变化对覆盖层和基底光电子信号强度的影响。通过测试这种 θ 角度依赖的信号强度变化，可以在不破坏覆盖层的情况下近似地确定覆盖层的厚度。更重要的是，通过求解从不同极角实验获得的两个方程[式（3-8）]，可以在无须任何参数的情况下简单地计算膜厚度。由于采样深度几乎恒定（3λ），极角越小，来自体相的信号强度相对于表面越强。换句话说，如果实验过程中改变 θ 到较高的角度，将会增加来自最上层表面的信号强度。本书涉及的 XPS 测试实验通常将样品表面垂直于检测器放置，也就是说极角设置为 0°。

3.4.4 样品荷电效应

在 XPS 测试过程中，只有如光电子、俄歇电子和二次电子等电子发射，对于绝缘样品来说，其表面将会由于荷电效应而带电[8,18]。在没有任何其他干预的情况下，样品表面留下的正电荷将会引起峰位置和形状的变化[8,41]。然而，对于导电或半导电基底上的有机薄膜，假设膜厚度与电子逸出深度相当，在基底产生的二次电子则可以穿过很薄的有机膜并会中和初始产生的表面正电荷。对于旋涂良好的聚合物薄膜，表面荷电效应通常都不会太严重，不能改变峰形。在本书涉及的 XPS 分析中，通过简单地把来自烷烃 C 1s 主峰的位置移到 285.0 eV 作为参考，来消除其他结合能位置的移动。然而，对于那些表面不均匀的有机薄膜，也会出现较为严重的荷电效应，甚至会改变相应的峰形。因此，本书中原位制备交联聚合物薄膜的一个关键步骤就是首先制备均匀的有机薄膜，使得薄膜在离子束轰击和 XPS 分析过程中的表面荷电效应最小化。

为了能够消除表面荷电效应，需要额外的电子源来中和由光电子发射产生的正电荷，如使用 2~6 eV 低能量的电子注入枪[42,43]作为电子源。对于本书研究中使用的较厚薄膜，用电荷中和方法来消除样品表面上的正电荷。采用 C 1s 芯能级谱峰位置作为参考峰值来观察结合能的偏移，通过调整电子注入枪来提供恰当的电流量，从而将峰位置值准确移回其"不带电"状态的结合能。电荷中和系统主要由安装在静电输入透镜系统底部的灯丝和电极板组成。由磁性浸没透镜产生的磁场促使在样品表面附近形成电子云，电极板将电子云推动到样品的表面。通过调节电极板的电位，可以控制推动到样品表面电子的量，其范围为 1~10 μA。对于本书涉及的旋涂薄膜，样品荷电通常会在 0.5~1 eV，而 H^+ 离子束的实际电流也在几微安，与 XPS 测试中使用的电子中和电流具有相同的量级。因此，10 eV H^+ 轰击过程中的荷电效应小于 1 eV，不会对轰击表面的离子束能量产生明显影响。

3.4.5　本书中应用的 XPS

本书工作中主要涉及的 XPS 型号为 Kratos AXIS-HS [6,44]，配备在 150 W（15 kV，10 mA）下操作的标准单色光源（Al Kα），用于表征初始和离子束处理后的样品。其基本原理如图 3-2 所示。Kratos AXIS-HS XPS 安装在样品分析室（SAC）中，主要部件包括 180°同心半球形分析仪（CHA）、x-y-z 样品操作台和 Kα X 射线枪等。该系统的其他组件还包括双阳极、用于深度剖析或样品清洁的氩离子溅射枪、用于中和样品荷电的 Kratos 电荷中和系统，以及相关的电子控制和计算机系统。

本书 XPS 测试主要通过确定 Au $4f_{7/2}$（84.0 eV）的位置并且将烷烃 C 1s 主峰移到 285.0 eV 作为参考[8,45]，来校准结合能（B.E.）的数值。通常使用离子泵在 SAC 中实现 8×10^{-10}~1×10^{-9} Torr 的超高真空环境。在整个 XPS 测试中，SAC 中的压力保持在 5×10^{-9} Torr 或更低。虹膜通常设置在"完全打开"位置以使强度最大化，测试光斑尺寸约为 700 μm×300 μm。本书第 1~8 章所涉及的 HHIC 实验中，XPS 和 LEIB 舱室系统连接在一起，所有转移过程都在超高真空中进行。离子束轰击完成后，将样品转移回 XPS 室进行原位分析。

3.5 其他仪器设备

3.5.1 原子力显微镜

AFM 可用于分析不同聚合物或聚合物共混物的表面形貌和表面粗糙度，并已成功应用于离子束辐照下的聚合物表面形貌研究[46-48]。如图 3-8 所示，AFM 主要包括压电扫描器、激光二极管、反射镜、四象限位置光电探测器、带有探针的悬臂支架以及内置于计算机的数字反馈和控制系统。本书研究中主要使用的是接触模式 AFM，与样品直接相互作用的尖锐探针（图 3-8）固定在悬臂的末端。探针尖端和样品表面原子之间的相互作用力（通常在纳牛顿的数量级）将会促使固定探针的悬臂偏转。通过激光探测器检测，探针尖端在样品表面的移动特征会被阐释和处理，并被输出成为电子图像[49]。

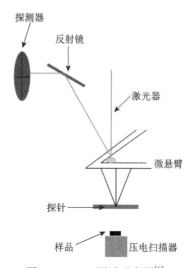

图 3-8　AFM 测试示意图[6]

具有较低弹性常数的微悬臂对于有机薄膜这样的软样品是理想的，对样品施加的力较小，因此侵入性也较小。对于长链烷烃和聚合物材料，轻敲模式 AFM 通常优于接触模式 AFM。这主要是因为接触模式 AFM 探针尖端可能在扫描期间由于刮擦而损坏软膜。本书研究中的主要目标是观察可能提高样品硬度的交联聚合特征，同时，样品相应表面形态的变化也为证明表面交联聚合作用的发生提供了新的途径。

本书涉及 Nanoscope Ⅲ AFM 系统（Digital Instruments，Santa Barbara，CA，

USA）以接触模式进行实际的 AFM 测量，以监测薄膜的表面形态变化。所有扫描均在室温大气环境下进行。使用在氮化硅悬臂上的金字塔形氮化硅探针尖端（探针半径≥50 nm）进行成像（典型弹性常数为 0.032 N/m）。使用 AFM 自带的内置软件对样品的表面粗糙度进行测量。图 3-9 给出了相同条件制备的聚异戊二烯薄膜在样品不同方位时得到的两个典型 AFM 表面高度图像。当样品旋转 90°时，可以清楚地看到其表面形态也遵循这种变化。在这里选择这两个具有形态缺陷的图像，其原因是可以通过观察裂缝的位置改变来确认得到的是否为真实 AFM 图像。

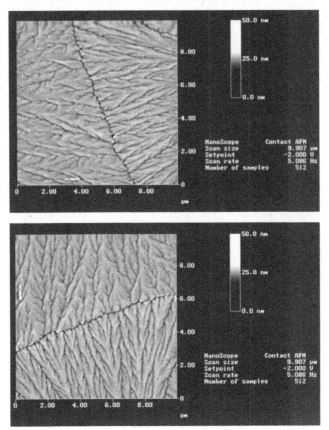

图 3-9 来自相同硅基底上聚异戊二烯薄膜的 AFM 表面形貌图（样品旋转 90°）[6]

3.5.2 接触角测试

离子束轰击导致表面交联聚合作用的发生，可以通过测量接触角值来评估各种薄膜处理前后表面浸润性的变化。本书相关研究使用 CA-XP 型接触角测量仪（Kyowa，Interface Science，Co. Ltd）进行接触角测量。简单地说，接触角值的增加表明聚合物膜的表面浸润性减弱。

3.6　结　论

　　总的来说，可以通过旋涂法很好地制备超薄的简单碳氢化合物或聚合物薄膜，然后转移到 LEIB 系统进行超高热 H⁺离子束轰击，从而实现原位表面交联聚合。通过 XPS、AFM 和接触角测量仪等实现了初始和离子束轰击处理样品的表征和分析。所有这些实验过程与结果有助于认真仔细地研究相应的离子-表面相互作用。

参　考　文　献

[1] Lau W M, Feng X, Bello I, et al. Construction, characterization and applications of a compact mass-resolved low-energy ion beam system. Nuclear Instruments and Methods in Physics Research Section B: Beam Interactions with Materials and Atoms, 1991, 59-60: 316-320.

[2] Lau W M, Kwok R W M. Engineering surface reactions with polyatomic ions. International Journal of Mass Spectrometry and Ion Processes, 1998, 174(1-3): 245-252.

[3] Ada E T, Kornienko O, Hanley L. Chemical modification of polystyrene surfaces by low-energy polyatomic ion beams. The Journal of Physical Chemistry B, 1998, 102(20): 3959-3966.

[4] Schubert D W. Spin coating as a method for polymer molecular weight determination. Polymer Bulletin, 1997, 38(2): 177-184.

[5] Tsai M L, Liu C Y, Hsu M A, et al. White light emission from single component polymers fabricated by spin coating. Applied Physics Letters, 2003, 82(4): 550-552.

[6] Zheng Z. Controlled fabrication of cross-linked polymer films using low energy H⁺ ions. Hong Kong: The Chinese University of Hong Kong, 2003.

[7] Lau W M. Ion beam techniques for functionalization of polymer surfaces. Nuclear Instruments and Methods in Physics Research Section B: Beam Interactions with Materials and Atoms, 1997, 131(1-4): 341-349.

[8] Briggs D, Seah M P. Practical Surface Analysis. 2nd ed. New York: John Wiley & Sons, 1990.

[9] Brown I G. The Physics and Technology of Ion Source. New York: John Wiley & Son, 1989.

[10] Bello I, Chang W H, Feng X H, et al. Studies of reactive ion etching using Colutron hot filament dc plasma ion sources. Nuclear Instruments and Methods in Physics Research Section B: Beam Interactions with Materials and Atoms, 1993, 80-81: 1002-1005.

[11] Wilson R G, Brewer G R. Ion Beams. New York: John Wiley & Sons, 1973.

[12] Dahl D A, Appelhans A D, Ward M B. A modular ion beam deflector. International Journal of Mass Spectrometry, 1999, 189(1): 47-51.

[13] Brown T A, Gillespie G H. Optics elements for modeling electrostatic lenses and accelerator

components: Ⅲ. Electrostatic deflectors. Nuclear Instruments and Methods in Physics Research Section B: Beam Interactions with Materials and Atoms, 2000, 172(1-4): 338-343.

[14] Kim J H, Kim Y S. Ray-tracing analysis of the Wien velocity filter for protons. Journal of the Korean Physical Society, 2015, 66(3): 389-393.

[15] Foo K K, Lawson R P W, Feng X, et al. Deceleration and ion beam optics in the regime of 10–200 eV. Journal of Vacuum Science & Technology A: Vacuum, Surfaces, and Films, 1991, 9(2): 312-316.

[16] Piel N, Berheide M, Polaczyk C, et al. Ion dose determination using beam chopper techniques. Nuclear Instruments and Methods in Physics Research Section A: Accelerators, Spectrometers, Detectors and Associated Equipment, 1994, 349(1): 18-26.

[17] Zaini M R, Thomadsen B R, Pearson D W, et al. Measuring the electron fluence of clinical accelerators. Radiation Measurements, 1997, 27(3): 511-521.

[18] Briggs D. Surface Analysis of Polymers by XPS and Static SIMS. Cambridge: Cambridge University Press, 1998.

[19] Grasserbauer M, Werner H W. Analysis of Microelectronic Materials and Devices. New York: John Wiley & Sons, 1991.

[20] Clark D T, Dilks A. ESCA studies of polymers. ⅩⅢ. Shake-up phenomena in substituted polystyrenes. Journal of Polymer Science: Polymer Chemistry Edition, 1977, 15(1): 15-30.

[21] Gardella J A, Ferguson S A, Chin R L. $\pi^{*}\leftarrow\pi$ shakeup satellites for the analysis of structure and bonding in aromatic polymers by X-ray photoelectron spectroscopy. Applied Spectroscopy, 1986, 40(2): 224-232.

[22] Clark D T, Dilks A. ESCA studies of polymers. Ⅶ. Shake-up phenomena in some alkane-styrene copolymers. Journal of Polymer Science: Polymer Chemistry Edition, 1976, 14(3): 533-542.

[23] O'Mally J J, Thomas H R, Lee G. Surface studies on multicomponent polymer systems by X-ray photoelectron spectroscopy. polystyrene/poly(ethylene oxide) triblock copolymers. Macromolecules, 1979, 12(5): 996-1001.

[24] Thomas H R, O'Mally J J. Surface studies on multicomponent polymer systems by X-ray photoelectron spectroscopy: polystyrene/poly(ethylene oxide) homopolymer blends. Macromolecules, 1981, 14(5): 1316-1320.

[25] Chambers R D, Clark D T, Kilcast D, et al. ESCA investigation of the electronic structure of polyhexafluorobut-2-yne. Journal of Polymer Science: Polymer Chemistry Edition, 1974, 12(8): 1647-1652.

[26] Salanek W R. Photoelectron spectroscopy of the valence electronic structure of polymers. Critical Reviews in Solid State and Materials Sciences, 1985, 12(4): 267-296.

[27] Kwok R W M. Fabrication of indium phosphide MISFET. Western Ontario: The University of Western Ontario, 1993.

[28] Hemminger C S, Land T A, Christie A, et al. An empirical electron spectrometer transmission function for applications in quantitative XPS. Surface and Interface Analysis, 1990, 15(5): 323-327.

[29] Scofield J H. Hartree-Slater subshell photoionization cross-sections at 1254 and 1487 eV. Journal of Electron Spectroscopy and Related Phenomena, 1976, 8(2): 129-137.

[30] Tanuma S, Powell C J, Penn D R. Calculations of electron inelastic mean free paths for 31 materials. Surface and Interface Analysis, 1988, 11(11): 577-589.

[31] Powell C J. The quest for universal curves to describe the surface sensitivity of electron spectroscopies. Journal of Electron Spectroscopy and Related Phenomena, 1988, 47: 197-214.

[32] Tanuma S, Powell C J, Penn D R. Material dependence of electron inelastic mean free paths at low energies. Journal of Vacuum Science & Technology A: Vacuum, Surfaces, and Films, 1990, 8(3): 2213-2216.

[33] Tanuma S, Powell C J, Penn D R. Calculations of electron inelastic mean free paths. Ⅱ. Data for 27 elements over the 50-2000 eV range. Surface and Interface Analysis, 1991, 17(13): 911-926.

[34] Powell C J, Jablonski A. Evaluation of electron inelastic mean free paths for selected elements and compounds. Surface and Interface Analysis, 2000, 29(2): 108-114.

[35] Tanuma S, Powell C J, Penn D R. Calculations of electron inelastic mean free paths. Ⅴ. Data for 14 organic compounds over the 50-2000 eV range. Surface and Interface Analysis, 1993, 21(3): 165-176.

[36] Cumpson P J. Estimation of inelastic mean free paths for polymers and other organic materials: use of quantitative structure-property relationships. Surface and Interface Analysis, 2001, 31(1): 23-34.

[37] Cumpson P J, Zalm P C. The Thickogram: a method for easy film thickness measurement in XPS. Surface and Interface Analysis, 2000, 29(6): 403-406.

[38] Toney M F, Mate C M, Leach K A, et al. Thickness measurements of thin perfluoropolyether polymer films on silicon and amorphous-hydrogenated carbon with X-ray reflectivity, ESCA and optical ellipsometry. Journal of Colloid and Interface Science, 2000, 225(1): 219-226.

[39] Seah M P, Dench W A. Quantitative electron spectroscopy of surfaces: a standard data base for electron inelastic mean free paths in solids. Surface and Interface Analysis, 1979, 1(1): 2-11.

[40] Cumpson P J. Angle-resolved XPS and AES: depth-resolution limits and a general comparison of properties of depth-profile reconstruction methods. Journal of Electron Spectroscopy and Related Phenomena, 1995, 73(1): 25-52.

[41] Khokhlov K O, Lazarev Y G, Vedmanov G D. Equipment and method for ion beam control in implantation and science experiments. Nuclear Instruments and Methods in Physics Research Section B: Beam Interactions with Materials and Atoms, 1998, 139(1-4): 405-410.

[42] Huchital D A, McKeon R T. Use of an electron flood gun to reduce surface charging in X-ray photoelectron spectroscopy. Applied Physics Letters, 1972, 20(4): 158-159.

[43] Lau W M. Use of surface charging in X-ray photoelectron spectroscopic studies of ultrathin dielectric films on semiconductors. Applied Physics Letters, 1989, 54(4): 338-340.

[44] Zheng Z, Xu X D, Fan X L, et al. Ultrathin polymer film formation by collision-induced cross-linking of adsorbed organic molecules with hyperthermal protons. Journal of the American Chemical Society, 2004, 126: 12236-12342.

[45] Antony M T, Seah M P. XPS: Energy calibration of electron spectrometers. 1: An absolute, traceable energy calibration and the provision of atomic reference line energies. Surface and Interface Analysis, 1984, 6: 95-106.

[46] Lee J W, Kim T H, Kim S H, et al. Investigation of ion bombarded polymer surfaces using SIMS, XPS and AFM. Nuclear Instruments and Methods in Physics Research Section B: Beam Interactions with Materials and Atoms, 1997, 121(1-4): 474-479.

[47] Pignataro B, Fragala M E, Puglisi O. Crosslinking of polysilanes by ion beam irradiation. Nuclear Instruments and Methods in Physics Research Section B: Beam Interactions with Materials and Atoms, 1997, 131: 141.

[48] Netcheva S, Bertrand P. Surface topography development of thin polystyrene films under low energy ion irradiation. Nuclear Instruments and Methods in Physics Research Section B: Beam Interactions with Materials and Atoms, 1999, 151(1-4): 129-134.

[49] Magonov S N, Whangbo M H. Surface Analysis with STM and AFM: Experimental and Theoretical Aspects of Image. Weinheim: VCH, 1996.

第4章　简单烷烃分子的交联聚合

4.1　引　言

过去，大量研究集中在超高热离子散射的研究上，这主要是由颗粒-固体相互作用及其在固体最外层化学和结构分析应用中的重要性决定的[1,2]。这些工作通过精确的耦合方法对 H^++Xe 碰撞在理论上[3]进行了研究，发现了其与实验结果很好的一致性。此外，一些研究工作与 H^+-分子相互作用相关，包括 H^++CH_4 和 H^++CF_4 体系[4,5]。然而，关于超高热 H^+-固体膜相互作用的研究是一个新的领域。特别是 10 eV 左右轰击能量的 H^+-聚合物表面相互作用以及相应的表面交联聚合研究是本章的重点。在之前的研究工作[6]中，研究人员观察到正三十二烷等长链烷烃薄膜在 10 eV H^+ 离子束轰击作用下会导致对有机溶剂的不溶性，本章将从理论和实验上进一步研究相应的离子-分子反应，并阐明这种非同寻常的表面交联聚合反应的途径和机理。此外，本章还涉及从头（ab initio）计算法，从理论上研究离子-固体膜相互作用的影响[7]。

4.2　新型表面交联方法的基本思想

在以往的研究中就有人提出，离子-固体碰撞过程中化学键的断裂机制涉及动量转移反应。根据 Smith 的二元弹性碰撞模型[8]，在正面碰撞下从能量 E_0 和质量 M_1 的初始离子传递到质量 M_2 的目标原子（对于 $M_1 < M_2$）的最大传递能量 T 可以按照式（4-1）精确计算：

$$T = \frac{4M_1M_2}{(M_1 + M_2)^2}E_0 \qquad (4\text{-}1)$$

因此，如果使用 10 eV H^+ 离子束轰击有机烷烃分子，则从 10 eV H^+ 传递到分子链 H 原子上的最大能量约为 10 eV。然而，如果碰撞发生在 C 原子上，则传递到 C 原子的最大能量仅为 2.8 eV，这不足以破坏 C—C 键并使之发生断裂。部分

C—H 和 C—C 等典型键能如表 4-1 所示[9]。可以想象，10 eV H+ 只能使分子中的 H 原子被撞出，选择性为 100%。相比之下，稍作计算便可得出，对于 10 eV Ar+，能量转移足以破坏 C—C 键并导致其断链。由 10 eV H+ 离子束轰击某个目标原子，相应最大传递能量的计算值见表 4-2。

表 4-1　典型的简单化学键键能[10]

化学键	键能/eV	化学键	键能/eV
C—H	4.3	C—O	3.7
C—C	3.6	O—H	4.8
C=C，π键	2.7		

表 4-2　本书研究中涉及的从弹射离子到靶标分子碰撞的最大传递能量[10]

离子-原子相互作用	10 eV H+-H	10 eV H+-C	10 eV H+-O	10 eV Ar+-C	6 eV H+-H	6 eV H+-C	6 eV H+-O
最大传递能量值/eV	10	2.8	2.2	7.5	6	1.7	1.3

这种简单二元弹性碰撞模型的适用性已经通过动能低至 20 eV 的 Ne+ 对铜表面的轰击实验得到证明[8]，但能量低于 20 eV 的轰击实验报道的还是较少。这种简化模型可能无法预测断裂某个化学键所需的精确离子能量，主要是因为存在其他碰撞伴随过程，如进入离子的中和作用和目标分子受到不同振动模式的激发等[4]。实际上，H+ 与烷烃链的相互作用可以延伸跨越许多原子而不是单个靶原子。尽管如此，该模型提出了一种在适当反应条件下选择性断裂 C—H 键的可能方法。

4.3　实验部分

本章主要选择正三十二烷[CH$_3$(CH$_2$)$_{30}$CH$_3$]用于测试选择性键断裂的可行性，以及阐明在一系列离子能量和剂量下离子-分子相互作用的机理。本节研究中主要使用了 Aldrich 提供的化学品。

首先将正三十二烷溶解在苯溶剂中，得到质量分数为 0.2% 的溶液。使用第 3 章中描述的旋涂仪在 p 型硅（100）单晶片上制备有机薄膜。在成膜之前，首先用甲醇超声清洗预处理单晶硅片，然后采用 1.1 mol/L HF 进行刻蚀以除去有机污染物和表面氧化物。最后，用去离子水洗涤并用氮气吹干备用。正三十二烷苯溶液在 6000 r/min 下旋转 5 min，能够得到约 110 Å 厚的初始薄膜，具体实验细节已在第 3 章中说明，此处不再赘述。有趣的是，在实际实验过程中，无论提高溶液浓度、降低旋涂速度或改变旋涂方式等，都不能使薄膜厚度进一步明显增加。

初始薄膜的表面处理在能够产生 H^+ 离子束的 LEIB 系统中进行。有关这种独特设备的情况已在第 3 章中详细说明[11]。简而言之，首先在离子源部分产生氢等离子体，然后抽取氢离子（H^+、H_2^+ 和 H_3^+）并聚焦在聚焦室中，其中的 H^+ 可以通过质量过滤器非常容易地纯化并减速到所需的能量（低至 6 eV）。最后，可以将纯的 H^+ 输送到样品表面进行表面反应。此外，Ar^+ 也用于轰击样品表面并进行比较。本章使用配备标准单色光源（Al Kα）的 Kratos ASIS-HS XPS，用于表征 H^+ 离子束轰击前后有机薄膜的变化。使用 Nanoscope Ⅲ AFM 系统（Digital Instruments，Santa Barbara，CA，USA）以接触模式进行 AFM 测量，以监测薄膜的表面形态变化（详见第 3 章）。

4.4　表面交联聚合反应结果与讨论

在本节中，在一系列轰击能量和剂量下对正三十二烷分子薄膜进行了表面轰击。根据第 1 章的讨论，这些离子束参数与相应的交联度相关，并能够决定轰击处理后薄膜对有机溶剂的不溶性。

4.4.1　表面交联的确认

初始可溶性薄膜经过离子束轰击后在有机溶剂中表现出的不溶性，可用作支持处理后薄膜表面原位交联反应发生的证据。这可以通过比较各种处理后样品的 XPS 测试谱图来确认。此外，对应于交联反应发生的二级碳（支链侧链）的存在，可以通过 XPS 价带谱确认。

1. H^+ 离子束处理样品的不可溶解性

XPS 谱图能够提供表面薄膜的元素组分和相对含量。对于硅基底上的有机薄膜，如前所述，C 1s 和 Si 2p 信号相对强度的变化直接反映了薄膜厚度的变化。由于最初旋涂的有机碳氢化合物薄膜是简单的线型分子，只有较弱的范德瓦耳斯力和偶极-偶极子力将分子连接在一起，因此通过将有机薄膜浸入有机溶剂，能够很容易地把初始薄膜从单晶硅基底上去除，这会导致 XPS 全谱上 C 1s 信号的急剧减弱。对于 H^+ 离子束处理后的样品，XPS 图谱中 C 1s 或 Si 2p 信号相对强度的变化可用于证明表面交联网络的形成。

图 4-1 中 a 显示了初始正三十二烷薄膜的 XPS 全谱，很显然，对应 C 1s 信号的峰最强。在正己烷中浸泡 5 min 后，C 1s 信号的显著降低意味着初始薄膜的去除，如图 4-1 中 b 所示。图 4-1 中 c 显示了 10 eV H$^+$离子束处理后样品的 XPS 全谱。可以看出，C 1s 信号的强度基本保持不变，这与前面所提出的模型一致，即 10 eV H$^+$离子束轰击不能破坏 C—C 键，因此不会引起主链断裂和表面溅射效应，从而保持了薄膜厚度的稳定性。

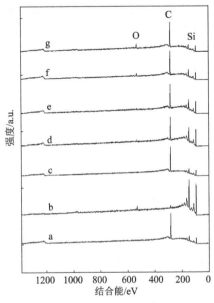

图 4-1　初始薄膜和处理后正三十二烷薄膜的 XPS 全谱[10]

a. 初始薄膜；b. 在正己烷中浸泡 5min 后的初始薄膜；c. 10 eV H$^+$离子束处理后的薄膜；1×10^{15} 离子/cm^2（d）、5×10^{15} 离子/cm^2（e）、2×10^{16} 离子/cm^2（f）、1×10^{17} 离子/cm^2（g）不同轰击剂量 10 eV H$^+$离子束处理薄膜在正己烷中浸泡 5min

在固定 H$^+$离子束轰击能量为 10 eV 的情况下，选取在 1×10^{15} 离子/cm^2、5×10^{15} 离子/cm^2、2×10^{16} 离子/cm^2、1×10^{17} 离子/cm^2 等一系列轰击剂量下进行类似的实验。正如理论预测，各种轰击剂量对轰击处理后样品的 XPS 全谱没有影响。然而，上述样品在正己烷中浸泡 5 min 后，C 1s 信号的强度随着轰击剂量的增加而增加，分别如图 4-1 中 d、e、f 和 g 所示。这可以解释为 H$^+$离子束轰击剂量的增加能够交联和固定更多简单分子，并使处理后的表面膜逐渐失去其溶解性。对于 1×10^{15} 离子/cm^2、5×10^{15} 离子/cm^2 等相对较小剂量 H$^+$的轰击，虽然能够发生交联聚合反应，但由于剂量的不足，这种交联作用只发生在部分薄膜分子之间，导致溶剂浸泡后薄膜 XPS 全谱中 C 1s 峰强度仍会有不同程度的减弱。特别需要指出的是，对于高剂量 1×10^{17} 离子/cm^2 轰击后的薄膜样品，经过溶剂处理后其全谱 C 1s 信号

（图 4-1 中 g）与初始薄膜信号强度几乎保持不变，这意味着整个薄膜分子发生了表面聚合反应并形成了完全交联的表面结构。

2. 分子支链特征的识别

XPS 价带谱对碳氢化合物结构的细微差异会更敏感，可以用来确定 H+ 离子束轰击后表面究竟发生了什么样的变化[12]。聚合物的 XPS 价带谱早在 20 世纪 70 年代就有相关报道[13,14]，已经证明是可行的，即使在涉及 XPS 定量分析技术中也可以区分[15]。特别值得注意的是，聚乙烯和聚丙烯在 XPS C 1s 芯能级谱图中很难加以区分，但这两个聚合物标准价带光谱之间却存在显著差异[16]，在约 17 eV（C 2s 特征）的结合能处出现了另一个峰，这可归因于聚丙烯结构中分支侧链的存在。Foerch 等[17]进一步研究了等离子体处理聚合物的 XPS 价带谱，并与聚合物交联后分支侧链的产生相关联。因此，本书涉及工作中使用这种指纹技术来比较 H+ 离子束轰击前后价带谱的变化。

由于价带信号的强度远弱于芯能级信号的强度，因此 XPS 测试需要更长的扫描时间。图 4-2 给出了初始薄膜和 10 eV H+ 离子束处理后的正三十二烷薄膜的价带谱。正如预期的那样，未经过 H+ 离子束处理的正三十二烷薄膜结构类似于聚乙烯，其相应的价带图谱类似于聚乙烯分子，在 17 eV 结合能位置附近没有出现对应分支侧链的特征峰[16,17]。很显然，经 2×10^{16} 离子/cm² 剂量的 10 eV H+ 离子束轰击后，在 17 eV 的结合能附近峰形发生明显变化，能够拟合出一个额外的峰。这种变化可归因于文献中分支侧链的形成[15-17]，同时也成为表面交联聚合反应发生更

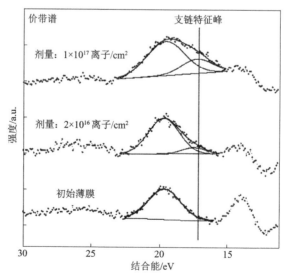

图 4-2　初始薄膜和 10 eV H+ 离子束处理后正三十二烷薄膜的 XPS 价带谱[10]

加有力的证据。当离子轰击剂量增加至 1×10^{17} 离子$/cm^2$ 的较高值时，该拟合峰信号的强度随之显著增加，表明增加的 H^+ 能够诱导产生更多的仲碳或分支侧链。实验中还发现，当离子轰击剂量增加 5 倍时，对应于分支侧链的峰强度增加了近 3 倍。此外，本章还研究了在 5×10^{16} 离子$/cm^2$ 剂量下使用 100 eV 更高能量 H^+ 离子束轰击下的 XPS 价带谱，如图 4-3 所示，同样也观察到在 17 eV 结合能附近更强拟合峰的出现。在 H^+ 离子束轰击后，还注意到在价带谱中 14 eV 结合能附近峰信号的变化，在以往文献[15-17]中也有类似的相关报道，这种变化与结构的关系还有待进一步研究。

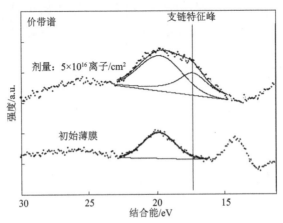

图 4-3　初始薄膜和 100 eV H^+ 离子束处理的正三十二烷薄膜的 XPS 价带谱[10]

基于以上讨论，我们确信无误地认识到通过当前条件下的 H^+-分子相互作用能够成功地将简单的有机分子与交联的网络结构联系起来。为了进一步研究这种由离子束轰击引起的全新表面化学反应过程，人们希望将交联度与各种离子束参数（如离子能量和剂量）相关联起来。

4.4.2　表面交联度

在 H^+ 离子束轰击之后，会有大量简单分子被固定到交联聚合物网络上，因此不能通过溶剂浸泡来除去。有机溶剂浸泡除去没有交联的简单分子后，只有交联分子存在，导致膜厚度减小，而剩余的交联膜厚度或厚度减少值能够直接反映交联度的变化。

1. 离子能量对表面交联聚合反应的影响

如第 1 章所述，高轰击能量（keV～MeV）的离子束轰击过程在引发交联聚合反应的同时，可能会导致烷烃分子主链的断裂，从而导致初始表面的损坏。因此，在本书工作中主要选择超高热（约 10 eV）的 H^+ 以避免表面溅射和损坏的发生。从理论上讲，无论 C—C 键还是 C—H 键在高能量离子束轰击下更容易被破坏。当然，主链的断裂也会诱导自由基的产生，并有机会参与新的表面交联聚合反应，也就是说化学键断裂后产生的链片段一方面可以逃离表面进入真空室，另一方面也有机会通过交联作用与另一链片段重新键合并固定在表面。总体来讲，这将是一个复杂的过程。在本节中，选择了从 10 eV 至 150 eV 的几种轰击能量来研究离子能量对表面交联作用的影响。

选择固定剂量为 2×10^{16} 离子/cm^2 的 H$^+$ 离子束轰击正三十二烷薄膜，分别采用不同的轰击能量，并把处理后的薄膜浸入溶剂后，经过 XPS 测量和计算发现，剩余薄膜（也就是发生了交联作用的薄膜）厚度随着离子能量的不同而变化。溶剂浸泡后薄膜厚度减少值与离子束轰击能量的对应关系如图 4-4 所示，很显然，薄膜厚度的减少值随着离子能量的增加而减小，说明离子束轰击能量的升高会增加 H$^+$ 引发表面交联聚合反应的活性。特别是分别经过 100 eV 和 150 eV H$^+$ 处理后的薄膜，溶剂浸泡前后几乎看不到厚度减小。当然，相对较高能量（如大于 100 eV）的轰击会同时导致主链断裂和溅射，但表面上由于交联聚合作用留下的薄膜已能够完全固定在聚合物网络上，并不再被有机溶剂除去。换句话说，经过有机溶剂浸泡，样品表面将不会再有未发生交联的分子碎片或简单小分子存在。

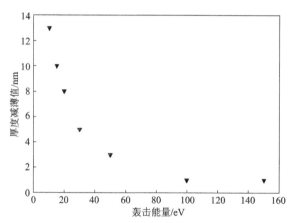

图 4-4　H$^+$ 离子束不同轰击能量对正三十二烷薄膜表面交联度的影响[10]

2. 离子剂量对表面交联聚合反应的影响

在 H$^+$ 离子束轰击过程中，随着轰击离子剂量的增加，更多的 H$^+$ 被输送到烷烃分子表面，导致能够发生表面交联的活性位点（自由基中心）数量增加。对于 10 eV 的固定轰击能量，本小节研究了离子剂量范围为 $1 \times 10^{15} \sim 1 \times 10^{17}$ 离子/cm^2 的一系列实验对表面交联聚合反应的影响。轰击剂量对膜厚度减少的影响如图 4-5 所示，对于 1×10^{15} 离子/cm^2 的较低离子剂量，处理后的薄膜经溶剂浸泡后减少了几乎 40 Å 的膜厚度，证实了在低剂量离子束轰击条件下产生的交联薄膜较少。这主要是因为 H^+ 的数量不足以产生足够的活性位点以进行较为彻底的交联，从而在表面上留下较多简单分子，仍然会被有机溶剂清除掉。随着离子剂量的增加，更多的 H^+ 被输送到样品表面，使得更多简单分子被固定到聚合物网络上。在通常使用的 2×10^{16} 离子/cm^2 的剂量下，被有机溶剂去除的膜厚度值小于 20 Å。特别值得一提的是，当轰击剂量达到 1×10^{17} 离子/cm^2 时，能够实现表面有机膜的完全交联，而没有膜厚度的减小。

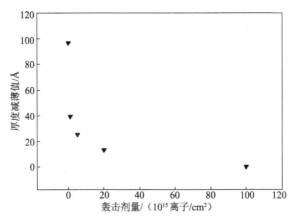

图 4-5　H^+ 离子束不同轰击剂量对正三十二烷薄膜表面交联度的影响[10]

这种全新的通过 10 eV H^+ 离子束轰击引发表面交联聚合反应的路线，可以通过调节离子束剂量在很宽的范围内控制交联度。那么，一个有趣的问题就是这样的交联聚合反应在表面多大的区域范围能够发生。

3. 表面交联聚合反应的有效范围

超高热 H^+ 与烷烃分子薄膜的相互作用并发生交联聚合的关键是初始有机分子膜中含有氢成分。研究人员用 TRIM.SP[18] 计算了由 H^+ 离子束轰击引起有机薄膜中氢的置换率和入射离子所能到达的平均范围。根据 Von Keudel 研究得到的结果，10 eV H^+ 离子束能够穿透烷烃分子薄膜的深度小于 30 Å。假设由离子束轰击引发的活化自由基中心只能限制在 H^+ 到达区域的固体烷烃薄膜中，并且只有相邻分子可以连接在一起，那么在薄膜深部靠近基底区域将不会发生表面交联。然而实验结果表明，即使大于 100 Å 的薄膜经 H^+ 离子束轰击处理后仍然能够被固定在聚合物网络上。

基于以上分析，我们提出由于 C—H 键断裂去除氢和自由基链转移反应的存在，离子束轰击诱导的自由基中心在烷烃链中是可移动的，详细内容将在下节的反应机制部分讨论。换句话说，表面交联聚合作用可以纵向延伸到最表面以下厚度约为 100 Å 的深部区域。为了进一步研究这种交联聚合在表面横向的延伸效应，对没有直接轰击的区域（距离离子束轰击中心区域边缘约 1.5 mm）也进行了 XPS 表征。结果发现，在溶剂浸泡后的这些表面区域没有薄膜残留，从而表明对于烷烃分子薄膜，这种表面交联作用不能够横向延伸得那么远。也就是说，尽管轰击产生的自由基中心在分子链中是可移动的，却很难在简单烷烃分子链中横向转移以诱导长程交联。

4.4.3　表面溅射

如第 1 章所述，在离子束轰击过程中，表面溅射和分子间交联是两个主要过程，而主导过程不仅取决于聚合物结构，还取决于离子辐照源的特性，如离子束轰击能量和离子种类等。在本书涉及的研究中，主要使用超高热氢离子和氢分子作为轰击粒子，以期避免或最小化表面溅射效应。

1. 轰击能量的影响

对于已成功用于诱导简单烷烃分子表面交联聚合的 10 eV H⁺离子束来说，通过相应的测量光谱或膜厚度的计算未发现表面溅射的发生。然而如图 4-6 所示，如果固定离子剂量为 2×10^{16} 离子/cm²，当逐渐增加轰击能量时，会观察到相当明显的膜厚度减小。正如预期的那样，随着轰击能量的不断增加，薄膜厚度减小变得更加明显。例如，在 150 eV H⁺离子束轰击下，大约能从样品表面溅射出 20 Å 的正三十二烷薄膜。

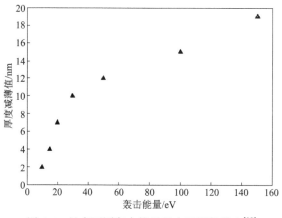

图 4-6　具有不同轰击能量的表面溅射效应[10]

如 1.3.3 小节所述，高轰击能量增加了主链断裂或表面溅射的可能性。但另一方面，断链片段也有机会再通过交联与其他分子链反应并固定在表面上。因此，这种高轰击能量轰击后所表现出来的表面溅射作用也不会太严重而损坏薄膜表面。为了进一步应用这种新的表面交联聚合反应技术，提出了用 10～30 eV 的宽范围离子能量，以可接受的最小溅射损耗（小于初始薄膜厚度的 10%）来产生交联聚合物薄膜。

2. 离子剂量的影响

图 4-7 分别给出了 10 eV 和 100 eV H^+ 离子束处理后薄膜厚度与不同离子剂量之间的关系。三角形点的分布清楚地显示了 10 eV H^+ 离子束在本书中涉及的任何剂量下都不会引起表面溅射。这是因为 10 eV H^+ 离子束轰击不能破坏烷烃主链，所以不会造成主链断裂。而对于 100 eV H^+ 离子束轰击，在 1×10^{15} 离子/cm^2 的低剂量下就能观察到膜厚度的显著降低。当离子剂量增加到 5×10^{15} 离子/cm^2 时，膜厚度又有所减小。然而，随着离子剂量的进一步增加，并没有发现轰击后薄膜厚度进一步减小。如上文所述，在 5×10^{15} 离子/cm^2 或更高的离子剂量下，离子溅射引起的化学键断裂和自由基耦合产生的交联键合之间达到了动态平衡。

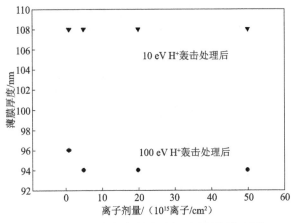

图 4-7　离子束轰击剂量对表面溅射的影响[10]

3. 离子种类的影响

在前面的分析中，对于纯 H^+ 离子束来说，只要控制好离子束轰击能量，就能够控制诱导表面交联聚合而不会损坏初始薄膜。在这一小节中，作为 H^+ 离子束轰击的对照实验，研究人员还引入了更大的弹射粒子 Ar^+ 来轰击碳氢化合物分子薄膜表面，所用到的超低离子能量为 6 eV 和 10 eV。研究发现 Ar^+ 离子束轰击处理的薄膜显示出非常显著的膜厚度减小，由此证实了更大的 Ar^+ 离子束轰击可以破坏 C—C 键并因此引起表面溅射的事实。很显然，人们更期望的是 H^+ 离子束轰击引发的表面交联聚合，而不是 Ar^+ 离子束轰击引起的溅射。

总之，在以上新型表面交联聚合反应途径中，采用超低离子能量和高的离子剂量对于诱导更大程度的交联是非常重要的。同时，还可以避免初始薄膜的任何损坏。使用纯 H^+ 离子束与最简单的烷烃靶标分子的表面相互作用，有利于进一步深入研究相关的表面交联聚合反应机理。

4.4.4 表面交联机制

最简单的交联聚合反应机理模型是通过 H^+ 离子束轰击打断相邻分子中的两个 C—H 键，然后在两个分子之间形成键合。然而，我们观察到交联作用能够使由正三十二烷分子形成的超薄交联聚合物膜的厚度远大于 100 Å，这远远超过了人们对于 6～10 eV H^+ 在有机薄膜中的预期穿透深度（< 30 Å）。另外，人们预计大多数 H^+-正三十二烷分子之间的碰撞发生在最表面的几个原子层。研究人员曾首先以 10^{15} 分子/（s·cm²）量级将 H_2O、O_2 或 CH_2＝CHCOOH 分子加入到表面，然后采用 H^+ 以 10^{13} 离子/（s·cm²）量级轰击表面[6]。由于 H^+ 到达相邻分子，并且同时产生两个激发位点的概率远小于进入的分子只到达一个激发位点的概率，最初预测初始分子表面应该与加入的 H_2O、O_2 或 CH_2＝CHCOOH 等分子反应并成键。但实验结果却与此预测相反，仅观察到正三十二烷薄膜内的交联，并未观察到与那些加入分子的反应。对上述两个实验结果最值得信服的解释是激发位点可以在膜内移动，并因此延长了完成交联区域的深度，降低了最表面上激发位点的密度。

对于发生在正三十二烷分子膜表面的交联聚合反应，因为超薄膜中的任何电荷中心都可以很容易地被硅基底中的电子或空穴中和，由此推断 H^+ 离子束轰击后在烷烃主链上留下的激发位点是自由基中心。因此，本书提出了一种三步表面交联机制，分别涉及自由基形成、自由基链转移和自由基耦合过程。

1. 自由基形成

三步表面交联的第一步是自由基形成过程，如图 4-8 所示。

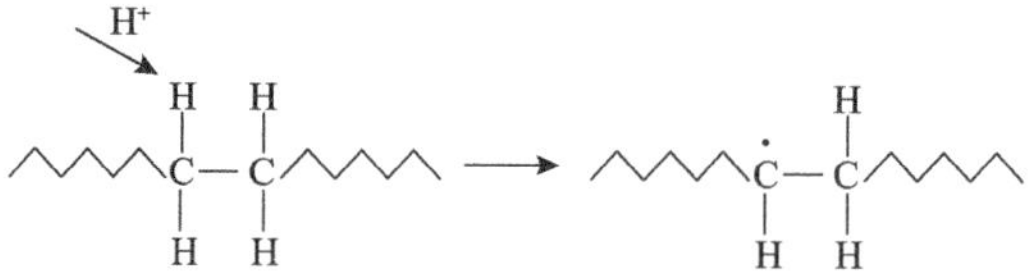

图 4-8 H^+ 离子束轰击导致的自由基形成过程[10]

2. 自由基链转移

自由基在烷烃主链上产生后，第二步是通过将 H 原子从相邻分子移除到自由基位点，并在该相邻分子处形成新的自由基中心，从而完成自由基链转移。这种 H 原子提取作用是自由基最常见的反应之一[19]，它在本书涉及的表面交联过程中起着重要作用。Flory[20]曾在 20 世纪 30 年代早期就提到过类似的自由基链转移反应。在聚合物化学中，这种自由基链转移反应也有助于聚合物支化[21]和聚合物交联[22]作用。

因此，离子束轰击在第一步中诱导形成的自由基中心，可能并不会固定在某个分子链中。由于上述 H 原子提取反应的存在，形成的自由基中心在碳氢化合物链之间是可移动的，这个过程由图 4-9 的机理图清晰表示。

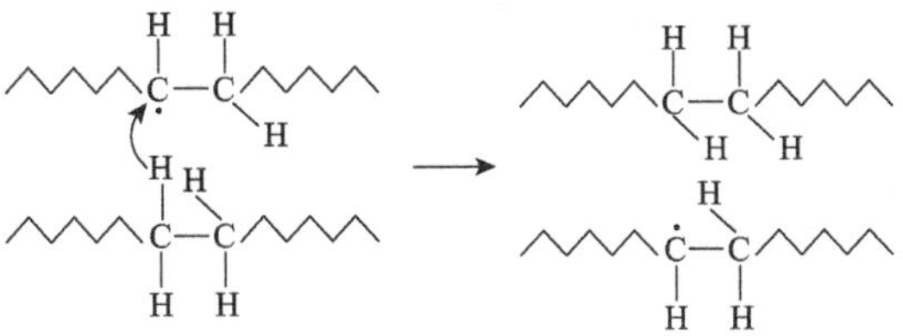

图 4-9　自由基链转移过程[10]

3. 自由基耦合

在前两步自由基形成和自由基链转移的作用下，分子薄膜中就会存在相当数量的处在相邻位置的自由基中心（与离子束轰击能量和剂量有关），第三步就是两个分子基团的相邻自由基发生偶联或组合以形成新的化学键（交联），其相关机理如图 4-10 所示。在 H⁺离子束的轰击作用下，持续的自由基耦合最终将会导致表面交联网络结构的形成。

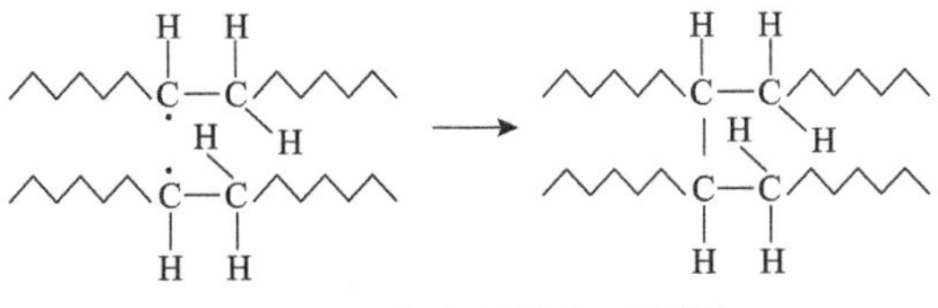

图 4-10　自由基耦合过程[10]

4.5　基于从头计算法对解离能影响的理解

当 H⁺离子束接近烷烃分子时，其所带正电荷向表面的转移导致解离能的额外释放（13.6 eV）。这部分能量对化学键断裂的影响很难通过实验证明。令人鼓舞的是，刘焕明课题组[23]使用从头计算法（Gaussian 98 计算）来研究超高热 H⁺和碳氢化合物之间的表面相互作用，并得到了一些有用的结果。就 H⁺的解离能（约

13.6 eV)而言，首先假设超薄膜中任何电荷中心都可以很容易地被硅基底中的电子或空穴中和，并且能量可以转移到硅基底。其次，这种解离能可以分散到烷烃链的整个骨架中。对于那些骨架中具有多于 20 个碳原子的烷烃链，可以粗略估计出用于破坏 C—H 或 C—C 键的有效电离能平均小于 1 eV。总的来说，由于离域效应，H⁺离子束轰击过程中这部分额外转移的解离能可以被忽略。因此，H⁺离子束的轰击能量仍然是破坏初始分子薄膜化学键的关键因素。

4.6　结　　论

本章讨论了超高热 H⁺离子束与简单长链烷烃的相互作用。基本思想是使用超高热 H⁺选择性地破坏化学键(主要是 C—H 键)并诱导表面交联聚合反应的发生。XPS 全谱和价带谱测量证实了交联聚合物膜的形成。这种新的表面反应途径可以用来构建交联的分子网络，溅射和交联的程度可以通过离子束轰击能量和剂量来控制，也就是说，这种新的表面交联聚合反应在反应的活性和选择性上达到了很好的平衡。烷烃分子薄膜中的 C—H 键选择性地被打断，但初始分子 C—C 主链以及表面化学功能性能够被完好保留。最后，本章还提出了一种三步表面交联机理，包括自由基生成、自由基链转移和自由基耦合。

参 考 文 献

[1] Hart R G, Cooper C B. Investigation of the binary model of scattering of 1 keV to 25 eV Ar⁺ ions from a Cu surface. Surface Science, 1979, 82(1): L283-L287.

[2] Boers A L. Multiple ion scattering. Surface Science, 1977, 63: 475-500.

[3] Baer M, Düeren R, Friedrich B, et al. Dynamics of H⁺+Kr and H⁺+Xe elastic and charge-transfer collisions: state-selected differential cross sections at low collision energies. Physical Review A, 1987, 36(3): 1063.

[4] Chiu Y N, Friedrich B, Maring W, et al. Charge transfer and structured vibrational distributions in H⁺+CH₄ low-energy collisions. Journal of Chemical Physics, 1988, 88(11): 6814-6830.

[5] Ellenbroek T, Gierz U, Noll M, et al. Time-of-flight measurements of high-overtone mode-selective vibrational excitation of methane, tetrafluoromethane, and sulfur hexafluoride in collisions with proton, deuterium(1+), and lithium(1+) ions at energies between 4 and 10 eV. Journal of Physical Chemistry, 1982, 86(7): 1153-1163.

[6] Xu X D. Selective breaking of C—H bond using low energy hydrogen ion beam for the formation of ultra-thin polymer film. Hong Kong: The Chinese University of Hong Kong, 2001.

[7] Masato K, Takae T, Masao Y. Effects of charge in ion-surface interactions. Surface Science, 1997, 372(1-3): L319-L322.

[8] Tongson L L, Cooper C B. Mass spectrometric study of the binary approximation in scattering of low energy ions from solid surfaces. Surface Science, 1975, 52(2): 263-269.

[9] Lide D R. Hand Book of Chemistry and Physics. New York: CRC Press, 2001.

[10] Zheng Z. Controlled fabrication of cross-linked polymer films using low energy H^+ ions . Hong Kong: The Chinese University of Hong Kong, 2003.

[11] Lau W M, Feng X, Bello I, et al. Construction, characterization and applications of a compact mass-resolved low-energy ion beam system. Nuclear Instruments and Methods in Physics Research Section B: Beam Interactions with Materials and Atoms, 1991, 59-60: 316-320.

[12] Briggs D. Surface Analysis of Polymers by XPS and static SIMS. Cambridge: Cambridge University Press, 1998.

[13] Beveridge D L, Wun W. A comparison of the photoelectron spectrum and crystal orbital calculations of polyethylene. Chemical Physics Letters, 1973, 18(4): 570-571.

[14] Dewar M J S, Suck S H, Weiner P K. Study of the electronic energy band structure of polyethylene using MINDO/3. Chemical Physics Letters, 1974, 29(2): 220-221.

[15] Galuska A A, Halverson D E. Quantitative analysis of surface ethylene concentrations in ethylene-propylene polymers using XPS valence bands. Surface and Interface Analysis, 1998, 26(6): 425-432.

[16] Beamson G, Briggs D. High Resolution XPS of Organic Polymers, the Scienta ESCA300 Database. New York: Wiley, 1992.

[17] Foerch R, Beamson G, Briggs D. XPS valence band analysis of plasma-treated polymers. Surface and Interface Analysis, 1991, 17(12): 842-846.

[18] Von Keudell A. Surface reactions during plasma-enhanced chemical vapor deposition of hydrocarbon films. Nuclear Instruments and Methods in Physics Research Section B: Beam Interactions with Materials and Atoms, 1997, 125: 323-327.

[19] Pryor W A. Free Radicals. New York: McGraw-Hill, 1966.

[20] Flory P J. The mechanism of vinyl polymerizations. Journal of the American Chemical Society, 1937, 59(2): 241-253.

[21] Young R J, Lovell P A. Introduction to Polymers. 2nd ed. New York: Chapman & Hall, 1991.

[22] Ghielmi A, Fiorentino S, Storti G, et al. Molecular weight distribution of crosslinked polymers produced in emulsion. Journal of Polymer Science, Part A, Polymer Chemistry, 1998, 36(7): 1127-1156.

[23] Zheng Z, Xu X D, Fan X L, et al. Ultrathin polymer film formation by collision-induced cross-linking of adsorbed organic molecules with hyperthermal protons. Journal of the American Chemical Society, 2004, 126(39): 12336-12342.

第5章 具有羧酸官能团超薄交联聚合物薄膜的可控制备

5.1 引 言

近年来，大多数介电聚合物薄膜所固有的低表面能以及由此导致的低黏附性和浸润性带来了许多学术和技术上的挑战[1-3]。为了赋予聚合物薄膜新的功能，人们通过引入含有极性键的C—OH、C—COOH和C—NH$_2$等基团，来改善其表面亲水性[4-6]。实现聚合物薄膜表面单一功能性，在当前表面化学和生物系统中显得尤为重要[7]。为了获得更加优良的功能，需要对聚合物薄膜进行适当的表面处理，主要包括以下几种技术：湿化学方法[8,9]、等离子体处理[10,11]、紫外激光照射[12,13]和紫外线-臭氧修复处理[14]等。然而，上述几种方法中通常包含复杂且难以控制的强化学活性物质，对涉及分子工程和表面官能性的设计造成了不利影响。此外，高轰击能量会在近表面区域引起复杂的离子-分子相互作用，并导致表面损坏，如溅射、主链断裂甚至石墨化[15]等现象的发生。为了精确控制表面官能性和骨架结构，人们在开发聚合物表面改性方法方面已经做了很多努力。

Kang和Zhang总结了将表面分子设计特征融入传统改性方法的工作[16]。这些尝试大多数是基于在聚合物表面接枝共聚的功能性单体的选择，也离不开传统方法进行预修饰的步骤。刘焕明课题组通过使用超高热离子束技术，以对起始聚合物损害最小的方式成功地在聚合物表面引入了单一功能性[17,18]。在其他替代方法中，他们将表面改性程序分为两个步骤：①首先产生适当数量的表面活性位点；②然后向这些活性位点提供进一步的反应物。

本书第4章介绍了一种非常规的超高热离子束轰击途径，实现了简单烷烃分子的表面交联聚合。为了进一步实现聚合物薄膜表面功能性的精准调控，鉴于COOH是一种常用的重要含氢官能团，本章用分子链中含有单个羧酸的二十二烷酸[CH$_3$(CH$_2$)$_{20}$COOH]简单分子作为起始反应物，在单晶硅片上旋涂成膜，进而研究超高热H$^+$离子束轰击对表面羧酸官能性的影响。在本章的研究中，H$^+$离子束的轰击能量精确地控制在10 eV和6 eV的低值。考虑到对于二十二烷酸分子，H$^+$

与 COOH 基团的相互作用概率远小于其与 C—H 键的相互作用概率[19]，通过对各种反应参数的精准调控以实现最佳的反应活性和选择性，H^+离子束轰击下薄膜的 COOH 官能团可以很好地保留并结合到交联聚合物中。

研究人员在实验中发现，二十二烷酸的 XPS C 1s 芯能级谱中对应于 COOH 结合能位置的峰信号较弱，增加了进一步研究 H^+ 与 COOH 相互作用的困难。因此，本章还选择了分子链中含有多个 COOH 基团的聚丙烯酸（PAA）来研究离子轰击剂量和能量对表面官能性的影响。在聚丙烯酸作为靶标分子的情况下，入射 H^+ 与 COOH 基团相互作用的概率显著增加。而本章最重要的目的就是通过精确调控离子束轰击参数来最小化其对表面 COOH 基团的破坏。

当表面吸附的有机分子被超高热 H^+ 离子束轰击时，如第 2 章讨论，动能转移只对 H→H 碰撞有效从而导致 C—H 键断裂。本章就是利用这种动力学特性设计出一条不同寻常的反应策略。通过选择适当的初始分子，这种产生交联分子薄膜的表面化学反应过程可以被很好地控制。如前所述，不同于常规制备交联聚合物薄膜的湿法化学过程，这种新的反应路线只需用到动能为几电子伏的 H^+ 就能实现干法化学合成，从而能够适应分子器件等的制备。反应的能量可以简单地通过 H^+ 离子束的动能来调节，反应物的剂量也可以被精确控制。同时，化学键强度等常规考虑因素在这种反应设计中也非常重要，因此可扩展这种动力学概念的适用性。在实验过程中，通过对反应能量和剂量的精确控制，利用 COO—H 键比 C—H 键强的特点，通过反应选择性的精准控制，成功制备了没有酯类及其他化学杂质的表面交联分子薄膜。尤为重要的是，这种新的反应设计理念同样适用于合成具有其他化学功能性的薄膜，如具有羟基（OH）或具有比例可控的羟基与羧酸混合的分子薄膜。本章通过优化轰击反应过程中的 H^+ 离子束剂量、能量和前驱体种类等，成功制备了表面化学和机械性能可控的交联分子薄膜。由动力学驱动合成的交联分子薄膜能够保留几乎 100% 的 COOH 基团，同时保持了足够的机械强度。

实际应用过程涉及聚合物分子器件和生物医学器件的生产。在聚合物分子器件的应用中涉及电子和光子等的行为，在生物医学器件的应用中需要捕捉或释放蛋白质分子或其他生物分子，这些都需要合成出具有特殊化学性能和机械力学性能的交联高分子薄膜。在这些需求的驱动下，各种具有特定化学官能性的分子薄膜不断被合成出来。这些创新性的化学合成方法包括：利用磺酸盐及其相关的衍生物来形成新的 C—C 键；采用具有保护性官能团的有机锂化合物；具有所需官能团分子片断的聚合物接枝以及加入具有适合末端分子的自组装单分子层等。尽管后面几种方法都能够对分子的密度、晶格结构、薄膜厚度及化学官能性等进行一定的控制，但自组装单分子层无疑是最完美的，因为这些单分子层的特性是由吸附力与微弱的范德瓦耳斯力之间的平衡所决定的。事实上，许多自组装单分子层都具有相对不稳定的表面动力学特性，以至于它们所处化学或物理环境的微小扰动就能够引起相转变甚至脱附的发生。为了克服这种局限性，表面引发的原子转移自由基聚合方法已经被用来引发自组装分子的交联聚合并提高分子层的稳定性。用于控制合成分子薄膜的湿法化学合成还存在其他一些问题，主要是合成过程中需要一些剧烈的反应物、化学添加剂及催化剂等。

很显然，以上这些较为苛刻的条件在涉及电子和光子器件的制备过程中都是不可取的。而干法化学合成中只需要很少量的化学反应物，从而降低了引入其他不必要杂质的风险，并且提高了整个反应过程的可控性，有望成为制备这类分子器件表面膜的首选方案。在干法化学合成中，为了实现对分子薄膜表面化学官能性的精确控制，人们可以通过激发态惰性气体来激活表面前驱体，或者通过提供具有质量分辨的超高热离子束作为反应物，也可以合成出具有特殊官能团的前驱体分子应用于化学气相沉积。无论在纯研究领域还是商业应用领域，全新的分子器件以及生物医学器件正在引起人们的广泛关注，迫切需要进一步开发出更加令人满意的制备方法和工艺。

在第 4 章论述中，利用碰撞动力学的概念开发出了一种新的表面反应，能量为 10 eV 的 H^+ 离子束轰击表面吸附的烷烃分子，能够把相应的能量传递给氢原子并使 C—H 键断裂。但是传递给非氢原子的能量却不足以打断相应的化学键。这也给了我们启发，用这种方法获得的交联聚合物分子能够有效保护前驱体分子中的官能团。同时，这种交联聚合物分子薄膜的机械性能可以通过离子束剂量来控制。更加重要的是，这种"质子碰撞引发交联"（PCIC）的方法不需要使用任何交联剂、化学添加剂及催化剂等，只需要从等离子体中引出 H^+ 离子束即可完成，反应迅速，对环境友好。本章的目标是进一步阐明以上 PCIC 方法中存在的问题，并找出解决的方案。这项工作的意义在于，通过反应参数的精准调控，如 COOH、OH、NH_x 及 SH 等非常重要的化学官能团能够被很好地保护。采用 PCIC 方法，在动力学方面需要同时考虑 C—H 键和其他 X—H 键断裂的可能性。很显然，断裂 C—H 键能够最终实现理想的 C—C 交联。但是，如果断裂的是前驱体分子中 X—H 键，就会造成不必要的化学官能性的破坏，影响 PCIC 方法的优越性，并妨碍其在制备交联聚合物薄膜方面的进一步推广。本章详细阐明了如何进行反应设计并最终克服和解决这一棘手问题。因为 COOH 是一个非常重要的含氢官能团，本章选择了合成具有纯的或可控的 COOH 官能性的交联分子薄膜，从而验证了设计理念的可行性和有效性。在新的实验设计中，进一步增加了对动力学因素的考虑，如化学反应概率、C—H 和 COO—H 键能差异等，通过精确地设计 PCIC 反应，在打断 C—H 键的同时，使吸附前驱体分子中的 COO—H 键保持不变。除了解释以上反应设计的理念，制备出具有可控 COOH 官能性的交联聚合物薄膜，本章也进一步阐明了这种方法对于制备具有其他官能团分子薄膜的重要性和可行性。

5.2 实 验 部 分

5.2.1 样品制备

本实验中所用的前驱体是 Aldrich 公司提供的二十二烷酸[$CH_3(CH_2)_{20}COOH$]和聚丙烯酸（平均分子量为 2000）。这两种化合物分别溶解于氯仿和异丙醇，其中二十二烷酸[$CH_3(CH_2)_{20}COOH$]的质量浓度为 0.1%，聚丙烯酸的质量浓度为 0.3%。薄膜在 p 型单晶 Si 硅（100）表面经旋涂成膜（转速分别为 7700 r/min 和 6000 r/min）[20]。采用两步旋涂法（见第 3 章）用于制备二十二烷酸薄膜，硅晶片的预处理与第 2 章中的描述相同。H^+离子束轰击在低能量离子束系统（LEIB）系统中进行，实验中涉及的 H^+能量分别为 3 eV、6 eV、10 eV 和 50 eV。

5.2.2 实验仪器及表征

表面处理在 LEIB 系统中进行，详细描述已在第 3 章中给出。在接触模式下使用 Nanoscope Ⅲ AFM 系统进行非原位 AFM 测量。同样采用装配有铝单色器的 X 射线光电子能谱仪（Kratos AXIS-HS）来分析薄膜的化学组成及厚度。样品的接触角用 CA-XP 型接触角测量仪（Kyowa Interface Science，Japan）进行测定。

5.3 简单二十二烷酸分子薄膜表面交联聚合的实现

5.3.1 XPS 表征及分析

经过各种不同表面处理的样品主要通过 XPS 进行原位表征，包括 XPS 全谱、内层芯能级电子结合能谱和价带谱等测量分析。

1. 有机溶剂中的稳定性

如第 4 章所述，H^+离子束处理后样品对有机溶剂的不溶性可直接用于鉴定表面交联聚合的发生。本章采用更低的 6 eV 离子束轰击能量，以降低表面交联的反应性，这主要是出于控制反应选择性并保护 COOH 官能团的考虑。图 5-1 中 a 给出了经 0.1%二十二烷酸溶液旋涂形成的初始薄膜的 XPS 全谱。在正己烷中浸泡 5 min 后，可以清晰地看到 C 1s 信号强度急剧下降，几乎从测量谱图中消失（图 5-1 中 b），这表明未经 H^+离子束处理的初始薄膜在溶剂中溶解并很容易被移除。相比之下，在以 4×10^{15} 离子/cm^2 的剂量下进行 6 eV H^+离子束轰击后的薄膜，其

C 1s信号并没有发生明显的变化（图5-1中c），这说明在离子-分子相互作用期间没有发生明显的表面溅射。特别是这种离子束轰击处理后的薄膜经过相同条件正己烷浸泡后，变得不溶于有机溶剂，其C 1s信号的强度保持不变（图5-1中d）。

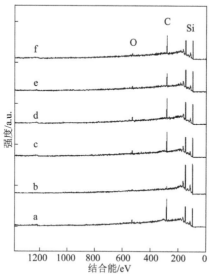

图 5-1　不同表面处理的二十二烷酸薄膜的 XPS 全谱[21]

a. 初始薄膜；b. 初始薄膜在正己烷中浸泡 5 min；c. 6 eV H$^+$离子束处理的薄膜（剂量为 $4×10^{15}$ 离子/ cm^2）；
d. 处理后的薄膜 c 在正己烷中浸泡 5 min；e. 初始薄膜在超高真空（UHV）中放置 2 天；f. 6 eV H$^+$离子束处理薄膜（剂量为 $4×10^{15}$ 离子/cm^2）在超高真空下放置 2 天

　　然而，当轰击剂量降低至 $1×10^{14}$ 离子/cm^2 的低值时，H$^+$离子束处理的薄膜在浸入有机溶剂后仍然会有较为显著的溶解。合理的解释是在较低的离子剂量下产生的自由基活性位点减少从而导致交联度降低，部分未进入交联网络的分子薄膜仍然会被有机溶剂除去。而从另一积极方面来看，可以通过调节离子剂量来控制表面交联度。

　　2. 对抗超高真空的稳定性

　　在 XPS 分析过程中，研究人员意外发现，初始二十二烷酸分子薄膜样品在 XPS 分析室超高真空（$1×10^{-9}$ Torr）中放置 2 天后，膜厚度明显减小（图 5-1 中 e）。这主要归因于初始薄膜在超高真空条件下的升华作用。然而，经 H$^+$离子束处理的样品厚度在同样测试条件下并未减小，表现出良好的抗超高真空稳定性（图 5-1 中 f）。上述事实再次证实 H$^+$离子束轰击诱导二十二烷酸分子被固定在交联大分子上，从而导致处理后薄膜的不溶性。

　　3. 轰击后支链的产生

　　对于初始的二十二烷酸线型分子，与第 4 章中正三十二烷分子类似，H$^+$离子束轰击诱导的交联过程将导致二级支链碳的产生，从而引起 XPS 价带谱的微弱变化。图 5-2 分别给出了初始薄膜以及 10 eV 和 50 eV 轰击能量下 H⁺处理后薄膜的价带谱。与初始薄膜的价带谱（图 5-2 中 a）相比，10 eV 和 50 eV H⁺处理后的薄膜在约 17 eV 结合能位置附近显示出了额外的弱信号（图 5-2 中 b 和 c），这符合分子链中出现支链碳的特征，与文献中二次支链碳的产生情况[22]一致，进一步证实了离子轰击后二十二烷酸分子间交联作用的发生。

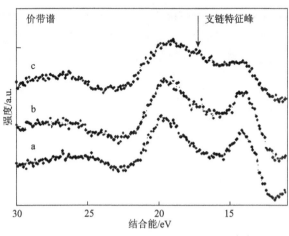

图 5-2　二十二烷酸分子薄膜的价带谱[21]

a. 初始线型分子薄膜；b. 10 eV H⁺处理膜；　c. 50 eV H⁺处理膜

4. 薄膜厚度变化

如前所述，利用 C 1s 和 Si 2p 芯能级谱图的 XPS 数据分析（见第 4 章），人们可以很容易地得到经过不同表面处理后二十二烷酸薄膜的厚度值，结果见表 5-1。初始二十二烷酸薄膜的厚度约为 65 Å。在正己烷溶剂中浸泡 5 min 后，通过计算可知线型分子薄膜溶解后只剩下约 10 Å 的薄膜残留物。初始薄膜在 UHV 中放置 2 天后，同样由于升华作用约有 47 Å 的薄膜留在表面，而 H⁺离子束处理后仍有 62 Å 的薄膜存在。上述结果再次证实了 H⁺离子束轰击诱导分子间交联形成了新的稳定聚合物薄膜，能够抵抗溶剂和真空的作用。

表 5-1　初始二十二烷酸薄膜、经过 H⁺离子束轰击以及溶剂浸泡、超高真空放置后的薄膜厚度[21]

薄膜状态	薄膜厚度/Å		
	初始薄膜	溶剂浸泡后	超高真空放置 2 天后
初始薄膜	65	10	47
H⁺离子束轰击处理	63	61	62

当使用较高浓度的 0.3%二十二烷酸溶液在单晶硅片上旋涂时，相应的薄膜厚度可以达到 150 Å。经过 10 eV H$^+$离子束轰击和正己烷浸泡处理后，剩余薄膜厚度超过 120 Å。由此推断，二十二烷酸分子也发生了自由基链转移反应，以至于表面交联作用延伸到薄膜较深部区域（见第 4 章）。

5.3.2　原子力显微镜表面形貌分析

为了进一步证明交联聚合物薄膜的形成，本章采用了 AFM 作为辅助证据。图 5-3（a）显示了 AFM 下初始二十二烷酸薄膜的树枝状表面形态，在整个表面并未完全覆盖。由于初始线型分子薄膜的软质性质，其表面形貌在接触模式 AFM 探针尖端扫描时会产生一定程度的变形，树枝状分子薄膜会被部分刮下，如图 5-3（b）所示。此外，经有机溶剂浸泡后得到的平面图像与纯单晶硅片几乎完全相同[图 5-3（c）]，表明未经 H$^+$离子束处理的初始薄膜已经溶解并被完全移除。相比之下，6 eV H$^+$离子束轰击后的薄膜变得非常稳定，AFM 显示出稳定的树枝状表面结构。并且经过 AFM 探针尖端多次重复扫描仍未发生变化，即使浸入有机溶剂后，相应的 AFM 表面形态也保持不变[图 5-3（d）]。有趣的是，浸泡后薄膜样品表面的树枝状结构表现出些许膨胀迹象，而这正是聚合物发生交联后的特征。AFM 和 XPS 的测试结果都证实了简单的二十二烷酸线型分子薄膜经过超高热 H$^+$离子束轰击处理后，能够原位直接制备交联聚合物薄膜。

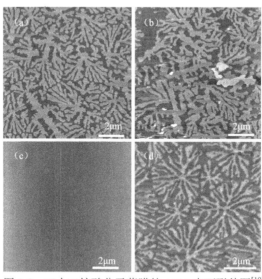

图 5-3　二十二烷酸分子薄膜的 AFM 表面形貌图[19]

（a）初始薄膜的形貌图；（b）初始薄膜经过探针重复扫描后出现刮痕；（c）初始薄膜经过正己烷溶剂浸泡实验后被完全除去；（d）经过 6 eV H$^+$离子束在 4×10^{15} 离子/cm^{2}剂量下轰击处理、正己烷溶剂浸泡以及 AFM 探针重复扫描实验后的表面形貌

5.4　羧酸官能团的保护

与第 4 章讨论的重点不同，本章的主要目的是制备具有羧酸官能团的交联聚合物薄膜。因此，为了避免羧酸官能团发生断裂，采用了适当的离子能量和剂量来实现可控的离子束轰击。将分别由 0.1%和 0.3%溶液制备的两种初始薄膜进行 H^+离子束轰击，轰击能量设置为 6 eV、10 eV 和 50 eV。选择由 0.3%二十二烷酸溶液制备的薄膜（厚度约为 150 Å），以 10 eV 和 50 eV 的离子能量进行 H^+离子束轰击实验。相应的 XPS C 1s 芯能级谱图如图 5-4 所示。对于剂量为 $2×10^{16}$ 离子/cm² 的 10 eV H^+离子束处理的样品薄膜，COOH（结合能为 289.5 eV）的信号仅略微降低（图 5-4 中 b），这表明羧酸官能团仍被保留。然而，当轰击能量增加到 50 eV 时，信号强度发生了显著的下降（图 5-4 中 c）。当然，对于具有单个 COOH 基团的简单长链烷烃，6～10 eV H^+离子束轰击几乎不会破坏 COOH 基团，而这种破坏产生的概率随着离子能量的升高而显著增加。

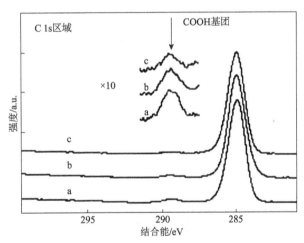

图 5-4　0.3%二十二烷酸溶液旋涂制备初始薄膜的 XPS C 1s 芯能级谱图[21]
a. 初始薄膜；b. 10 eV H^+离子束处理薄膜；c. 50 eV H^+离子束处理薄膜

如第 3 章所述，接触角可以定性样品表面的浸润性。那么什么是接触角呢？在气体、液体、固体三相交点处作气-液界面的切线，此切线在液体一方与固-液交界线之间的夹角就是接触角。图 5-5 是亲水性材料和疏水性材料的接触角示意图，一般而言，接触角小于 90°说明材料是亲水性的，角度越小亲水性越强；接触角大于 90°说明材料是疏水性的，角度越大疏水性越强。另外，疏水性越强其润湿能力越差，亲水性越强其润湿能力越好，即接触角越小，材料的浸润性越好。

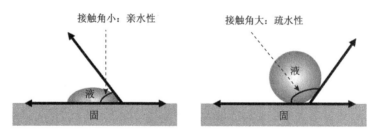

图 5-5　接触角示意图

本节据此评估了不同处理样品的表面浸润性，相关的接触角测量值见表 5-2。可以看出，由于羧酸官能团的保留，6 eV H$^+$离子束处理的二十二烷酸样品与正三十二烷相比保持了较高的亲水性。

表 5-2　单晶硅片上二十二烷酸薄膜的表面浸润性[21]

表面	新制单晶硅片	$C_{32}H_{66}$ 分子薄膜	$C_{22}H_{44}O_2$ 分子薄膜	H$^+$离子束处理 $C_{22}H_{44}O_2$ 分子薄膜
接触角/ (°)	83	104	83	85

5.5　表面羧酸官能性的调控

在本书前面章节的讨论中，已反复证明 H$^+$离子束轰击过程中表面交联反应是有效的。而当具有单个羧酸官能团的长链烷烃存在时，羧酸官能团可以被很好地保留。换句话说，在 10 eV 左右的超高热 H$^+$离子束轰击处理过程中，二十二烷酸中 COO—H 键断裂的概率很小，基本可以忽略不计。然而，在聚丙烯酸作为轰击靶标的情况下，由于初始分子薄膜中大量羧酸官能团的存在，H$^+$与 COO—H 键发生碰撞的概率大大增加，因此部分羧酸官能团的断裂是不可避免的。但适当有效控制轰击离子能量和剂量有望最大限度地减少损害。本节针对 H$^+$离子束能量和剂量对表面官能性的影响进行了分析。

5.5.1　XPS C 1s 窄扫描谱分析

初始薄膜和经过 H$^+$离子束处理的薄膜的相应 XPS C 1s 芯能级谱图如图 5-6 所示。可以明显看出，结合能 289.5 eV 对应的羧酸官能团信号强度随着离子剂量的增加而降低，证实了聚丙烯酸情况下 H$^+$离子束轰击处理会造成 COOH 基团的断裂。本小节还研究了不同离子剂量下薄膜组成的变化，并由表 5-3 中给出。通过计算相应 XPS 峰的原子浓度比（如 COOH/总 C 比）获得不同的峰值比。

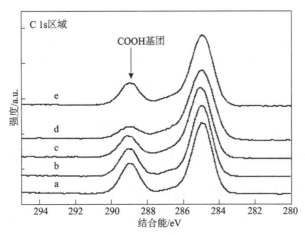

图 5-6　聚丙烯酸初始薄膜和经 H⁺离子束轰击处理后薄膜的 XPS C 1s 芯能级谱图[21]

a. 初始薄膜；b. 经 10 eV H⁺轰击能量、5×10¹⁵离子/cm² 剂量处理后；c. 经 10 eV H⁺轰击能量、1×10¹⁶离子/cm²
剂量处理后；d. 经 10 eV H⁺轰击能量、2×10¹⁶离子/cm² 剂量处理后；e. 经 6 eV H⁺轰击能量、2×10¹⁶离子/ cm² 剂
量处理后

表 5-3　H⁺离子束轰击剂量和能量对聚丙烯酸薄膜组成和性能的影响[21]

轰击剂量/ （10¹⁵ 离子/cm²）	0 （10 eV H⁺）	5 （10 eV H⁺）	10 （10 eV H⁺）	20 （10 eV H⁺）	20 （6 eV H⁺）
初始薄膜 C/Si 比	18.98	17.58	12.96	7.08	14.06
薄膜厚度/Å	158	154	142	118	145
溶剂浸泡后的薄膜 C/Si 比	0.11	3.15	5.22	—	6.76
溶剂浸泡后薄膜厚度/Å	9	87	106	—	116
C/O 比	1.61	1.82	2.20	3.33	2.09
COOH /总 C 比	0.27	0.26	0.18	0.09	0.19
每个分子接受 H⁺轰击数	0	15	30	60	60
羧酸官能团被破坏分子比例	0	0.06	0.32	0.69	0.29
交联聚合分数	—	0.57	0.75	—	0.80

　　COOH/C 比可用于判断 COOH 基团被破坏的程度。在以 $5×10^{15}$ 离子/cm² 的低离子剂量轰击后（图 5-6 中 b），由图中看出相应的羧酸官能团信号略微降低，仅有少于 6%的羧酸官能团被破坏。而对于 $1×10^{16}$ 离子/cm² 更高剂量轰击的情况，相应羧酸官能团信号的减弱变得较为显著（图 5-6 中 c），大约 30%的羧酸官能团被破坏，但仍有约 70%的羧酸官能团被保留。当离子剂量增加到 $2×10^{16}$ 离子/cm² 的高值时，羧酸官能团信号急剧下降（图 5-6 中 d），表明羧酸官能团中的 O—H

键大量断裂。由表 5-3 可知，在 2×10^{16} 离子/cm^2 的剂量下，高达 69%的羧酸官能团被破坏。

为了研究 H$^+$轰击能量对羧酸官能团断裂的影响，还使用了 6 eV 的 H$^+$以 2×10^{16} 离子/cm^2 的剂量进行实验（图 5-6 中 e）。正如预期的那样，当轰击能量降低时，大部分（约 70%）的羧酸官能团得以保留。这些结果表明，对表面化学功能性和选择性要求较高的应用[23-25]，必须严格控制轰击离子的剂量和能量。

5.5.2　表面浸润性

在用不同离子剂量和能量进行 H$^+$离子束处理后，通过测量相应的接触角值来评估各种样品的表面浸润性。由于聚丙烯酸初始薄膜表面存在大量 COOH 极性基团，初始薄膜显示出非常低的接触角值（16°）。经过 10 eV H$^+$能量、5×10^{15} 离子/cm^2 剂量轰击处理后，仅观察到接触角数值的略微增加（不超过 30°）。然而，对于较高剂量（2×10^{16} 离子/cm^2）H$^+$处理的样品，接触角值急剧增加至 74°，表明薄膜表面 COOH 极性基团的数量显著减少。

研究人员还绘制了表面浸润性（接触角）与不同离子轰击剂量之间的关系，如图 5-7 所示。显然，表面浸润性随着离子剂量的增加而降低。输送的 H$^+$数量越多，羧酸官能团被破坏的概率就越大，并导致相应接触角值的增加。此外，6 eV 更低能量 H$^+$处理后的样品（图 5-7 中三角形点）显示出 50°的较低接触角值，显著小于同样条件下 10 eV H$^+$处理的样品。也就是说，图中所示相应的接触角值与上述 XPS 分析结论是一致的。

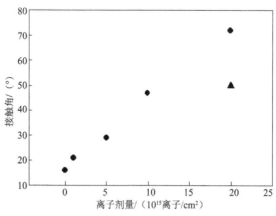

图 5-7　接触角与不同离子轰击剂量的关系[21]

5.6　表　面　反　应

关于简单线型分子的表面交联过程已经在第 4 章详细讨论过。本节主要研究了 H⁺ 离子束轰击下 COOH 基团的性能和变化，并阐明了 H⁺—COOH 相互作用的反应机理。特别值得提出的是，通过将表面交联作用和 COOH 键断裂对羧酸官能团的破坏性相关联，可以预测离子轰击能量和剂量的适用范围。

5.6.1　交联聚合度

如前所述，当使用 10 eV H⁺ 离子束时，较高离子剂量轰击会导致大量羧酸官能团的破坏。在本小节实验中，发现采用 1×10^{15} 离子/cm² 较低剂量的轰击不会对羧酸官能团造成损害。然而，这类小剂量 H⁺ 离子束处理后的薄膜在有机溶剂中浸泡后发生了显著溶解并会被去除，表明在较低离子剂量下缺乏足够的交联度。尽管人们一直希望最大限度地保留羧酸官能团，但同样不应忽视薄膜的交联度降低。因此，通过小剂量 H⁺ 离子束轰击处理制造高质量交联聚合物薄膜的想法是不可行的。

本节还提出并计算得出了交联聚合分数（交联聚合物薄膜厚度与初始薄膜厚度之比），也在表 5-3 中给出。当轰击离子剂量增加到 5×10^{15} 离子/cm² 和 1×10^{16} 离子/cm² 时，会有大量 H⁺ 离子束处理过的薄膜被固定在表面交联网络中，交联聚合分数分别增加至 57% 和 75%，薄膜厚度分别为 87Å 和 106 Å。尤其是 6 eV 能量轰击在 2×10^{16} 离子/cm² 的剂量下产生了更高比例的交联薄膜（80%），同时还保留了约 70% 的羧酸官能团。

5.6.2　COOH 官能团的破坏

在第 4 章的讨论中，对于简单的碳氢化合物薄膜，已经证明在 10 eV 或更低能量 H⁺ 离子束轰击过程中没有发生表面溅射作用。然而，当使用聚丙烯酸时，情况完全不同。表 5-3 还给出了 H⁺ 离子束轰击处理后表面膜在有机溶剂浸泡前后的 C/Si 比和 C/O 比。随着离子剂量的增加，轰击后薄膜 C/Si 比下降，这意味着表面溅射效应增加。结合 C/O 比的增加，研究人员认为 H⁺ 离子束轰击不仅会破坏 COOH 基团，而且还会从样品表面去除 COOH 基团。此外，10 eV H⁺ 离子束处理后薄膜的拟合 C 1s 芯能级谱图如图 5-6 所示。结合能约为 286.8 eV 处的拟合峰表明 C—O—O—C 基团的存在。随着离子剂量的增加，对应于酯基基团的信号强度增加，而对应于 COOH 基团（289.5 eV）的信号强度减小。

5.6.3 H⁺—COOH 相互作用机理

以 RCOO—H 为例，H⁺离子束轰击过程诱导 COO—H 断裂后产生一个羧基自由基（RCOO·），由于不稳定性，其会继续进行以下的氢转移过程：

$$RCOO \cdot + R'R''R^{\#}C\!-\!H \longrightarrow RCOOH + R'R''R^{\#}C \cdot \tag{5-1}$$

另外，上述反应的驱动力主要是基于 R'R''R^#C· 自由基的稳定性，通常是由于共振作用的影响[26]。这种氢提取作用在一定程度上有助于 COOH 基团的保存。如果发生了上述反应，COOH 就能够被重新恢复。然而，考虑到 H⁺离子束轰击后 C/Si 比下降而 C/O 比增加的情况，一种可能性是发生了下面的科尔伯反应，COOH 基团被彻底破坏了：

$$RCOO \cdot \longrightarrow R \cdot + CO_2 \tag{5-2}$$

羧基自由基会分解并释放出一个 CO_2 分子和 R· 自由基。该反应被称为科尔伯反应，可用于将十六烷酸转化为正三十烷（$n\text{-}C_{30}H_{62}$）[27]。该类反应对于线型长链烷酸具有良好的适用性[28]。

另外，接下来的碳自由基耦合能够导致两种交联分子的产生，一种是普通的 C—C 自由基耦合后产生的交联分子[式（5-3）]；另一种是如下面反应式表示的得到相应的酯[式（5-4）、式（5-5）]，这种情况下，COOH 同样是被消耗掉了。也就是说，可以通过以下步骤之一来终止反应，并最终导致表面交联作用的发生。

$$R \cdot + R \cdot \longrightarrow R\!-\!R \tag{5-3}$$

$$ROO \cdot + ROO \cdot \longrightarrow ROOR + O_2 \tag{5-4}$$

$$RCOO \cdot + R'R''R^{\#}C \cdot \longrightarrow RCOOCR^{\#}R''R' \tag{5-5}$$

研究人员在实验测试过程中，通过拟合 XPS C 1s 芯能级谱图，发现 ROOR 的存在，从而验证了上述反应机理的合理性。

5.6.4 H⁺—COOH 相互作用概率

在 1×10^{16} 离子/cm² 的轰击剂量下，粗略估计，大约 30 个入射 H⁺与一个聚丙烯酸分子相互作用，该分子总共包含约 270 个原子（包括与 C 原子键合的 90 个 H 原子和与 O 原子键合的 30 个 H 原子）。作为一级近似值，入射 H⁺直接与羧酸 H 原子相互作用的概率仅为 1/9。另外，H⁺与分子中每个 H 原子的碰撞都有机会产生自由基，从而将线型分子连接到交联聚合物网络。很显然，发生表面交联的可能性要远高于破坏 COOH 基团的概率，因此在保证相当大交联度的情况下实现表面功能性调控的策略是完全可行的。

5.6.5　开发 PCIC 化学动力学方法的优势和弊端

PCIC 方法不仅能够合成出新的交联聚合物薄膜材料，更为重要的是，干法反应能够在人们的设计和控制下完成，而大多数合成化学家对这一路线和相关实验参数是不熟悉的。这些参数包括：弹射粒子的能量和剂量、弹射粒子-靶标分子动力学、碰撞截面、弹射粒子束流及吸附前驱体分子的其他一些性能。作为一级近似，人们考虑 PCIC 方法的原则是基于 H^+ 离子束流与有机烷烃分子薄膜的碰撞动力学。考虑到这种离子束轰击能够有效地把能量传递给 C—H 单元的 H 原子并使 C—H 键断裂，同样的轰击过程作用到 COOH、OH、NH_x 及 SH 等单元的 H 原子也会导致这些化学键的断裂。如前面章节所述，这些不受欢迎又很难控制的化学键断裂不可避免地会带来表面官能性的变化，如从有机醇到有机醚的转变、从脂肪酸到酯的转变等。

对于聚丙烯酸前驱体分子来说，经过 10 eV H^+ 离子束轰击后得到了 15 nm 厚的交联聚丙烯酸分子薄膜，证实了在 PCIC 过程中发生了上述一系列反应。相较于二十二烷酸分子，聚丙烯酸分子中 COOH 官能团的浓度要高出很多，在实验过程中更有把握检测到 COOH 的降解或损失，这也是选择聚丙烯酸作为研究模型的主要原因。如图 5-8 中 a 所示，聚丙烯酸初始薄膜的 XPS C 1s 谱图可在 285.0 eV、285.5 eV 和 289.2 eV 三处拟合成峰，分别与 $C_{(1)}H_2CHCOOH$、$CH_2C_{(2)}HCOOH$ 和 $CH_2CHC_{(3)}OOH$ 中所标示的三种状态的碳原子相对应。另外，可以通过与聚丙烯酸甲酯薄膜 $-(CH_2CHCOOC_4H_3)_{\overline{n}}$ 的 XPS C 1s 谱图相比较判断是否有酯类生成物，因为 286.6 eV 结合能处的峰值对应 4 号碳原子元素的状态，如图 5-8 中 b 所示，代表

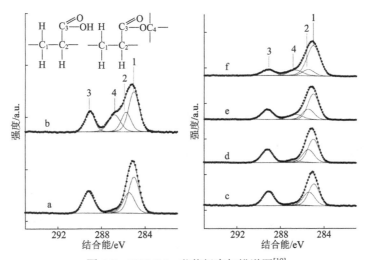

图 5-8　XPS C 1s 芯能级窄扫描谱图[19]

a. 初始聚丙烯酸薄膜；b. 初始聚丙烯酸甲酯薄膜；c~f. 在不同轰击剂量下，10 eV H^+ 离子束轰击后的聚丙烯酸薄膜：c. 1×10^{15} 离子/cm²，d. 5×10^{15} 离子/cm²，e. 1×10^{16} 离子/cm²，f. 2×10^{16} 离子/cm²

相应酯的存在，并且该峰值与聚丙烯酸分子薄膜中 1 号、2 号和 3 号碳原子状态所对应的结合能峰值可以明显地区分开来。此外，XPS 谱图数据显示在酸和酯中羧基碳原子 C 1s 结合能峰值均在 289.2 eV 处，没有明显区别。

　　因此，若反应生成物中存在酸和酯的混合物，其中丙烯酸的含量可以从 3 号碳和 4 号碳 XPS C 1s 谱中相应拟合峰值的强度差来计算。因为在酸中只含有 3 号碳而没有 4 号碳，而在酯中 3 号碳和 4 号碳是等量的。另外，在混合物中 COOH 和 COOR 的总量与 3 号碳的拟合峰强度有密切关系。根据这些相关的证据，图 5-8 中 c～f 显示了拟合的 XPS C 1s 谱图，其证实了这样一个事实，经过能量为 10 eV 的 H⁺离子束轰击诱导，PCIC 反应确实导致了聚丙烯酸薄膜中酯的生成。尤其是经轰击剂量达到 1×10^{16} 离子/cm² （图 5-8 中 e）和 2×10^{16} 离子/cm² （图 5-8 中 f）的 H⁺离子束轰击后，形成的交联聚合物薄膜的 XPS 谱图中毫无疑问出现了 286.6 eV 处的 4 号碳峰。此外，图 5-9 显示了由 H⁺离子束作用而导致的 COOH 减少和 COOR 的出现。从拟合谱图中可见，COOH 浓度的减少量和 COOR 浓度的增加量并不完全相当，推断出 COOH 的损失可能是科尔伯反应过程引起的。

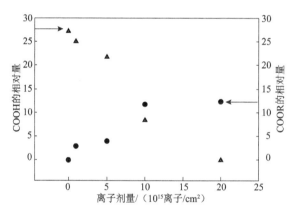

图 5-9　在 10 eV H⁺离子束轰击反应中，不同轰击剂量对羧酸官能团的损耗以及相应酯生成的影响[19]

5.6.6　反应物剂量优化

　　减少 COOH 官能团损失的第一种策略是基于这样一种认识，即 COO—H 键能（440～450 kJ/mol）明显比 C—H 键能（< 400 kJ/mol）高。人们很容易想到 COO—H 键断裂的可能性比 C—H 键小，并且由于脱氢而断裂的 COO—H 键被恢复的可能性也明显高于 C—H 键。因此，在 PCIC 方法中能够通过控制 H⁺离子束的轰击剂量，得到足够多且没有明显 COOH 损失的交联聚合物薄膜产物。从图 5-8 中 c 和 d 的 C 1s 谱图中可以看出，当能量为 10 eV、剂量为 1×10^{15} 离子/cm² 的离子束作用后，交联的聚丙烯酸薄膜几乎保留了 100% 的 COOH 官能团；而在 H⁺离子束剂

量升高到 5×10^{15} 离子/cm^2 后，交联的聚丙烯酸薄膜保存了 80%以上的 COOH，证实了这种反应物剂量调控策略的效果。然而，根据这种反应设计方案，最终薄膜的交联度不可避免会受到影响，而当用 5×10^{15} 离子/cm^2 这样较低剂量 H$^+$离子束作用后的分子薄膜，经有机溶剂浸泡溶解并把表面上不牢固的分子去除后，仍然能得到约 8 nm 厚的交联分子薄膜。因此，通过以上的反应设计，能够得到一种保持 80% COOH 官能性的稳定交联聚丙烯酸分子薄膜。

5.6.7　动力学能量优化

由前面的讨论可知，降低 H$^+$离子束能量可以在很大程度上减少 COO—H 键的断裂，而对 C—H 键断裂的影响较小，本章还提出了另一个可以选择的方案：即探讨了键能差别所带来的影响。第二种方案的效果可以从图 5-10 中看出，这里 H$^+$离子束剂量恒定为 2×10^{16} 离子/cm^2，图中所示是在不同轰击能量下 COOH 官能团的保留量和相关的交联程度（%表示经溶解后的膜厚占初始厚度的百分数）。结果显示，在该剂量下，能量为 10 eV 的 H$^+$离子束轰击反应得到大约 15 nm 厚的聚丙烯酸分子薄膜，经过浸泡溶解实验后薄膜厚度剩余大约为 11 nm。但是由于酯化反应和科尔伯反应的发生，几乎所有 COOH 官能团都损失掉了。相比之下，当 H$^+$能量降低到 6 eV 后得到的交联分子薄膜厚度大约为 11 nm，在这种情况下，有 40%的 COOH 能够被保存下来。显然，该结果远比用 10 eV 能量的 H$^+$离子束轰击效果好。虽然被保留的 COOH 数量会随着 H$^+$离子束轰击能量的进一步降低而增加，但是当 H$^+$能量低于 5 eV 时，由于 C—H 键断裂的概率和数量迅速减少，会影响最终的交联效果。当然，这些结果在前面对碳氢化合物 PCIC 反应的研究中也已经得到证明。

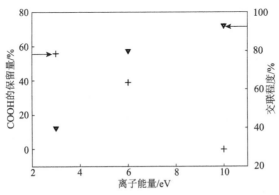

图 5-10　H$^+$碰撞引发的聚丙烯酸交联聚合反应中，在恒定的轰击剂量 2×10^{16} 离子/cm^{2}下，H$^+$离子束轰击能量对 COOH 官能团保留量及相对交联程度的影响[19]

简而言之，能量优化方案在实际应用中非常有效，聚丙烯酸分子交联聚合反应所需的最佳 H$^+$能量大约为 6 eV。结合整个反应设计中所需反应物的最佳剂量，当用能量为 6 eV、剂量为 5×10^{15} 离子/cm^2 的 H$^+$离子束作为交联聚合诱发条件时，几乎所有的 COOH 官能团都能被保存下来，并且得到的交联分子薄膜非常致密，在有机溶剂中不溶解。

5.6.8 前驱体选择优化

除了利用键能差异设计的这两种方案以外，根据简单的碰撞概率论，本章还提出了另一种新的方案：如果 PCIC 反应中前驱体分子中相对 COO—H 键而言含有较多的 C—H 键，单从概率上来讲，前驱体分子在交联后 COOH 很有可能被保存下来。图 5-11 显示了能量为 6 eV、剂量为 4×10^{15} 离子/cm^2 的 H$^+$离子束轰击引发 PCIC 反应前后的 CH$_3$(CH$_2$)$_{20}$COOH 的 XPS C 1s 谱图，在结合能 289.2 eV 处，可以看出 COOH 的特征峰强度和形态没有发生任何变化。此外，经浸泡溶解实验后分子薄膜的厚度也几乎与初始分子薄膜一样。

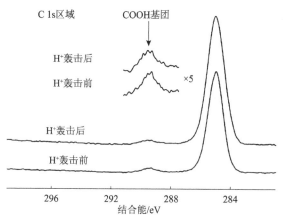

图 5-11　以 0.1%二十二烷酸分子为前驱体制备的交联聚合物薄膜的 XPS C 1s 窄扫描谱图[21]

在离子轰击能量为 6 eV、剂量控制在 4×10^{15} 离子/cm^2 的优化条件下，羧酸官能团被很好地保存下来

值得注意的是，在这个研究模型中，前驱体分子含有 43 个 C—H 键，而只有一个 COO—H 键。相比而言，聚丙烯酸前驱体中每 3 个 C—H 键就对应一个 COO—H 键。最终，结合本章提出的三种方案，可以设计实现不同的 PCIC 反应过程，从而得到具有任何所需 COOH 浓度的交联聚合分子薄膜。

5.6.9 表面交联聚合分子薄膜 COOH 浓度控制

上述反应设计的可行性可通过表面交联聚合分子薄膜 COOH 浓度控制得到进一步证明。为了获得低 COOH 浓度的表面交联聚合分子薄膜，CH$_3$(CH$_2$)$_{20}$COOH

作为前驱体分子在能量为 6 eV、剂量为 $4×10^{15}$ 离子/cm^2 的 H^+ 离子束轰击反应后，在单晶硅的表面形成了一层厚度约为 6.5 nm 的交联分子薄膜。经过正己烷浸泡溶解实验后剩余交联分子薄膜厚度大约 6.0 nm，并且 COOH 所对应的 XPS 能谱峰强度没有发生变化。PCIC 处理前分子薄膜的接触角为(83±1)°，而处理后的接触角为(84±1)°，基本没有发生变化。作为比较，以 $CH_3(CH_2)_{30}CH_3$ 为前驱体时，PCIC 处理前后薄膜的接触角均为(104±1)°。因此，通过这种 PCIC 反应设计，在得到交联聚合分子薄膜时相对较低浓度的 COOH 官能团（每 22 个碳原子只对应 1 个 COOH）以及较弱的浸润性被完全保存下来。通过调节分子薄膜的交联度，还可以控制其机械性能。

而在另一个实验中，为了获得较高 COOH 浓度的表面交联聚合分子薄膜，丙烯酸被选择作为前驱体分子，在能量为 6 eV、剂量为 $4×10^{15}$ 离子/cm^2 的 H^+ 离子束轰击引发 PCIC 反应后，在单晶硅表面形成了一层厚度约为 15 nm 的交联分子薄膜。经过正己烷溶解实验后残留交联膜厚度大约 6.0 nm，从 XPS 能谱结果分析 95%以上的 COOH 被保留下来。PCIC 处理前薄膜的接触角为(16±1)°，而处理后的接触角变为(20±1)°。由此看出，通过设计 PCIC 反应可以得到交联薄膜，并且所形成分子薄膜中高浓度的 COOH 官能团（每 3 个碳原子中含有 1 个 COOH）和表面亲水性几乎被完全保留下来。如果 H^+ 离子束能量仍为 6 eV 而剂量提高到 $2×10^{16}$ 离子/cm^2，结果发现仅有 40%的 COOH 官能团保留下来，同时接触角增大到 50°。如果 H^+ 离子束轰击能量提高至 10 eV，几乎所有的 COOH 官能团都会损失，同时接触角增大到 72°。

5.7　结论及前景预期

本章利用 H^+ 和含有羧酸官能团的碳氢化合物的碰撞动力学，通过优化反应过程中的 H^+ 离子束剂量、能量和前驱体选择等，合成了表面化学和机械性能可控、具有特定表面功能性的交联分子薄膜。将二十二烷酸分子和聚丙烯酸低聚物进行 H^+ 离子束轰击，通过离子能量和剂量的精准控制，发现 H^+ 离子束轰击制备交联聚合物薄膜过程中羧酸官能团可以被很好地保留。通过优化，由动力学驱动合成的交联分子薄膜几乎保留 100% COOH 官能团，而且具有足够的机械强度。如前所述，这种方法不需要任何引发剂、添加剂及化学催化剂等，适合在大多数器件合成技术中应用，特别是进行新的有机半导体薄膜和器件研究。考虑到表面 COOH 功能性和交联度的保持，对于 10 eV H^+ 离子束，较为适用的离子剂量范围是 $5×10^{15}$~$1×10^{16}$ 离子/cm^2，而在较高剂量下，优选 6 eV H^+ 轰击能量。为了进一步发展这种 PCIC 方法，根据 COOH 作为交联前驱体的研究模型，人们可以推测在交联反应过程中只断裂 C—H 键而其他任何含有 H 原子的基团如 OH 和 NH_x 等都不会改变。例如，通过离子轰击能量和剂量的精准调控，已经可以获得 OH 和 COOH 浓度比例可控的交联聚合分子薄膜。另外，通过控制含有 NH_x、OH 和 COOH 等基团的各种起始分子浓度比例来调控表面官能性，合成的交联聚合物薄膜将为生物医学研究等领域提供新的支撑，也预示着这种新方法将具有广泛适用性和工业应用前景。

参 考 文 献

[1] Comyn J. Adhesion Science. London: Royal Society of Chemistry, 1997.

[2] Brown H R. Adhesion of polymers. MRS Bulletin, 1996, 21(1): 24-27.

[3] Uyama Y, Koto K, Ikada Y. Surface modification of polymers by grafting. Advances in Polymer Science, 1998, 137(1): 1-39.

[4] Foerch R, Hunter D H, McIntyre N S, et al. Modification of polymer surfaces by two-step reactions. Journal of Polymer Science, 1992, A30: 279.

[5] Cross E M, McCarthy T J. Thermal reconstruction of surface-functionalized poly (chlorotrifluoroethylene). Macromolecules, 1990, 23(17): 3916-3922.

[6] Suzuki Y, Kusakabe M, Iwaki M. Surface modification of polystyrene for improving wettability by ion implantation. Nuclear Instruments and Methods in Physics Research Section B: Beam Interactions with Materials and Atoms, 1993, 80-81: 1067-1071.

[7] Hunbbell J A. Chemical modification of polymer surfaces to improve biocompatibility. Trends in Polymer Science, 1994, 2: 20.

[8] Mckeown N B, Kalman P G, Sodhi R, et al. Surface selective chemical modification of fluoropolymer using aluminum deposition. Langmuir, 1991, 7(10): 2146-2152.

[9] Dias A J, McCarthy T J. Introduction of carboxylic acid, aldehyde, and alcohol functional groups onto the surface of poly(chlorotrifluoroethylene). Macromolecules, 1987, 20(9): 2068-2076.

[10] Lee K W, McCarthy T J. Chemistry of surface-hydroxylated poly(chlorotrifluoroethylene). Macromolecules, 1988, 21(8): 2318-2330.

[11] France R M, Short R D. Plasma treatment of polymers: the effects of energy transfer from an argon plasma on the surface chemistry of polystyrene, and polypropylene. A high-energy resolution X-ray photoelectron spectroscopy study. Langmuir, 1998, 14(17): 4827-4835.

[12] Srinivasan R, Mayne-Banton V. Self-developing photoetching of poly(ethylene terephthalate) films by far-ultraviolet excimer laser radiation. Applied Physics Letters, 1982, 41(6): 576-578.

[13] Srinivasan R, Leigh W J. Ablative photodecomposition: action of far-ultraviolet (193 nm) laser radiation on poly(ethylene terephthalate) films. Journal of the American Chemical Society, 1982, 104(24): 6784-6785.

[14] Peeling J, Clark D T. Surface ozonation and photooxidation of polyethylene film. Journal of Polymer Science: Polymer Chemistry Edition, 1983, 21(7): 2047-2055.

[15] Lee J W, Kim T H, Kim S H, et al. Investigation of ion bombarded polymer surfaces using SIMS, XPS and AFM. Nuclear Instruments and Methods in Physics Research Section B: Beam Interactions with Materials and Atoms, 1997, 121(1-4): 474-479.

[16] Kang E T, Zhang Y. Surface modification of fluoropolymers via molecular design. Advanced Materials, 2000, 12(20): 1481-1494.

[17] Lau W M. Ion beam techniques for functionalization of polymer surfaces. Nuclear Instruments and Methods in Physics Research Section B: Beam Interactions with Materials and Atoms,1997, 131(1-4): 341-349.

[18] Nowak P, McIntyre N S, Hunter D H, et al. Addition of a single chemical functional group to a polymer surface with a mass-separated low-energy ion beam. Surface and Interface Analysis, 1995, 23(13): 873-878.

[19] Zheng Z, Wong K W, Lau W C, et al. Unusual kinematics-driven chemistry: cleaving C—H but not COO—H bonds with hyperthermal protons to synthesize tailor-made molecular films. Chemistry: A European Journal, 2007, 13(11): 3187-3192.

[20] Schubert D W. Spin coating as a method for polymer molecular weight determination. Polymer Bulletin, 1997, 38(2): 177-184.

[21] Zheng Z. Controlled fabrication of cross-linked polymer films using low energy H$^+$ ions. Hong Kong: The Chinese University of Hong Kong, 2003.

[22] Beamson G, Briggs D. High Resolution XPS of Organic Polymers: the Scienta ESCA300 Database. New York: Wiley, 1992.

[23] Lau W M, Feng X, Bello I, et al. Construction, characterization and applications of a compact mass-resolved low-energy ion beam system. Nuclear Instruments and Methods in Physics Research Section B: Beam Interactions with Materials and Atoms, 1996, 59-60: 316-320.

[24] Bonduelle C V, Lau W M, Gillies E R. Preparation of protein- and cell-resistant surfaces by hyperthermal hydrogen induced cross-linking of poly(ethylene oxide). ACS Applied Materials & Interfaces, 2011, 3:1740-1748.

[25] Ikada Y. Surface modification of polymers for medical applications. Biomaterials, 1994, 15(10): 725-736.

[26] Misra G S. Introductory Polymer Chemistry. New York: Wiley, 1993.

[27] Kolbe H. Untersuchungen über die elektrolyse organischer verbindungen. Justus Liebigs Annalen Der Chemie, 1894, 69(3): 257-294.

[28] Smith M B. Organic Synthesis. 2nd ed. Boston: McGraw-Hill, 2002.

第6章 含 C=C 不饱和键分子薄膜的交联聚合

6.1 引　　言

开发新的化学合成方法来制备各种交联聚合物分子的探索是永无止境的，这主要是为了满足市场对生产新材料、提高产量、降低成本和消除化学污染等方面的需求。例如，人们发明了具有提高交联效率和化学选择性的新型催化剂、引进了具有高量子效率的新型光激发剂、设计和合成了新型交联剂等。对于交联反应在微电子学、光子学和其他工业领域的应用，理想的化学合成策略是不使用任何化学添加剂、催化剂以及避免热固化处理步骤。事实上，在这些产业中有很多器件制作所涉及的反应都是基于干法合成过程，有些是通过气相等离子体得到的高能粒子辅助完成的。在聚合物科学和工程中，"激发惰性气体产生交联"（CASING）方法就是其中一个优秀的范例。

交联聚合通常需要添加自由基引发剂[1]或使用能够产生自由基并带有官能团的分子来实现[2]。使用上述方法可以控制交联度，并通过形成化学键合网络来增强机械强度、耐溶剂性和热稳定性[3,4]。到目前为止，紫外线辐照固化技术主要用于形成各种具有交联网络结构的聚合物涂层[5-7]。然而，额外添加光引发剂可产生残留的光活性材料，会导致固化涂层降解的加重或产生人们不希望的萃取物等[8,9]，另一个缺点是光引发剂可能有毒[10,11]。此外，对需要全面辐照的微电子器件来说，难以涂覆复杂形状。因此，开发一种新的加工技术来解决上述问题是非常必要的。

如前面几章所述，过去许多研究中成功地使用粒子辐照为化学反应提供了额外的驱动力[12-16]。特别是使用 H+离子束作为引发剂来诱导表面交联聚合的想法，源于离子束辅助聚合物表面改性的可能性[17,18]。在离子轰击过程中，主链断裂和分子间交联是两个主要过程，而主导过程不仅取决于聚合物结构，还取决于辐射源的特性，如粒子能量、剂量和种类等[19-21]。

如第1章所述，大多数先前研究中使用的离子能量范围是从几千电子伏到兆电子伏，不可避免地会导致表面损伤，并产生如主链断裂、溅射甚至石墨化的倾向[22,23]。在低于 100 eV 的能量范围特别是 10 eV 以下的研究工作很少。第4章和第5章详细介绍了用 10 eV H+离子束作为自由基引发剂诱导表面交联聚合反应的基本原理。通过调节 H+离子束的能量和剂量很好地控制了这种独特的引发剂。此外，这种新的干法表面反应完全清洁和环保，不会释放任何令人不快的残留物。本章选择单晶硅片上旋涂的聚反式异戊二烯（PtI）薄膜（分子中含有 C＝C 不饱和键）作为靶标分子，当使用简单弹性碰撞模型时，10 eV H^+ 离子束轰击同样能够破坏 C—H 键但不破坏 C—C 键，因此不会导致薄膜的表面溅射[24,25]，此能量对碳原子数量较多的长链化合物影响不大[26]。

　　本章的研究重点为含 C＝C 不饱和键的分子：聚异戊二烯，详细说明了用 H^+ 作为引发剂对 PtI 进行轰击引发表面交联聚合反应的细节。选择合成的商用聚异戊二烯作为研究体系是由于其可以作为很多聚合物的前驱体，广泛用于合成橡胶和共聚物。为了得到聚合物薄膜，可将聚异戊二烯溶入有机溶剂并通过压膜成型，或者采用其他溶液浇注的方法。而前驱体薄膜发生交联聚合后预期会形成不溶分子层，其机械性能取决于交联度。对于在主链结构中含有双键的聚异戊二烯分子薄膜，人们希望轰击产生的自由基中心在整个碳链中转移，并导致整个薄膜（包括离子束未到达的区域）对有机溶剂的不溶性。在离子束轰击期间，预期表面交联反应能够延伸，并在无机基底上实现稳定聚合物网络结构的远程构筑。

　　利用 10 eV 的 H^+ 离子束作为引发剂，轰击产生的动能只能转移给分子中的 H 原子并使得 C—H 键断裂，而离子束轰击碳和分子中的其他原子很难影响动能的转移并导致相应化学键断裂。化学选择性和反应性由 H^+ 碰撞动力学所决定，这个观念的有效性已经从理论和实验两个方面确定，但是还需要澄清一些反应因素的影响，特别是需要探索一些专门用途材料的合成方法。本章主要通过探讨双键（不饱和键）对交联聚合反应的作用，使交联反应的效率得到大幅提高，并在较低的离子轰击剂量下完成交联聚合物薄膜的制备。同时还成功地使两块单晶硅片通过各自表面含有大量双键的聚合物薄膜（厚度为 10～20 nm）以化学键黏合在一起。本章提供的这种高效、快捷方法将物理手段运用于干法化学合成，并具有较高的化学选择性和反应性，有望在生物、微电子、光子学等领域得到很好的应用。

6.2　实　验　部　分

　　本节使用 Aldrich 提供的聚反式异戊二烯，有关设备和具体实验细节详见第 3 章[27]。使用 0.3%聚异戊二烯的甲苯溶液在单晶硅片上以 2500 r/min 旋涂成膜[28]，得到厚度为 15～18 nm 的聚异戊二烯薄膜。本章仍然使用 XPS 全谱、价带谱和 AFM 来确定以 H^+ 为引发剂的表面交联聚合。

6.3　交联聚合的发生

对于经过不同表面处理后的聚异戊二烯薄膜,本章仍然采用 C 1s 和 Si 2p 信号相对强度的变化来判断和计算膜厚度的变化。尽管初始聚异戊二烯薄膜由线型聚合物分子组成,在有机溶剂中浸泡后同样很容易从硅基底上除去。因此,经 H⁺离子束轰击后薄膜溶解度(或厚度)的变化可以直接用于证明表面交联聚合物网络的形成。

6.3.1　全谱分析

如第 4 章所述,XPS 测量谱图可直接用于确定碳(薄膜)与硅(基材)的相对量比值。通过 XPS C 1s 和 Si 2p 特征峰的相对强度来推算膜厚度的微小变化,用 C 1s 光电子的 π-π* 特征能量损失峰的强度来估算 C═C 键的数目。由 XPS 谱图经计算得到的膜厚度约为 18 nm。图 6-1 中 a 和 b 给出了未经 H⁺离子束轰击处理的聚异戊二烯薄膜及其在正己烷中浸泡 5 min 后的 XPS 全谱。初始薄膜的 XPS 谱

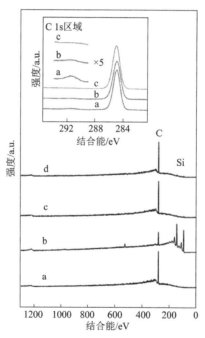

图 6-1　经不同表面处理的聚异戊二烯薄膜的 XPS 谱图

a. 初始薄膜;b. 初始薄膜在正己烷中浸泡 5min;c. 经 10 eV H⁺离子束轰击处理后的薄膜(轰击剂量为 2×10¹⁶ 离子/cm²);d. 处理后的薄膜在正己烷中浸泡 5min。内置图为不同 H⁺离子束轰击剂量下 PtI 薄膜的 C 1s 区域 XPS 谱图:a. 0;b. 2×10¹⁶ 离子/cm²;c. 5×10¹⁶ 离子/cm²。经皇家化学学会许可,转载自参考文献[30]

图显示出了非常强的碳峰,从图 6-1 中 a 可以清晰地看到只有碳(C 1s)峰出现,几乎观察不到 Si 2p 信号。经过溶剂浸泡后,从图 6-1 中 b 可以看到 C 1s 信号强度急剧减弱,然而硅和氧化物信号猛增,说明初始聚异戊二烯薄膜已大部分被溶剂去除。本节中溶解处理后未溶解薄膜厚度的测试主要是为了确定交联度。

用 10 eV 的 H^+ 离子束以 2×10^{16} 离子/cm^2 的剂量轰击薄膜后,如图 6-1 中 c 的 XPS C 1s 谱图所示,元素组分和薄膜厚度与初始薄膜(图 6-1 中 a)相比,没有发生明显变化,表明 10 eV H^+ 不会对聚合物薄膜产生溅射效应。对于轰击处理后的薄膜样品,如预期的那样,在有机溶剂中浸泡 5 min 后没有观察到明显的变化(图 6-1 中 d),表明薄膜由于发生交联聚合作用变得对有机溶剂非常稳定而不会被去除。特别值得一提的是,即使在超声振动下将经 H^+ 离子束轰击处理的薄膜浸入正己烷中 5 min,在 XPS 全谱测量中仍未观察到 C 1s 信号强度的减弱,进一步证实了初始薄膜由于交联聚合作用形成了非常稳定的交联高分子薄膜。如第 4 章所述,轰击和浸入溶剂后的残留薄膜厚度反映了交联度。

6.3.2　薄膜厚度

利用 XPS 芯能级谱图中 C 1s 和 Si 2p 信号的相对强度比,可以很容易地计算出经不同表面处理的聚异戊二烯薄膜的厚度(见第 3 章),结果见表 6-1。

表 6-1　经不同表面处理的聚异戊二烯薄膜的膜厚变化[29]

	聚异戊二烯薄膜厚度/Å		
	未经处理的薄膜	H^+ 离子束直接轰击中心区域	直接轰击区域周边 1.5~2 mm 区域
轰击处理后	185	184	186
溶剂浸泡后	38*	183	111

*表示按公式计算值,由于溶剂浸泡后薄膜大部分溶解,并不代表实际厚度

从表 6-1 可以看出,初始薄膜的厚度约为 185 Å,而浸入正己烷中后则急剧下降至 38 Å。这个 38 Å 的计算值主要来自基底上的残留物,其实并不代表真实的厚度,这可以在后面 AFM 图像中清楚看到。经 H^+ 离子束轰击处理的薄膜浸入正己烷后,厚度值几乎保持恒定(约 184 Å)。即使对于 H^+ 离子束未处理区域,仍保留大于 100 Å 的薄膜厚度。

6.3.3　XPS 价带谱分析

为了进一步确证交联聚合物网络结构的形成,本节再次对比分析了初始薄膜和 H^+ 离子束处理后聚异戊二烯薄膜的相应价带谱。

在第 4 章中已经论证过,XPS 价带谱可以提供关于聚合物主链支化特征的独特

信息。图 6-2 显示了初始薄膜和 10 eV H$^+$离子束轰击（5×10^{16} 离子/cm^2 剂量）处理后聚异戊二烯薄膜样品的价带谱。初始薄膜的宽价带谱拟合出了 4 个峰，可以分别归属于来自聚合物主链中饱和碳链部分 C 2s 键合（～19.0 eV）和反键合（～13.6 eV）的贡献、不饱和碳链部分（～15.9 eV）的贡献和甲基支链（～16.5 eV）的贡献[31,32]。如图 6-2 中上图所示，经 5×10^{16} 离子/cm^2 H$^+$离子束轰击后，在结合能～16.5 eV 处的分支特征峰显著增强，证实了表面交联聚合反应的发生。值得注意的是，在结合能～15.9 eV 处的拟合峰强度急剧减弱，表明不饱和碳链部分的贡献大幅下降。这主要是由于 H$^+$离子束轰击产生的自由基在链转移过程中消耗了大量不饱和键，在后面章节中会详细分析。此外，初始薄膜在结合能～11.5 eV 处的弱峰经离子束轰击后基本消失，详细机制尚不清楚，可能与支链形成或不饱和键减少相关联，有待进一步探索。

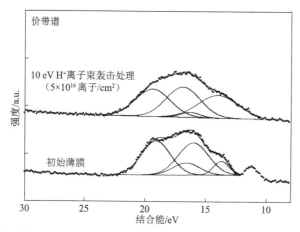

图 6-2　初始薄膜和 10 eV H$^+$离子束轰击处理后聚异戊二烯薄膜的 XPS 价带谱[29]

6.3.4　原子力显微镜表面形貌分析

除了上面的 XPS 分析，如第 4 章所述，原子力显微镜（AFM）可以提供更为直观的证据来说明交联聚合的发生。本节中，聚异戊二烯在单晶硅片上旋涂得到厚度为 18 nm 的薄膜。离子束轰击实验能够在超高真空（～1×10^{-18} Torr）条件下传递能量误差小于 0.6 eV 的 H$^+$离子束到样品上。离子束轰击前后的薄膜同样用 AFM 进行了表征。薄膜厚度的测试结果再次证实了超高热 H$^+$离子束轰击既不能引起表面溅射，也不会造成 C—C 键的断裂，也显示了离子束轰击引发交联聚合的过程基本不会引起聚合物表面物质损失。

图 6-3（a）和（b）显示了未处理初始薄膜的 AFM 表面图像。初始薄膜显示了有趣的枝状生长，展现出了独特的致密树枝状表面形态，表明前驱体薄膜的旋

涂过程可能是扩散局限成核机制，表面粗糙度（RMS）约为 1.4 nm[图 6-3（a）]。经正己烷溶剂浸泡后，相应的 AFM 表面图像发生了彻底改变，在整个测试表面区域已看不到树枝状形貌，预示着大部分初始薄膜已经被溶解去除，仅在硅基底上留下一些小圈状的残留物[图 6-3（b）]，这可能是初始聚合物中双键存在而导致的极少量交联分子聚集形成的。

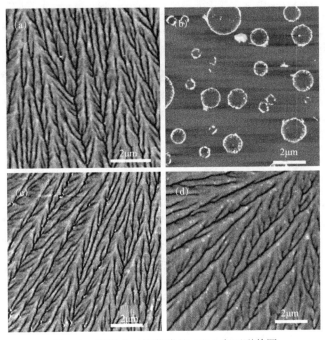

图 6-3　聚异戊二烯薄膜的 AFM 表面形貌图

（a）初始薄膜；（b）初始薄膜在正己烷中浸泡 5min；（c）初始薄膜经 10 eV H$^+$离子束（2×10^{16} 离子/cm^2 剂量）轰击处理后；（d）轰击处理后的薄膜在正己烷中浸泡 5min。经皇家化学学会许可，转载自参考文献[30]

　　相比之下，经 10 eV H$^+$离子束轰击处理后，相应薄膜的 AFM 表面形貌[图 6-3（c）]几乎与初始树枝状形貌保持相同[图 6-3（a）]，而表面粗糙度增加到 1.9 nm，表明离子轰击并没有显著地改变树枝状结构。处理后的薄膜在正己烷中浸泡 5 min 后，其表面形态仍保持不变，只是树枝状结构发生了稍微膨胀[图 6-3（d）]，这可归因于常见的交联聚合物溶剂溶胀效应。相应的表面粗糙度为 1.8 nm，表明用 H$^+$离子束和有机溶剂进行表面处理后对薄膜粗糙度几乎没有造成影响。更为重要的是，这种 H$^+$处理后形成的交联聚合物薄膜即使在浸入正己烷中并经超声处理，仍然保持了相当稳定的树枝状表面形貌。结合 XPS 结果，充分证实了 H$^+$引发的表面反应能够连接线型分子并在无机基底上形成交联的聚合物网络。

6.4 轰击离子束剂量的影响

在第 4 章的讨论中已经明确，对于简单长链烷烃分子来说，H^+离子束轰击剂量会严重影响其交联程度。而对于分子含有双键的聚异戊二烯，离子剂量对交联度的影响是否会有所不同值得关注。

本节针对聚异戊二烯分子薄膜，使用$1×10^{13}$～$2×10^{16}$离子/cm^2范围内的不同离子轰击剂量对其交联效率与离子剂量的关系做了进一步研究。计算溶剂浸泡后相应的薄膜厚度减少值，与轰击离子剂量相关联，图 6-4 揭示了H^+离子束轰击剂量对有机溶剂浸泡处理后聚异戊二烯薄膜厚度的影响。当轰击剂量低至$5×10^{15}$离子/cm^2时，薄膜厚度几乎没有减少，交联度还几乎保持在 100%。随着轰击剂量的进一步降低，溶剂浸泡后薄膜厚度只发生了小幅度的减少，并没有发生类似于第 4 章对于饱和烷烃分子描述的厚度急剧下降。特别值得注意的是，即使轰击剂量降至非常小的$1×10^{13}$离子/cm^2，H^+离子束轰击也能够使 90%以上的分子发生反应并固定在交联聚合物薄膜中。这意味着对于分子中含有不饱和键的聚异戊二烯分子薄膜，双键的存在导致轰击过程中自由基中心转移的效率以及相应的交联度都非常高，不需要太多的H^+就能实现高效的表面交联聚合反应，这与简单烃分子薄膜的情况完全不同。

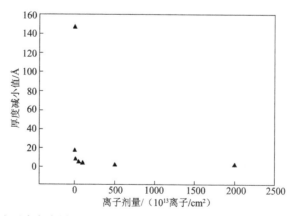

图 6-4　H^+离子束轰击剂量对有机溶剂浸泡处理后聚异戊二烯薄膜厚度的影响[29]

在本章所涉及的实验中，H^+离子束内的电流密度可以很容易地控制在 0.1～5 $\mu A/cm^2$的范围。因此，通过选择 4 $\mu A/cm^2$的离子束电流密度，研究人员可以在几秒内完成聚异戊二烯分子薄膜表面交联聚合反应，这意味着此项技术在聚异戊二烯改性工业中潜在的良好应用前景。

6.5　表面交联聚合反应的扩展

6.5.1　离子束轰击模型的设计

　　基于上述分析,证明了以 H⁺离子束为引发剂的聚异戊二烯薄膜新型表面交联聚合路线。在第 4 章曾经论证过,表面交联聚合作用不能在简单烷烃分子链中横向延伸。而对于聚异戊二烯分子,由于分子链存在双键,除了上一节提到的交联度大大提高以外,预期离子束轰击诱导的自由基中心在整个分子中沿分子链的转移会诱导一种“长程交联”。为了准确测量交联反应能够发生在直接轰击区域以外多远的距离,在此引入了本章研究中设计的特殊轰击目标模型。

　　样品接受 H⁺离子束轰击区域模型的示意如图 6-5 所示。将样品放在不锈钢样品架的中心,并通过覆盖在其上并具有直径约 5.5 mm 圆孔的 Teflon 掩模进行固定,使得仅有圆孔下方的样品中心区域直接暴露于 H⁺离子束。本节侧重于研究 Teflon 掩模覆盖边缘区域的性能。该区域远离 H⁺离子束直接轰击中心,分子链中 C—H 键不能直接与 H⁺相遇。预期聚异戊二烯薄膜主链结构中由于双键的作用会发生自由基中心链转移,从而将表面交联聚合反应延伸至未处理区域。

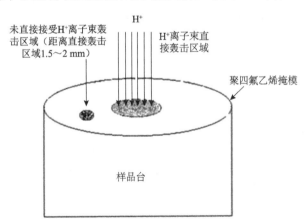

图 6-5　H⁺离子束轰击区域模型图[29]

6.5.2　远离 H⁺离子束轰击中心区域的表征

　　如图 6-5 所示的未经 H⁺离子束直接处理区域(距离 H⁺离子束轰击中心区域边缘 1.5~2 mm)的表征仍以 XPS 和 AFM 为主。图 6-6(a)显示了 H⁺离子束处理的整个薄膜浸入正己烷后,在上述远离中心区域的 XPS C 1s 芯能级谱图。可以明显看出，与初始薄膜相比，Si 2p 与 C 1s 信号相对强度略微增加，这与未经 H$^+$离子束轰击的初始薄膜情况（图 6-1 中 b）完全不同，表明只有小部分薄膜溶解在溶剂中。这也预示着交联聚合作用能够横向延伸到没有直接接受 H$^+$离子束轰击的区域，并证实了离子轰击引发自由基中心在整个含有双键碳链中可移动的事实。

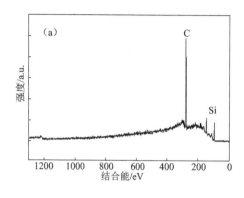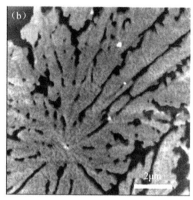

图 6-6　10 eV H$^+$离子束处理薄膜在正己烷中浸泡 5min，样品表征区域距离直接轰击中心区域 1.5～2 mm：（a）XPS C 1s 谱图；（b）AFM 表面形貌[29]

上述同样未接受 H$^+$离子束直接处理区域的 AFM 表面形貌如图 6-6（b）所示，可以清楚地看到，在正己烷溶剂中浸泡后，大部分薄膜保留下来，与 XPS 分析结果完全一致，有趣的是，树枝状的形态也基本保留。毫无疑问，所有实验结果都表明，双键的存在使得离子束轰击引发的聚异戊二烯分子表面交联作用有很大的延伸。

6.5.3　潜在应用

本章关于超高热 H$^+$离子束轰击引发含有不饱和键烷烃或线型聚合物分子交联聚合延伸作用的研究，也预示了其在工业上的潜在应用前景，如可用于探索合成一些微通道或界面链接可调控的聚合物层。这种干法修饰微通道的技术为替代通常化学分子微通道修饰的湿化学技术提供了另一种选择。

为了进一步介绍这种高效干法反应的优越性，图 6-7 给出了表面旋涂聚异戊二烯薄膜的单晶硅片界面处（远离 H$^+$离子束轰击中心区域）表面交联延伸作用示意图。三个单晶硅片表面都预先旋涂了一层聚异戊二烯（Si/PtI）薄膜，上面两个小的 Si/PtI 薄膜与下面一个大的 Si/PtI 薄膜紧贴在一起进入 LEIB 系统进行处理。在实际实验过程中，如图中所示，H$^+$离子束轰击直接发生在下面一个大的 Si/PtI 薄膜中间区域（两个小块单晶硅片之间），结果发现两组单晶硅片均黏结在一起，证明了两组 Si/PtI 薄膜之间由于表面聚异戊二烯薄膜的交联作用形成了新的化学键，增强了其机械强度并以化学键作用力的形式黏结在一起。很明显，这主要归因于界面处的交联聚合横向延伸作用，也就是说，表面交联过程延伸到未直接接受离子束轰击的两个 Si/PtI 薄膜的界面。

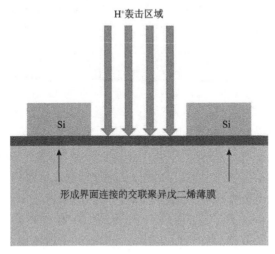

图 6-7　表面旋涂聚异戊二烯薄膜的单晶硅片界面处（远离 H$^+$离子束轰击中心区域）表面交联延伸作用示意图

两组单晶硅片（Si/PtI 薄膜）均以化学键黏结在一起

改进的透明胶带法[33]用于检测两个组装块之间的黏合强度。相应的黏合强度可以用总能量表示，按照 2.5 mm×6 mm 的样品面积进行计算，总能量约为 $7.6×10^{13}$ eV，相当于 0.8 J/m^2 的黏合强度，而标准 3M Scotch 胶带的黏合强度约为 25 J/m^2。样品的黏合强度较低表明在界面处新化学键的形成并不完整。作为对照实验，H$^+$离子束轰击前样品的黏合强度为零。可以粗略估计在两个 Si/PtI 薄膜界面处形成了约 $2×10^{13}$ 个新的交联 C—C 键。

研究发现，与简单的烷烃分子相比，由于双键的作用，这种表面交联反应确实以新的高效方式进行。分子链中含有不饱和键的聚异戊二烯分子实际上充当了一种纳米级黏合剂，也预示了这种纳米级化学键原位连接方法在未来电子器件制造中的潜在用途。本章提出的这种概念可用于探索药物/蛋白质分子表面交联聚合作用，或者通过调控表面交联度来改变其扩散/漏出性能。

6.6　反应机理

为了说明这种含有不饱和键的聚异戊二烯分子表面交联机理，尽管难以从

XPS C 1s 芯能级谱图中确定聚合物主链组分的变化,但相应的能量损失特征峰(震激峰)可提供聚合物结构中的有用信息。如图 6-1 中左上内置图所示,可以将 C 1s 芯能级谱中约 291 eV 处的弱信号峰归因于不饱和碳震激峰。在 10 eV H$^+$离子束(2×10^{16} 离子/cm^2 的轰击剂量)轰击处理后,明显可见峰强度降低而主要 C 1s 峰保持不变,当轰击剂量增加到 5×10^{16} 离子/cm^2 时,对应不饱和键的震激峰消失,说明几乎全部的不饱和键都参与了这种高效表面交联聚合反应。可以看出,与第 4 章引发饱和烷烃分子交联聚合不同,由于存在的双键对自由基中心链转移的推动,并不需要断裂大量的 C—H 键就能形成足够多的 C—C 交联键,以得到稳定和不溶的交联聚合物薄膜。

在本章的研究中,H$^+$离子束轰击对不饱和链状聚合物的主要作用是激发聚合链反应。实际上,离子束轰击后薄膜厚度保留值与薄膜交联度呈正相关。溶剂浸泡测试表明,小到 1×10^{14} 离子/cm^2 的轰击剂量就足以使聚异戊二烯薄膜在溶解测试中保持 90%的厚度。因此,可以估算出少于一个 H$^+$的激发就可以使一个聚异戊二烯前驱体大分子从可溶解变为不可溶。在较小的离子轰击剂量下,前驱体分子薄膜中只有部分 C=C 键转化为交联的 C—C 键。在 H$^+$离子束轰击过程中,残留 C=C 键数量的改变可以定量地用 C 1s 光电子的 π-π*特征能量损失峰的强度来测试。在轰击剂量低于 1×10^{14} 离子/cm^2 时,聚合链反应过程中 C=C 键的消耗(即 C=C 键转化为 C—C 交联键)是非常高效的。而随着离子剂量的增加,由于剩余 C=C 键已完全被隔离而需要更多的 H$^+$才能激发。在 1×10^{14} 离子/cm^2、2×10^{16} 离子/cm^2 和 5×10^{16} 离子/cm^2 不同剂量的离子束轰击下,粗略估算 π-π*键强度减少分别为 47%、87%和 97%(图 6-1 中左上内置图)。根据这些数据进一步估算出,在 10 eV H$^+$离子束轰击下,为了消耗所有 C=C 键并形成 18 nm 厚的交联聚合物薄膜,每个—(CH$_2$CH=CCH$_3$CH$_2$)—单元大约需要接受 4 个 H$^+$的轰击。

基于上述信息,本节给出了基于 H$^+$离子束轰击自由基中心链转移的聚异戊二烯薄膜表面交联反应机理图(图 6-8)。在 H$^+$离子束轰击过程中,C—H 键的断裂引发烯丙基自由基中心的随机产生,随后是可能发生在聚合物链中间的链增长过程。因此,表面交联聚合将与自由基中心链转移过程同时进行,直到两个相邻自由基基团发生耦合产生扩展的二维聚合物网络结构。本章所述的交联聚合反应进程与饱和烃交联聚合的不同点在于其不饱和烃交联反应的扩展效应,即通过 H$^+$离子束轰击含有不饱和键的分子薄膜,引发的交联聚合反应能够扩展到远离轰击中心的薄膜边缘处。作为对比,H$^+$离子束轰击饱和烃时没有观察到类似的长程链式交联聚合反应。

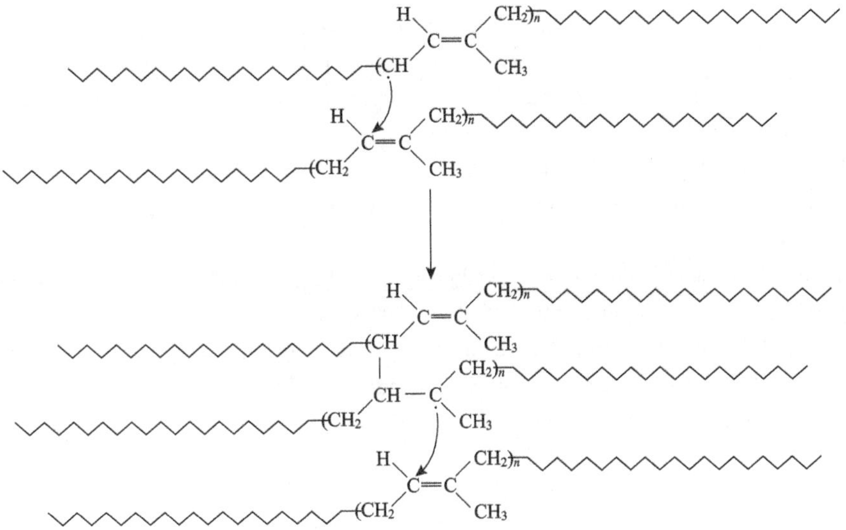

图 6-8　H⁺离子束轰击聚异戊二烯薄膜的表面交联过程[29]

6.7　结　　论

　　本章基于含不饱和键的聚异戊二烯薄膜的 H⁺离子束轰击，开发了一种全新、高效和环保的离子束引发表面交联聚合技术。与前面引发饱和烷烃分子交联聚合不同，聚异戊二烯主要结构中双键的存在稳定了自由基中心，并推动了自由基中心链转移，因此并不需要大量 H⁺离子束轰击来断裂 C—H 键就能形成足够多的 C—C 交联键，在较低 H⁺离子束剂量下成功实现了高效率的交联聚合，并得到稳定的交联聚合物薄膜。利用这种分子链中含有不饱和键的聚异戊二烯分子界面处交联聚合的横向延伸作用，表面交联过程延伸到未直接接受离子束轰击的两个 Si/PtI 薄膜的界面，成功实现了半导体薄片的纳米级黏合，预示了这种纳米级化学键原位连接方法在未来电子器件制造中的潜在用途。

参 考 文 献

[1] Matsumoto A, Kawasaki N, Shimatani T. Free-radical cross-linking polymerization of diallyl terephthalate in the presence of microgel-like poly(allyl methacrylate) microspheres. Macromolecules, 2000, 33(5): 1646-1650.

[2] Liu S C, O'Brien D F. Cross-linking polymerization in two-dimensional assemblies: effect of the

reactive group site. Macromolecules, 1999, 32(17): 5519-5524.

[3] Lee E H, Rao G R, Lewis M B, et al. Ion beam application for improved polymer surface properties. Nuclear Instruments and Methods in Physics Research Section B: Beam Interactions with Materials and Atoms, 1993, 74(1-2): 326-330.

[4] Charlesby A. Elastic modulus formulae for a crosslinked network. International Journal of Radiation Applications and Instrumentation Part C, Radiation Physics and Chemistry, 1992, 40(2): 117-120.

[5] Decker C. Photocrosslinking of functionalized rubbers IX. Thiol-ene polymerization of styrene-butadiene-block-copolymers. Polymer, 2000, 41(11): 3905-3912.

[6] Lecamp L, Youssef B, Bunel C, et al. Photoinitiated polymerization of a dimethacrylate oligomer: Part 3. Postpolymerization study. Polymer, 1999, 40(23): 6313-6320.

[7] Kim J K, Kim W H, Lee D H. Adhesion properties of UV crosslinked polystyrene-block-polybutadiene-block-polystyrene copolymer and tackifier mixture. Polymer, 2002, 43(18): 5005-5010.

[8] Allen N S, Marin M C, Edge M, et al. Photoinduced chemical crosslinking activity and photo-oxidative stability of amine acrylates: photochemical and spectroscopic study. Polymer Degradation and Stability, 2001, 73(1): 119-139.

[9] Allen N S, Robinson P J, White N J. Photo-oxidative stability and photoyellowing of electron-beam-and UV-cured multi-functional amine-terminated diacrylates: a monomer/model amine study. Journal of Photochemistry and Photobiology A: Chemistry, 1990, 47(2): 223-247.

[10] Park J G, Ha C S, Cho W J. Syntheses and antitumor activities of polymers containing amino acid and 5-fluorouracil moieties. Journal of Polymer Science Part A: Polymer Chemistry, 1999, 37(11): 1589-1595.

[11] Depass L R, Bushy R C. Carcinogenicity testing of photocurable coatings. Radiat. Curing, 1982, 9: 18.

[12] Marletta G, Pignataro S, Toth A, et al. X-ray, electron, and ion beam induced modifications of poly(ether sulfone). Macromolecules, 1991, 24(1): 99-105.

[13] Blanchet G B, Fincher C R, Jackson C L. Laser ablation and the production of polymer films. Science, 1993, 262(5134): 719-721.

[14] Reichmanis E, Frank C W, O'Donnell J H. Radiation effects on polymeric materials: a brief overview. Irradiation of Polymeric Materials, 1993, 527: 1-8.

[15] Egitto F D, Matienzo L J. Plasma modification of polymer surfaces for adhesion improvement. IBM Journal of Research and Development, 1994, 38(4): 423-439.

[16] Stutzmann N, Tervoort T A, Bastiaansen K, et al. Patterning of polymer-supported metal films by microcutting. Nature, 2000, 407(6804): 613-616.

[17] Lau W M. Ion beam techniques for functionalization of polymer surfaces. Nuclear Instruments and Methods in Physics Research Section B: Beam Interactions with Materials and Atoms, 1997, 131(1-4): 341-349.

[18] Herden V, Klaumünzer S, Schnabel W. Cross linking of polysilanes by ion beam irradiation. Nuclear Instruments and Methods in Physics Research Section B: Beam Interactions with Materials and Atoms, 1998, 146(1-4): 491-495.

[19] Klaumünzer S, Zhu Q Q, Schnabel W, et al. Ion-beam-induced cross linking of polystyrene-still

an unsolved puzzle. Nuclear Instruments and Methods in Physics Research Section B: Beam Interactions with Materials and Atoms, 1996, 116(1-4): 154-158.

[20] Lee E H. Ion-beam modification of polymeric materials-fundamental principles and applications. Nuclear Instruments and Methods in Physics Research Section B: Beam Interactions with Materials and Atoms, 1999, 151(1-4): 29-41.

[21] Martínez-Pardo M E, Cardoso J, Vázquez H, et al. Characterization of MeV proton irradiated PS and LDPE thin films. Nuclear Instruments and Methods in Physics Research Section B: Beam Interactions with Materials and Atoms,1998, 140(3-4): 325-340.

[22] Švorčík V, Arenholz E, Rybka V, et al. AFM surface morphology investigation of ion beam modified polyimide. Nuclear Instruments and Methods in Physics Research Section B: Beam Interactions with Materials and Atoms, 1997, 122(4): 663-667.

[23] Lee J W, Kim T H, Kim S H, et al. Investigation of ion bombarded polymer surfaces using SIMS, XPS and AFM. Nuclear Instruments and Methods in Physics Research Section B: Beam Interactions with Materials and Atoms, 1997, 121(1-4): 474-479.

[24] Xu X D. Selective breaking of C—H bond using low energy hydrogen ion beam for the formation of ultra-thin polymer film. Hong Kong: The Chinese University of Hong Kong, 2002.

[25] Zheng Z, Xu X D, Fan X L, et al. Ultrathin polymer film formation by collision-induced cross-linking of adsorbed organic molecules with hyperthermal protons. Journal of the American Chemical Society, 2004, 126(39): 12336-12342.

[26] Xu X D, Kowk R W M, Lau W M. Surface modification of polystyrene by low energy hydrogen ion beam. Thin Solid Films, 2006, 514(1-2): 182-187.

[27] Lau W M, Feng X, Bello I, et al. Construction, characterization and applications of a compact mass-resolved low-energy ion beam system. Nuclear Instruments and Methods in Physics Research Section B: Beam Interactions with Materials and Atoms, 1991, 59-60: 316-320.

[28] Schubert D W. Spin coating as a method for polymer molecular weight determination. Polymer Bulletin, 1997, 38(2): 177-184.

[29] Zheng Z. Controlled fabrication of cross-linked polymer films using low energy H$^+$ ions. Hong Kong: The Chinese University of Hong Kong, 2003.

[30] Zheng Z, Kwok W M, Lau W M. A new cross-linking route via the unusual collision kinematics of hyperthermal protons in unsaturated hydrocarbons: the case of poly(*trans*-isoprene). Chemical Communications, 2006, (29): 3122-3124.

[31] Beamson G, Briggs D. High Resolution XPS of Organic Polymers: the Scienta ESCA300 Database. New York: Wiley, 1992.

[32] Galuska A A. Surface chemistry of bromobutyl binary blends. Surface and Interface Analysis, 1999, 27(10): 889-896.

[33] Sin L Y. Improvement of adhesive strength between polymer and indium-tin oxide with self-assembly monolayers. Hong Kong: The Chinese University of Hong Kong, 2002.

第7章 在其他无机基底上形成交联聚合物薄膜

7.1 无 机 基 底

众所周知，基底是生长薄膜的重要基础，基底的种类和材料也是影响优质薄膜制备的重要因素。硅主要从沙土中提取，储量丰富、化学稳定性好、无环境污染、纯度高、可以进行掺杂形成 p 型和 n 型半导体，因此成为应用最广泛的半导体材料，也是性能最优异的无机基底。此外，硅工艺非常成熟，已经形成了很强大的产业能力，因此硅半导体已经成为电子器件和微电子器件必不可少的基底材料。

金属基底（如铜基底、金基底）和硅基底一样，因为具有理想的性能，尤其是优异的导电性，可以广泛地应用于电子、微电子和光电器件等导体和半导体相关的前沿领域。然而，对于金属基底而言，在大气中，初始基底容易出现的氧化和腐蚀现象在很大程度上限制了它们在导体和半导体工业领域的应用[1-3]。为了提高铜基底的抗氧化能力，可以采用钛[4]、碳化钨[5]、陶瓷[6]和石墨烯[7]等多种涂层来保护铜基底。为了改善铜基底的防腐蚀能力，一方面，科研工作人员致力于开发新型的具有保护性的聚合物涂层材料[8-10]，并且研究了等离子体聚合物涂层在阴极聚合和射频辉光放电聚合中的行为[11]，Trachli 课题组报道的结果表明，应用于铜基底上的聚合物薄膜具有较高的防护效果[12]；另一方面，人们认为应用于基底上的不同聚合物薄膜对基底均具有显著的抗氧化和防腐蚀作用[12,13]。

在前几章中，已经介绍了几种交联的聚合物薄膜在硅基底上的可控合成，并且详细地阐述了动能约为 10 eV 的 H⁺离子束引起相应的表面聚合反应过程[14]，我们判断动能为 10~20 eV 的 H⁺离子束也有类似的效果。基于这一全新的表面交联聚合路径，在本章中主要考虑用其他无机材料作为基底进行涂层的可行性，同时能够扩大其潜在的应用范围。迄今为止，关于超薄聚合物膜对铜基底和金基底保护的相关报道比较少[8]，考虑到铜基底和金基底的广泛用途，本章着重研究基于铜基底和金基底上分子交联聚合形成聚合物薄膜及其对铜基底的抗氧化保护作用。

7.2　铜基底上交联聚合物薄膜的形成

7.2.1　交联作用的实施

本节仍然选用正三十二烷[$CH_3(CH_2)_{30}CH_3$]作为前驱体，在 6000 r/min 的转速下用 5 min 的时间将其旋涂到铜基底上。同样考虑到较好的溶解性和挥发性，采用正己烷作溶剂配制成质量分数为 0.2 % 的溶液。在薄膜沉积之前，先将铜基底按下面步骤进行预处理：在甲醇中超声清洗几分钟，然后在 1.2 mol/L HCl 溶液中室温下浸泡 30 s 进行刻蚀，以移走其表面的氧化物和有机污染物等表面杂质。H^+离子束轰击引发的反应同样在低能离子束系统（可按质量进行分离）中进行，该系统的 H^+离子束动能是 10 eV，在超高真空（离子束轰击样品过程中为 5×10^{-8} Torr）条件下，样品上动能离散小于 0.6 eV。选择正三十二烷作为前驱体分子是因为它的分子量足够大，形成的初始薄膜在真空和室温下都不会发生脱附；同时它的分子量也足够小，能够溶解到溶剂中，可以通过旋涂方式在无机基底上进行均匀沉积。

7.2.2　交联的确定

对经稀盐酸处理过的铜基底进行了 XPS 表征，其对应的全谱图和 Cu 2p 芯能级谱图如图 7-1 所示。谱图中结合能在 285 eV 和 530 eV 处的微弱信号分别来自碳和氧的轻微污染[图 7-1（a）]。Cu 2p 芯能级谱分别在 932 eV 和 951 eV 处产生两个分裂峰[图 7-1（b）]。在铜基底上聚合物薄膜的交联同样通过比较 H^+离子束处理前后薄膜的 XPS 全谱图进行确定。正如以往工作中所强调的那样[14, 16-18]，XPS 谱图可以为聚合物薄膜在有机溶剂中的不溶性提供内在证据，充分证明了在 H^+离子束轰击过程中存在着表面交联聚合现象。图 7-2（a）显示了在铜基底上初始的正三十二烷薄膜的 XPS 全谱图，可以清楚地看到两个 Cu 2p 峰。在正己烷中浸泡 5 min 后，C 1s 信号变得非常微弱，表明大部分初始薄膜已经被溶剂溶解并去除。通过比较 H^+离子束处理样品在有机溶剂中浸泡前后的 C 1s 信号强度[图 7-2（c）和（d）]，再次证明 H^+离子束处理后表面的正三十二烷分子通过交联固定在基底表面，并致使处理后的薄膜具有不溶性，这与之前在硅基底上处理后的结果是一致的[16]。

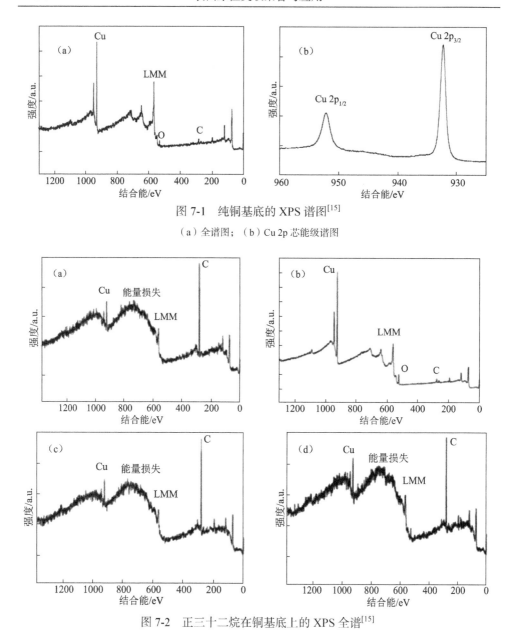

图 7-1　纯铜基底的 XPS 谱图[15]

（a）全谱图；（b）Cu 2p 芯能级谱图

图 7-2　正三十二烷在铜基底上的 XPS 全谱[15]

（a）初始薄膜；（b）初始薄膜在正己烷中浸泡后；（c）10 eV H+离子束处理薄膜；（d）H+离子束处理薄膜在
正己烷中浸泡后

在上述条件下旋涂后可以在铜基底上产生大约 100 Å 厚的薄膜。值得注意的是，除了 Cu 2p 信号外，还有一个附加的宽信号，是 X 射线诱导的俄歇电子发射（LMM）能量损失造成的。利用这一信号作为参考，可以更清楚地识别 Cu 2p 信号的相对强度变化，并用来确定薄膜的抗溶解性。初始薄膜在经过 H+离子束轰击和在溶剂中浸泡后,基底表面仍有 90 Å 厚度的薄膜。这是因为以 2×10^{16} 离子/cm^2 剂量、10 eV 动能的 H$^+$离子束轰击并不能完全将所有初始薄膜进行交联,仍有 10% 未交联薄膜的损失。

7.2.3　薄膜表面形貌

利用原子力显微镜对获得的各类样品可以作三维和二维的表面形貌分析,分别如图 7-3 和图 7-4 所示。纯铜基底的表面形貌如图 7-3（a）和图 7-4（a）所示,

图 7-3　表面形貌的三维 AFM 图[15]

（a）纯铜基底；（b）初始的正三十二烷薄膜；（c）10 eV H$^+$离子束处理薄膜；（d）正己烷浸泡后的 H$^+$离子束处理薄膜；（e）和（f）不同扫描范围的 H$^+$离子束处理薄膜

图中清晰地呈现出晶粒状的表面结构，晶粒的直径大约为 100 nm。进行旋涂后，相应的正三十二烷薄膜也顺延了这种颗粒的表面形貌，但其尺寸变小且变得松散[图 7-3（b）和图 7-4（b）]。结合前期报道的 XPS 价带谱和二次离子质谱（SIMS）的结果，可以确定已经形成了聚合物薄膜层[16]。此外，很难获得扫描范围较小的图像，这也与先前的分析结果一致，说明初始碳氢化合物薄膜非常柔软。

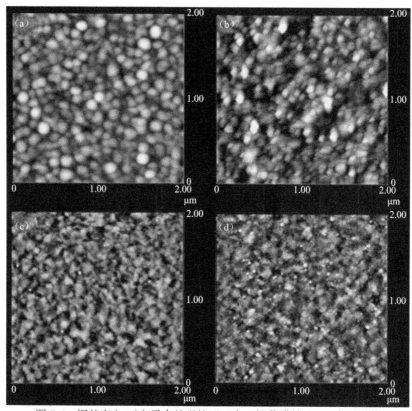

图 7-4　铜基底上 H⁺离子束处理的正三十二烷薄膜的 AFM 表面形貌

（a）纯的铜基底；（b）初始的正三十二烷薄膜；（c）10 eV H⁺离子束处理薄膜；（d）H⁺离子束处理薄膜在正己烷中浸泡后

　　然而，经过 10 eV H⁺离子束轰击后，薄膜具有花瓣状和相对致密的表面形貌[图 7-3（c）和图 7-4（c）]。H⁺离子束处理后的薄膜即使在正己烷中浸泡 5 min，这种花瓣状的表面形貌仍保持不变[图 7-3（d）和图 7-4（d）]。从 AFM 测得的表面形貌可以看出，同样的正三十二烷薄膜在硅基底和铜基底上的表面形貌却有很大的不同[16]。即使这样，在这两种情况下，经 H⁺离子束处理的正三十二烷分子均形成了交联聚合物薄膜，且 H⁺离子束轰击后的薄膜在有机溶剂中浸泡后，样品表面形貌变化不大，只是处理后的样品表面比其初始状态更加均匀和致密，这是由交联聚合分子的溶胀作用引起的。

7.2.4　交联聚合物薄膜的抗氧化保护作用

在我们以前的工作[14]中，证明了二十二烷酸在经过 H[+]离子束轰击后形成的交联聚合物薄膜可以被稳定地固定在单晶硅基底上。这种处理有助于提高硅基底的抗氧化性能。为了说明这一现象，设计了一个对比实验，将初始薄膜和 H[+]离子束处理后的薄膜暴露在空气中放置 15 天，然后进行 XPS 表面分析，相应的 Si 2p 芯能级谱图分别如图 7-5（a）和（b）所示。对于初始薄膜，在结合能大约为 103 eV（SiO$_2$ 特征）处，还出现了一个额外的峰，这表明硅基底已经被氧化。相反，经 H[+]离子束处理后的薄膜在空气中进行暴露实验后，XPS 谱图中则没有观察到 SiO$_2$ 这一特征信号峰[图 7-5（b）]。

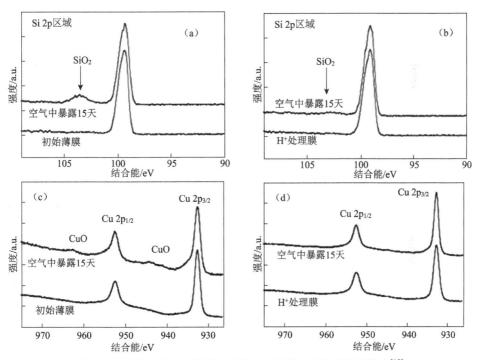

图 7-5　H[+]离子束处理薄膜在单晶硅和铜基底上的抗氧化效应[15]

硅基底上初始的二十二烷酸薄膜（a）和硅基底上 H[+]离子束处理薄膜（b）的 XPS Si 2p 芯能级谱；铜基底上初始的正三十二烷薄膜（c）和铜基底上 H[+]离子束处理薄膜（d）的 XPS Cu 2p 芯能级谱

同样，在铜基底表面上形成交联聚合物薄膜后的性能也引起了很多的关注。对于未经处理的样品，当在空气中暴露 15 天后，除了 Cu 2p 芯能级谱中的主要分裂峰外，还会出现另外两个较弱的峰[图 7-5（c）]。将其与标准的 Cu 2p 芯能级谱[10]进行对比，在结合能约为 942 eV 和 962 eV 处出现的两个附加峰表明样品表面出现了氧化物，这显然是由铜表面氧化造成的。然而，对于经过 H[+]离子束处理的薄膜样品，没有观察到这样的附加峰[图 7-5（d）]。

因此，对 XPS 芯能级谱图的分析表明，交联聚合物表面层能够有效地保护硅基底或铜基底，避免基底被氧化。这种较强的钝化和保护作用与超高热 H⁺离子束轰击的初始正三十二烷分子并在硅基底或铜基底上形成致密有效的交联聚合物薄膜网络有直接关系：①原子力显微镜所揭示的相对致密的表面形貌能够隔离来自空气中的氧与基底接触；②表面交联聚合反应产生的超薄膜在硅基底或铜基底上提供了一个与氧或水分子亲和力极小的电荷中性表面。

7.3　硅基底上自组装单层的交联聚合物薄膜

7.3.1　SiO₂薄层的可控制备

根据相应的自组装单层（self-assembled monolayer，SAM）制备程序[19-21]，设计了以下步骤，在旋涂有机分子薄膜之前，先在单晶硅基底上建立自组装单分子膜。首先，在预处理的单晶硅基底上，进行紫外-臭氧处理，形成超薄的 SiO₂ 层。紫外-臭氧处理采用的是一个简单自调节紫外线臭氧反应器，其中单晶硅片的氧化是在氧气环境（氧气流量为 10 mL/min）中用紫外灯照射 20 min 来进行处理。这种氧化过程在硅基底上形成的 SiO₂ 层非常薄，其厚度小于 1 nm，也正因为新生成的 SiO₂ 非常薄，基底仍然具有 H⁺离子束轰击样品克服"荷电效应"所需要的导电能力。用 0.05 mol/L NaOH 溶液处理新获得的 SiO₂ 表面 3 min 后，利用 XPS 测量 SiO₂ 层的芯能级谱图，结果如图 7-6 所示。显然，从 XPS 全谱图[图 7-6（a）]可以看出，在目前测试条件下普遍存在的碳污染现象已经完全消除，这样可以避免它对

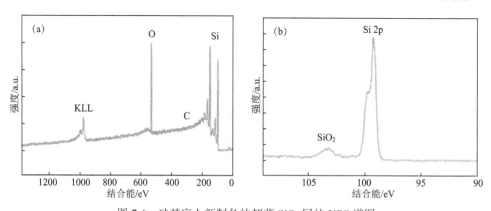

图 7-6　硅基底上新制备的超薄 SiO₂ 层的 XPS 谱图

（a）全谱图；（b）芯能级谱图。经皇家化学学会许可，转载自参考文献[17]

下一步判断自组装单层时造成干扰。在 Si 2p 芯能级谱[图 7-6（b）]中，结合能约为 103 eV 处出现的弱峰表明存在一个非常薄的 SiO_2 层。当以低通过能量模式进行高分辨率 XPS 分析时，可以明显地观察到 Si 2p 信号的自旋-轨道分裂现象。

7.3.2　自组装单层

自组装单层是由表面活性剂在固体表面上的化学吸附自行形成的有序分子组装层，曾经引起了化学和材料科学领域的广泛关注[22,23]。自组装单层的优点在于它们的分子结构高度有序、能够抗污染和易于制备，这使得这门技术在表面工程制造领域具有很强的吸引力。构成自组装膜的组分是基材，通常具有纳米级的光滑度和与基材相互作用的锚定基团，如硅烷偶联表面活性剂。在基底上形成自组装单层的过程如下，首先将广泛使用的硅烷偶联剂[巯基丙基三甲氧基硅烷，$HS(CH_2)_3Si(OCH_3)_3$]溶解于甲苯中，制得浓度为 $1.0×10^{-2}$ mol/L 的溶液。在室温下，将新制备的羟基化基底浸泡于上述溶液中 2 h 以制得单分子层膜。从硅烷偶联剂溶液中取出基底后，将其立即浸入异丙醇中以除去表面结合的所有反应化合物。然后将基底分别在异丙醇、氯仿和去离子水中超声清洗 10 min。采用同样的程序，将另外两个硅烷偶合剂化合物——丙烯基三乙氧基硅烷[$H_2C=CHCH_2Si(OC_2H_5)_3$]、己基三乙氧基硅烷[$CH_3(CH_2)_4CH_2Si(OC_2H_5)_3$]也在硅基底上制得相应的自组装单层膜。最后，在基底上组装（堆叠、结晶）成一个非常理想的单层结构，其头部朝向外部，并能提供特殊的性能。

使用自组装单层作为模板表面来研究化学反应是科学研究的活跃领域之一[24]。我们在硅基底上制备了三种自组装单层，利用 XPS 来确定硫醇为终端的自组装单层的形成，其结果如图 7-7 所示。根据 XPS 全谱图（图 7-7 中 a），C 1s 信号的出现确定了表面有机硅的形成层（没有污染），因为在平行实验中没有发现溶剂效应。此外，在 XPS 分析中，进一步改变了样品接受 X 射线照射的角度允许以 30°的极角进行测试，结果发现 C 1s 信号变强，而 Si 2p 信号的相对强度减弱（图 7-7 中 b），这证明了在样品表面顶部形成了自组装单层。自组装单层的相应 C 1s 芯能级峰可以拟合出三个分峰（图 7-7 中 c），这三个分峰分别对应于中间的 C1 原子（低结合能为 285 eV）、与硫连接的外部 C2 原子（结合能为 285.6 eV）和与 Si—$(O)_3$ 连接的内部 C3 原子（在自组装单层结构中的高结合能为 286.7 eV）[25]。测得的三个峰的单个峰面积值也与以硫醇为终端的自组装单分子层结构的值一致。此外，XPS C 1s 芯能级谱图也证实了另一种分子——$CH_3(CH_2)_4CH_2Si(C_2H_5)_3$ 的自组装单层的形成，其中两个分峰的峰面积值比约为 5：1。

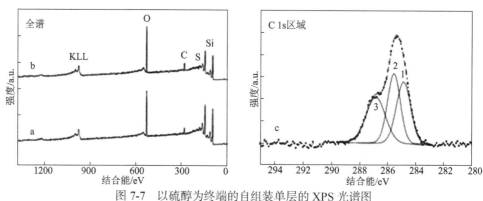

图 7-7　以硫醇为终端的自组装单层的 XPS 光谱图

a. 具有零极角的全谱图；b. 具有 30°极角的全谱图；c. 具有零极角的 C 1s 芯能级谱图。

经皇家化学学会许可，转载自参考文献[17]

样品表面硫元素的存在可以说是以硫醇为终端的自组装单分子层形成的最有力的证据。通常，XPS S 2p 芯能级谱图可以用来表征表面上的硫元素。然而，对于硅基底上的自组装单分子层，S 2p 信号与 Si 2s 能量损失信号重叠，该信号将会出现在相同的结合能区域（150～180 eV）。为了从更强的背景中清楚地识别 S 2p 特征峰，进行了两个平行实验作为比较。一种是设置具有大极角的相同自组装单分子层样品，另一种是在相同的 S 2p 区域获得新制备的 SiO$_2$ 的 XPS 光谱图作为参考。在该 S 2p 区域的相应 XPS 窄扫描光谱如图 7-8 所示。与 SiO$_2$ 基底上的 S 2p

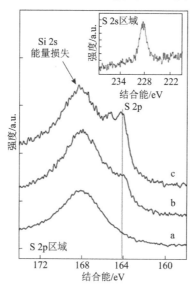

图 7-8　以硫醇为终端的自组装单层的 XPS 芯能级谱图

a. SiO$_2$ 基底的 S 2p 区域；b. 具有零极角的以硫醇为终端的自组装单层的 S 2p 区域；c. 硫醇的 S 2p 区域；具有 30°极角的端接自组装单分子层。右上角插入图是具有零极角的以硫醇为终端的自组装单层的 S 2s 区域。

经皇家化学学会许可，转载自参考文献[17]

区域光谱图（图 7-8 中 a）相比，在约 164 eV 的结合能下可以看到明显的肩峰（图 7-8 中 b），图 7-8 中 a 不存在对应的 S 2p 信号。除此之外，还发现当 XPS 极角设定为 30°时，该 S 2p 信号变得更强（图 7-8 中 c），这表明硫醇基团组装在表面的顶部。此外，可以清楚地看到 S 2p 分裂特征峰在 164 eV 和 165 eV 处出现。

通常 S 2s 信号较弱，不作为重点研究对象。然而，为了进一步证实形成了均匀的以硫醇为终端的自组装单分子层，经过长时间扫描，还获得了结合能为 228 eV 的 S 2s 峰，如图 7-8 中插入图所示。在 XPS 分析期间，还随机选择样品表面上的四个点，均可以获得 S 2s 光谱，并且这四个点的 S 2s 峰的强度非常接近，这意味着形成了均匀且有序的以硫醇为终端的自组装单层。

7.3.3　整体交联聚合物薄膜的制备

在硅基底上形成自组装单层后，进一步选择了多组分烷烃 $CH_3(CH_2)_{30}CH_3$（0.2 %）作为前驱体分子自旋包覆在自组装单分子层上。在 H^+ 动能为 10 eV 的低能量离子束轰击系统中进行了交联聚合反应。简单地说，在离子源中产生的氢离子束（包括 H^+、H_2^+ 和 H_3^+）被抽取并聚焦到质量过滤器上。质量分离的 H^+ 离子束在到达样品表面之前被减速，进行轰击时靶腔内压力维持在大约 2×10^{-8} Torr 以下。当轰击剂量为 2×10^{16} 离子/cm^2 时，这种初始薄膜（包括 SAM）的厚度约为 120 Å。由于自由基链转移反应的发生，推测表面交联会延伸到 SAM 处。

为了证明整个样品在有机溶剂中的高稳定性，将制备的样品超声处理 5 min 后，通过 XPS 评估超声清洗前后的样品，相应的全谱图如图 7-9 所示。初始薄膜

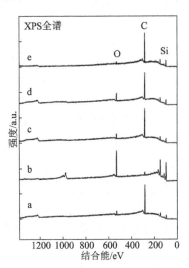

图 7-9　在以硫醇为末端自组装单分子层膜上形成正三十二烷薄膜的 XPS 全谱图

a. 初始薄膜；b. 初始薄膜在正己烷浴中超声清洗后；c. 初始薄膜经 10 eV H^+ 离子束处理后；d. H^+ 离子束处理薄膜在正己烷浴中超声清洗后；e. H^+ 离子束处理薄膜在 HF 中超声清洗后。经皇家化学学会许可，转载自参考文献[17]

中出现的强碳峰（图 7-9 中 a）经超声清洗后几乎消失（图 7-9 中 b），表明初始薄膜已经去除。剩余的 C 1s 信号来自没有去除的自组装单分子层。值得注意的是，图 7-9 中 d 和 e 所示的 H$^+$离子束轰击过薄膜的全谱图，即使在有机溶剂(正己烷)、无机强酸（HF）浴中进行超声清洗后，C 1s 的强度也只是略有下降，这表明处理过的薄膜稳定性很高，并且硅基底和交联覆盖层之间具有强烈的相互作用。在这种条件下固定薄膜的厚度大约为 110 Å。

就 S—C 键的形成而言，在 H$^+$离子束处理后样品的 XPS S 2p 芯能级谱图中观察到结合能的明显偏移。S 2p 主峰向高结合能处移动约 0.4 eV，这表明样品表面上的 S—C 键取代了 SAM 的 S—H 键。

通过 AFM 进一步证明了在以硫醇为终端的自组装单分子层上制备交联聚合物薄膜。图 7-10 给出了新制备自组装单分子层的 AFM 形貌图，可以看出 SAM 具

图 7-10　AFM 表面形态

(a)新制备的硫醇末端自组装单分子层；(b)旋涂正三十二烷的初始薄膜；(c)初始薄膜经 10 eV H$^+$离子束处理后；(d) H$^+$离子束处理薄膜在正己烷中超声清洗后。经皇家化学学会许可，转载自参考文献[17]

有均匀的表面结构。在旋涂正三十二烷之后，由简单的烷烃分子构成的初始薄膜是柔软的，因此容易被刮掉，这在图 7-10（b）中的形貌显示为暗区。然而，在经过 H⁺离子束轰击后，SAM 上获得了刚性且稳定的聚合物薄膜[图 7-10（c）]。特别需要注意的是，即使整个薄膜在正己烷中超声处理后也仍能保持稳定，并且相应的表面形态保持不变，如图 7-10（d）所示。这也与 XPS 分析的结果一致。基于上述 XPS 和 AFM 分析，确定形成了一种完全交联的聚合物薄膜，并且这种薄膜与硅基底以化学键的形式结合。

7.3.4　表面浸润性

如第 3 章和第 5 章所述，接触角也可以度量固体表面的浸润性。在交联聚合物膜材料的制造过程中，表面浸润性随着不同表面层的替代物而变化。相应的接触角见表 7-1。

表 7-1　不同表面层的表面浸润性（接触角）

表面	新制的 Si	新制的 SiO$_2$	硫醇末端的 SAM	SAM/C$_{32}$H$_{66}$	H⁺处理的 C$_{32}$H$_{66}$
接触角/（°）	83	7	67	104	106

注：经皇家化学学会许可，转载自参考文献[17]

新制的硅基底接触角为 83°，说明其表面稍微具有亲水性，而超薄的 SiO$_2$ 层则具有亲水性很强的表面，接触角仅为 7°。由于在样品表面上引入了具有极性的硫醇基团，新制备的有机自组装单分子层具有与硅基底相比较低的接触角（67°），这也可以用于判断以硫醇为终端的自组装分子层的存在[26]。显然，旋涂的正三十二烷初始薄膜是疏水的，而 H⁺离子束轰击处理并没有使该薄膜的浸润性增加。表面浸润性的变化为我们提供了另一种监控制备过程的有用方法。

7.3.5　反应机理

在 H⁺离子束轰击期间，随着 C—H 键的断裂，由于表面自由基链转移反应的发生，顶层（小于 30 Å）中产生的自由基中心是可移动的。这些自由基中心可以转移到具有相对高的链转移常数的自组装单分子层[27]的硫醇基团上。相应的自由基链转移反应[28]可描述如下：

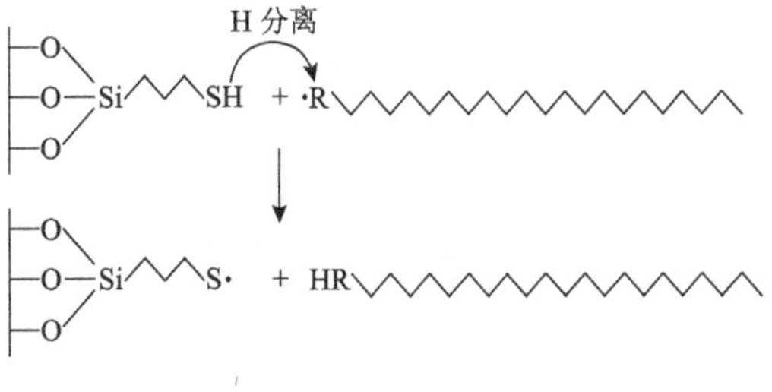

产生的硫自由基中心与相邻的其他烷基自由基结合，从而将旋涂的有机覆盖层和基于硅基底的自组装单分子层以化学键连接在一起。

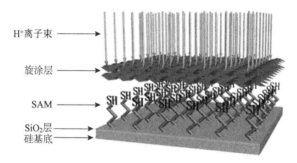

图 7-11 是由 H⁺离子束轰击引发的交联聚合物薄膜的结构示意图。可以清楚地看到，交联聚合物薄膜所有层共价连接在一起，以至于即使是用有机溶剂正己烷、无机强酸 HF 溶液冲洗也不能除去整个薄膜。

图 7-11　通过自组装单分子层共价附着在硅基底上的交联聚合物膜的结构示意图
经皇家化学学会许可，转载自参考文献[17]

7.4　Au(111)上交联聚合物薄膜的制备

7.4.1　超高热 H⁺离子束轰击对 Au(111)上烷基巯基自组装单分子层的影响

用于进行烷基巯基自组装单分子层的基底是云母上的 Au(111)（购自 Molecular Imaging 公司）。基底在 SAM 形成和扫描隧道显微镜（STM）表征之前使用标准氢火焰进行退火处理。通常，通过 STM 对 Au(111)表面重建的 $\sqrt{3}\times\sqrt{3}$ 人字形结构的三角形阶地进行观察，以此作为确认选择适当基底的筛选方法。

SAM 的形成通过将 Au(111) 基底浸入 1 mmol/L 十二烷醇[CH₃(CH₂)₁₁SH,本书中用 C12 表示]的乙醇溶液中几分钟来处理，其中 C12 购自 Sigma-Aldrich 公司，未经处理直接使用。浸泡后用纯乙醇小心冲洗样品，然后在氮气流中干燥。

利用 Omicron VT AFM/STM 系统进行 STM 观察。H^+ 离子束轰击是用自制的质量分离低能量离子束系统进行的，该系统以超高真空将纯 H^+ 离子束传递到靶标基底，超高热 H^+ 离子束动能和光束动能离散均小于 0.6 eV。在这部分研究中，使用了动能为 2～6 eV、轰击剂量为 1×10^{15}～1×10^{16} 离子/cm^2 的超高热 H^+ 离子束。如第 3 章介绍，离子束系统通过超高真空样品传输通道与 Krato AXIS XPS 系统相连，从而使被轰击样品进行 XPS 测试时不需要暴露于空气中。所有轰击反应、STM 测量和 XPS 分析均在室温下进行。

在超高热 H^+ 离子束轰击前的 C12/Au 的 STM 图像如图 7-12 所示。在 UHV 中 80℃下进行 2 h 的温和热退火以改善其有序性后，可产生有序的晶格结构。通过这种退火处理，SAM 由众所周知的 $\sqrt{3} \times \sqrt{3}$ 立式相的有序分子域组成。有序的 SAM 晶格外观即使经历这项工作中最温和的轰击条件也完全消失，并由分子簇所取代。这些变化在这里举例说明：观察由 3 eV H^+ 离子束以 3×10^{15} 离子/cm^2 的剂量轰击 C12/Au 样品的 STM 图像（图 7-13）。

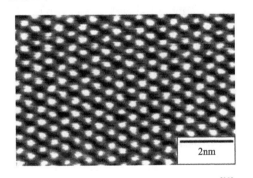
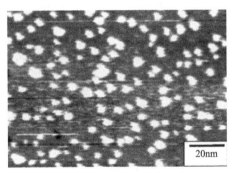

2nm

20nm

图 7-12　轰击前的 C12/Au 的 STM 图像[29]

图 7-13　C12/Au 样品经 3 eV H^+ 离子束以 3×10^{15} 离子/cm^2 的剂量轰击后的 STM 图像[29]

观察到的结果及解释总结如下：

（1）形成的团簇直径约为 5 nm，而其表观高度仅为 3 Å。如果在团簇中没有分子堆积现象，则团簇之间大量的空隙表明 C12 硫醇分子的大量损失。事实上，H^+ 离子束轰击后样品的 XPS 谱图中 C 1s 信号的减少（图 7-14），也证实了这种损失。例如，当以动能为 3 eV、剂量为 5×10^{15} 离子/cm^2 的 H^+ 离子束轰击样品时，大约有三分之二的碳信号损失。这些观察结果可以用我们之前报道[16,18]的结果进行解释，即超高热 H^+ 离子束轰击基底上吸附的碳氢化合物分子可优先引起 C—H 键断裂，而 C—C 键不会断裂。简言之，在传统的二元硬球碰撞模型下，如果氢弹射粒子的碰撞对象也是氢，则其能量转移是最有效的。对于氢，虽然最大的能量转移是 100%，当转移给碳原子时能量降低至 28%，而转移给硫原子的能量降低为 12%。出于这种简单考虑，以 10 eV H^+ 弹射粒子轰击有机分子只能断裂 C—

H 键。实际上，可能会发生涉及 H⁺弹射粒子动能和势能的许多非弹性过程，并影响反应结果。然而，通过从头算法分子动力学计算和许多轰击实验[16,18]，已经证实了优先断裂 C—H 键并引发被吸附有机分子交联方法的可行性。特别是，已经证明具有 2~10 eV 的 H⁺离子束可以引发吸附的有机分子优先断裂 C—H 键并将其交联到聚合物网络中。将轰击动能增加到高于 10 eV 以上可能会导致不希望发生的 C—C 键和其他键的断裂，这也包括表面吸附键的断裂和 C12 硫醇的损失。将能量降低至低于 10 eV 会不利于反应性，并且需要高的 H⁺轰击剂量，才能达到所需的交联水平。在目前的工作中，观察到纳米团簇形成可以通过以下假设来解释：吸附的 C12 硫醇中某些 C—H 键发生断裂，尤其是靠近 C12 链尾部附近 C—H 键的断裂，这些 C—H 键以化学键连接在 SAM 的最顶端和最容易受到运动学驱动反应影响的地方。当两个相邻 C12 分子的 C—H 键断裂时，它们可以形成交联的 C—C 键。C—C 键的形成将两个分子拉到比原来由弱范德瓦耳斯力定义的初始平衡间隔更近的位置。在这对分子中诱导的键应变可以削弱分子-基底的吸附力，因此可以促进表面扩散和分子解吸，导致初始有序的 SAM 晶格转换为所观察到的孤立的纳米团簇。

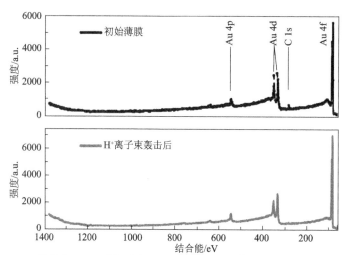

图 7-14 C12/Au 样品在 3 eV H⁺离子束以 5×10¹⁵ 离子/cm² 的剂量轰击前后的 XPS 谱图[29]

（2）图 7-13 中的团簇大小分布很窄，在这一系列的实验条件下没有大于 8 nm 的团簇。这表明相对温和的轰击条件并不能促进广泛的表面扩散和团簇增长。另外，进行了 H⁺离子束轰击动能和剂量对产物影响方面的实验，获得的初步结果表明可以通过将氢离子动能减少到 2 eV 或者减少 3 eV H⁺的剂量来实现较小团簇的生长。正如所预想的，增加固定剂量的 H⁺离子束动能和提高固定动能的 H⁺剂量都会产生更大的团簇，同时所吸附分子的损失也较高。

7.4.2　十二烷硫醇自组装单层对 Au(111)超高热 H⁺离子束轰击效应的研究

基底的处理和自组装单分子层的形成可由 STM 图确定。使用低能量离子束轰击系统进行超高热 H⁺离子束轰击，并使用 Omicron VT SPM 系统进行 STM 观察。使用 ION-TOF（GmbH），TOF-SIMS Ⅳ 和铋液态金属离子源进行飞行时间二次离子质谱仪（TOF-SIMS）研究。采用的离子束具有 1.5μm 的光斑尺寸和 2 pA 的电流。为了获得最佳质量分辨率，采用了高电流束的模式。

用液相法将 C12 SAM 生长在 Au 基底上后，将 C12 SAM 在 UHV 中 80℃下进一步退火 2 h，以改善其有序性。退火后的 C12/Au 的 STM 图像如图 7-15（a）和（b）所示。众所周知的 $\sqrt{3} \times \sqrt{3}$ 立式阶状高分辨率图像清楚地显示在图 7-15（b）中。这证实了在任何离子轰击之前初始 C12/Au 确实是一个很好的 SAM 模型系统。预计轰击会引起 SAM 表面结构的一些变化，这些变化可能需要在大于 8.3 nm×6.5 nm 视场[图 7-15（b）]的空间场中才能观察到。因此，图 7-15（a）中还展示了 64 nm×52 nm 视场的 STM 图像。在该视场中，可以看到具有直立 $\sqrt{3} \times \sqrt{3}$ 相的原子平面域，并观察到由分子组装引起的 Au 空位岛（VI）存在于表面，只是没有在如图 7-15（a）和（b）中所示的特定区域中显示。

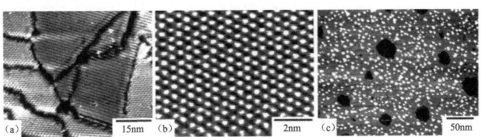

图 7-15　Au(111)基底上制备的 C12 SAM 在 3 eV H⁺离子束轰击前[（a），（b）]和轰击后（c）的 STM 图像[30]

在用动能为 3 eV、剂量为 $3×10^{15}$ 离子/cm² 的 H⁺离子束轰击后，有序的 SAM 结构被表面上修饰的纳米团簇变成分散形式存在[图 7-15（c）]。纳米团簇的表观尺寸约为 5 nm，具有窄的尺寸变化，且纳米团簇间隔均匀。要解释 C12 分子的 $\sqrt{3} \times \sqrt{3}$ 立式相转换为 5 nm 纳米团簇的机制，需要首先注意到的是当 H⁺弹射粒子从 SAM/Au 表面的顶部接近约 0.5 nm 时，表面费米能级以下的电子（功函数为 4～5 eV）将隧穿到 H⁺的空电子态（13.6 eV）。这时的中和概率非常高，因此在可能发生其他变化之前，H⁺弹射粒子被转换成具有 3 eV 动能的超高热 H 原子。如前所述[29]，在常规的二元硬球碰撞模型下，来自氢弹射粒子的能量转移对靶标上的

H 原子最为有效。因此，转移到 C 和 S 的最高能量分别为 0.85 eV 和 0.35 eV，低于 C—C 键和 S—C 键的键能以及它们的解离能。相比之下，H 原子接收的最高能量可达 3 eV，足以断裂 C—H 键，这与我们之前通过实验证明的相同[16]。另外，还发现用这种不寻常的方法进行的 C—H 键断裂反应的反应性要比用热原子氢提取简单氢的反应性高得多。当 C12 分子的 C—H 键断裂时，可以将 C12 分子改变为具有碳原子团的 C12 分子。轰击动能向撞击点附近的原子/分子的消散也可能会增强 C12 自由基的表面扩散。当两个 C12 自由基相遇时，它们可以通过形成 C—C 交联而重新结合。这种作用缩短了分子间的分离时间并在分子间产生很大的应力，从而削弱了 S—Au 键。随着轰击动能向局部瞬态热能消散，可能导致某些 S—Au 键的断裂、某些 C12 或交联分子的解吸以及残留分子的表面扩散。因此，C12 失去了初始的 $\sqrt{3} \times \sqrt{3}$ 立式相，并被纳米团簇的均匀分散形式所取代。每个纳米团簇是具有一个或多个 S—Au 键的交联 C12 分子的聚集体。未反应的 C12 分子可能被困在其中的一些纳米团簇中。一些交联的分子可能具有多个 C12 碱基单元，并且这种可能性随着交联程度的增加而增加，这可以通过增加弹射粒子的剂量或动能来提高[16]。因此，可以通过增加剂量或动能来增加纳米团簇的平均尺寸，相邻纳米团簇之间的平均间距也会增加。撞击点处的撞击动能转变为瞬态热能很可能是表面扩散的驱动力，通过轰击使基底温度升高，使其低于通过热电偶和红外高温计进行直接测量的检测极限。在具有相同轰击条件下的一组相关实验中，轰击了硅基底上一层物理吸附的正三十二烷[CH$_3$(CH$_2$)$_{30}$CH$_3$]，并且没有观察到解吸现象。另外，我们观察到当通过电阻加热将基底温度升高到 80℃时，在这项工作中形成的纳米团簇会从表面快速解吸。因此，由轰击引起的基底温度升高并不是驱动观察到的纳米团簇形成的重要因素。

有趣的是，Fogarty 和 Kandel 课题组还研究了辛烷硫醇 SAM 与 0.4 eV 的氩（Ar）原子和 1.3 eV 的氙（Xe）原子反复碰撞后的结构变化[31]。他们发现紧密堆积的单层结构基本上保持不变，但在缺陷附近、晶界和 SAM 的无序区域会发生结构变化。通过再次使用简单的二元硬球碰撞模型，人们发现从 Ar 到 H 的最大能量转移为 9.5%，从 Ar 到 C 为 71%，从 Ar 到 S 为 99%，从 Xe 到 H 为 3%，从 Xe 到 C 为 31%，而从 Xe 到 S 为 63%。显然，在 Fogarty 和 Kandel 课题组研究的轰击条件下，能量传递对于 Ar 和 Xe 与 S 原子碰撞最有效。在 SAM 附加层中，S 原子成为更易于进入缺陷位置和晶界的粒子。我们认为能量转移和"靶标"这两个因素导致了 Fogarty 和 Kandel 课题组的观察结果。与此相反，Kautz 课题组发现当 SAM 暴露于 H 原子时，在密排区域也会发生结构变化[32]。人们相信这些变化是由氢抽取作用驱动的，并导致了碳自由基产生和随后的交联。在这种情况下，其反应性比 H$^+$离子束轰击的情况要低得多。实际上，Kautz 课题组的研究结果表明，即使 H 原子的剂量达到 10^{17} 离子/cm^2 时也没有发生明显的结构变化。相比之下，由动能为 3 eV、剂量为 3×10^{15} 离子/cm^2 H$^+$离子束轰击作用下的结构变化如图 7-15（c）所示。

　　为了研究链长的影响，还对乙硫醇（C2）SAM 进行了 H$^+$离子束轰击。当 C2 SAM 受到动能为 2 eV、剂量为 5×10^{15} 离子/cm^2 的 H$^+$离子束轰击时，有序的 SAM 区域消失，一些团簇突起出现。与在相同条件下轰击的 C12 相比，C2 团簇的数量密度要小得多。这一较高的解吸速率与 Gorham 课题组报道的结果一致[33]。另外，在 C2 的情况下观察到纳米团簇形成表明交联也能发生在短的分子链上。相对于 C12 而言，较高的解吸速率可归因于随着链长度的缩短，烃链之间范德瓦耳斯力的减小。顶端基团中的硫到超高热 H$^+$离子束的可及性的增加也增加了 S—Au 键断裂的可能性。

　　TOF-SIMS 进一步检测了轰击对 C12/Au SAM 模型的影响，以验证交联假设，对应的结果如图 7-16 所示。在此比较中，在相同条件下对轰击和非轰击区域进行了 TOF-SIMS 实验。质谱结果的比较表明，相对受轰击的样品区域，未轰击的样品区域包含一些强度更高的二次正离子质谱峰，包括 Au$^+$、S$_2$Au$^+$、S$_3$Au$^+$、H$_2$S$_3$Au$^+$、HS$_2$Au$_2^+$和 C$_{12}$H$_{25}$SAu$_2^+$等。但是对于二次负离子质谱峰，接近正光谱的相应峰，如 Au$^-$、SAu$^-$、S$_2$Au$^-$、HS$_2$Au$^-$、Au$_2^-$、SAu$_2^-$、S$_2$Au$_2^-$、HS$_2$Au$_2^-$和 C$_{12}$H$_{24}$SAu$^-$等在轰击区域的强度均高于未轰击区域的。这些峰都与基底相关，并且由于二次正离子质谱峰和二次负离子质谱峰的比率不同，因此不容易得出关于轰击前后 S—Au 键的相对密度的直接信息。

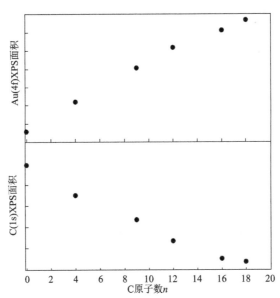

图 7-16　十八烷硫醇盐（C18）、十六烷硫醇盐（C16）、十二烷硫醇盐（C12）、壬基硫醇盐（C9）和丁硫醇盐（C4）的 Au（4f）和 C（1s）峰面积的变化

作为参考，还给出了溅射清洁的 Au 基底的碳和金峰面积

尽管轰击后 Au(111) 基底表面上的分子覆盖率显著降低，但我们发现在二次负离子质谱和二次正离子质谱中，许多高质量物质（以 C_xH_y、$C_xH_yS_2$、$C_xH_yS_2O$、$C_xH_yS_3$ 和 $C_xH_yS_3O$ 的形式）的强度都是轰击区域高于非轰击区域。这些结果总结在表 7-2 中。这个结果清楚地显示了在轰击区域上存在较大分子的证据，这验证了之前的交联假设。如本节后面所示，比较了改变轰击动能（分别为 2 eV、3 eV 和 6 eV）和轰击剂量（$10^{14} \sim 10^{16}$ 离子/cm²）时的影响。通过这项工作以及课题组的相关前期工作，发现以 2～3 eV 的低轰击动能和 5×10^{15} 离子/cm² 的低轰击剂量即可获得薄膜样品可测量的交联度（通过 10 nm 初始可溶解 $C_{32}H_{66}$ 薄膜所含分子数量与转化为不溶解交联薄膜所含分子的相对量来计算）。表 7-2 的结果确实证明，在轰击动能为 3 eV 和 5×10^{14} 离子/cm² 的轰击剂量这样非常温和的条件下，交联聚合作用的效果也被 TOF-SIMS 所证实。实际上，在这样低的轰击剂量下，H^+ 的累积到达量大约只有一个单分子层。因此，这种交联聚合的效率确实还不算低。而当 H^+ 轰击剂量增加到 5×10^{15} 离子/cm² 时，即使用更低的 2 eV 轰击动能，也能够实现更高的交联效率和交联度（如表 7-2 底部的高质量物质的强度与总体平均值对比）。

表 7-2 轰击区域所选二次离子种类的相对强度与来自初始 C12/Au 的对比情况[30]

负离子	质量	样品 1	样品 2	正离子	质量	样品 1	样品 2
Au^-	197.0	1.6	1.1	Au^+	197.0	0.2	0.7
S_2Au^-	260.9	1.6	1.2	AuS_2^+	260.9	0.3	0.5
$HS_2Au_2^-$	458.9	1.3	1.1	$HS_2Au_2^+$	458.9	0.5	0.7
$C_{13}H_8^-$	164.1	2.3	2.2	$C_{15}H_{26}^+$	206.2	48.5	2.3
$C_{14}H_{10}^-$	178.1	5.7	2.0	$C_{17}H_{36}S^+$	272.3	4.3	2.5
$C_{15}H_{13}S^-$	225.1	8.1	2.1	$C_{23}H_{20}S_2^+$	360.1	14.9	1.2
$C_{15}H_3S_2^-$	247.0	2.4	1.9	$C_{25}H_{26}S_2^+$	390.2	15.8	1.2
$C_{19}H_{19}^-$	247.1	9.8	2.3	$C_{36}H_{53}^+$	485.5	4.4	1.8
$C_{16}H_{25}SO^-$	265.1	5.4	2.2	$C_{38}H_{53}^+$	509.5	4.0	2.1
$C_{23}H_3^-$	279.0	14.4	1.8	$C_{38}H_{57}^+$	513.5	6.2	1.8
$C_{15}H_{17}S_3^-$	293.0	7.6	2.2	$C_{39}H_{55}^+$	523.5	3.2	1.6
$C_{23}H_{19}^-$	295.1	8.7	3.7	$C_{39}H_{59}^+$	527.5	5.7	2.0
$C_{16}H_{25}S_2O^-$	297.1	7.2	2.3	$C_{40}H_{59}^+$	539.5	4.9	1.7
$C_{17}H_{37}S_2O^-$	321.2	9.4	1.7	$C_{40}H_{61}^+$	541.5	5.9	2.8
$C_{19}H_{41}S_2O^-$	349.2	9.5	2.4	$C_{39}H_{67}S_3^+$	631.5	5.1	2.9
$C_{22}H_{35}S_2^-$	363.2	3.8	2.1	$C_{40}H_{67}S_3^+$	643.5	5.7	2.3
$C_{21}H_{45}S_2O^-$	377.3	6.8	2.7	$C_{40}H_{69}S_3^+$	645.5	8.8	2.3
$C_{25}H_{34}S_2^-$	398.2	10.4	2.4	$C_{41}H_{69}S_3^+$	657.5	5.8	2.2

续表

负离子	质量	样品 1	样品 2	正离子	质量	样品 1	样品 2
$C_{23}H_{49}S_2O^-$	405.3	4.9	3.4	$C_{41}H_{71}S_3^+$	659.5	7.1	2.6
$C_{28}H_{49}SO^-$	433.3	5.2	4.1	$C_{42}H_{71}S_3^+$	671.5	6.7	2.3
$C_{25}H_{53}S_3O^-$	465.3	9.8	3.6	$C_{42}H_{73}S_3^+$	673.6	10.8	2.3
$C_{30}H_{21}S_3^-$	477.1	19.1	3.1	$C_{42}H_{75}S_3^+$	675.6	8.1	2.4
$C_{26}H_{55}S_3O^-$	479.3	18.3	4.3	$C_{43}H_{73}S_3^+$	685.5	6.2	1.9
$C_{27}H_{53}S_3O^-$	489.3	13.2	6.0	$C_{43}H_{75}S_3^+$	687.6	8.6	2.1
$C_{27}H_{55}S_3O^-$	491.3	34.8	11.2	$C_{44}H_{75}S_3^+$	699.5	5.9	2.6
$C_{28}H_{57}S_3O^-$	505.3	11.1	11.3	$C_{44}H_{77}S_3^+$	701.6	9.3	1.8

注：样品 1：2 eV，5×10^{15} 离子/cm^2；样品 2：3 eV，5×10^{14} 离子/cm^2

纳米团簇形成时观察到一个有趣特征，团簇的大小和分布都是相当均匀的 [图 7-15（c）]，表明它们的形成受某些因素控制，这些因素平衡了改性硫醇分子的扩散和交联。可以想象，H$^+$离子束动能和剂量在观察到的纳米团簇形成中起重要作用。为了证明这一假设，我们使用 STM 来追踪动能和剂量对纳米团簇形成的影响。H$^+$动能在恒定剂量下对纳米团簇形成的影响如图 7-17 所示。H$^+$动能从 2 eV 增加到 3 eV 会产生更少但更大的团簇，这表明更多的交联和更长的扩散距离。以 2 eV 和 3 eV 的动能轰击的典型团簇直径分别为 5 nm 和 7～8 nm。当 H$^+$动能增加时，转移到 C12 上的 H 原子的动能也会增加，这增加了 C—H 键断裂的可能性。由于一些轰击动能转换为轰击点附近热能的瞬时上升，导致扩散距离增加了。因此，对于 6 eV 的 H$^+$离子束动能，硫醇分子可以得到有效解吸。

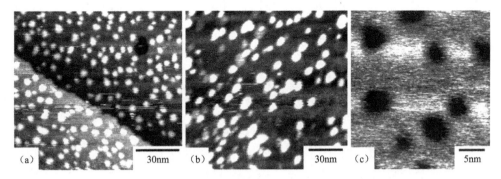

图 7-17　在 H$^+$离子束轰击能量和剂量分别为 2 eV，5×10^{15} 离子/cm^2（a）；3 eV，5×10^{15} 离子/cm^2（b）和 6 eV，2×10^{15} 离子/cm^2（c）条件下 C12/Au 的 STM 图像[30]

如图 7-18 所示，在 3 eV 的恒定动能下，纳米团簇的尺寸随着 H$^+$离子束轰击剂量的增加而增长。当 H$^+$离子束的轰击剂量是 2×10^{15} 离子/cm^2、3×10^{15} 离子/cm^2 和 5×10^{15} 离子/cm^2 时，纳米团簇的平均直径分别为 4 nm、5 nm 和 7～8 nm。随着轰击剂量的增加，C—H 键断裂的数量也增加。因此，小团簇的一些 C—H 键断裂导致团簇中的更多交联，但也可能在团簇的"表面"上留下一些碳自由基。这些小团簇中的一些扩散将导致在其"表面"上与碳自由基聚集，这显然推动了纳米团簇的聚集。如果由于诱导的键应变和团簇-金界面处的 Au—S 键的弱化而使团簇吸附能量降低太多，则团簇可以被解吸。因此，增加轰击剂量也可以降低表面上的总吸附质量。而对于极高的轰击剂量，所有 SAM 分子将被驱逐出表面。

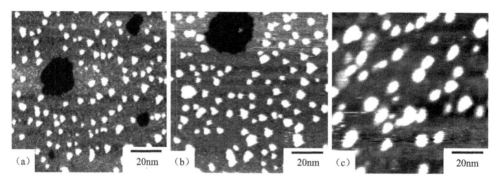

图 7-18　经受 3 eV H$^+$离子束轰击的 C12/Au 的 STM 图像[30]

（a）2×10^{15} 离子/cm^2；（b）3×10^{15} 离子/cm^2；（c）5×10^{15} 离子/cm^2

7.5　结　　论

本章中将 HHIC 方法应用于其他非硅无机基底材料——铜基底和 Au(111)基底。根据研究可以得到如下结论：

（1）交联聚合物层的形成能够有效地保护无机基底（如铜基底和硅基底）在大气中不被氧化。

（2）可以引入以硫醇基为终端的 SAM 以化学键形式结合在硅基底和上层交联的有机层之间。

（3）XPS 和 AFM 分析表明，经 H$^+$离子束处理的聚合物薄膜器件具有很高的稳定性，即使浸入正己烷浴、HF 溶液中进行超声也不能去除。

（4）轰击可以断裂 C—H 键并引发在 Au(111)基底-SAM 上吸附的硫醇分子进行交联。交联反应引起硫醇-金吸附力和基底分子间范德瓦耳斯力的复杂平衡的扰动，因为一对相邻硫醇分子之间的 C—C 键形成引起额外的键应变，这反过来又会削弱硫醇-金吸附。因此，一些分子会丢失，另一些分子会在相对较短的距离内扩散并聚集，通过控制 H$^+$离子束动能和轰击剂量能够得到平均尺寸可控和窄分布的纳米分子团簇。

值得注意的是，在不同基底上选择性制备聚合物薄膜将会扩展 HHIC 方法的路径，在光刻、电子和光电器件制备以及在需要高化学稳定性的生物气敏元件等领域具有潜在应用。

参 考 文 献

[1] Dong Y H, Liu Q Q, Zhou Q. Corrosion behavior of Cu during graphene growth by CVD. Corrosion Science, 2014, 89: 214-219.

[2] Mišković-Stanković V, Jevremović I, Jung I, et al. Electrochemical study of corrosion behavior of graphene coatings on copper and aluminum in a chloride solution. Carbon, 2014, 75: 335-344.

[3] Tsai W Y, Yang C J, Zeng J L, et al. Synthesis and characterization of barium titanate films on Ti-coated Si substrates by plasma electrolytic oxidation. Surface and Coatings Technology, 2014, 259: 297-301.

[4] Bateni M R, Mirdamadi S, Ashrafizadeh F, et al. Oxidation behaviour of titanium coated copper substrate. Surface and Coatings Technology, 2001, 139(2-3): 192-199.

[5] Pogrebnyak A D, Il'yashenko M V, Kshnyakin V S, et al. The structure and properties of a hard alloy coating deposited by high-velocity pulsed plasma jet onto a copper substrate. Technical Physics Letters, 2001, 27(9): 749-751.

[6] Kassman R A, Jacobson S. On the use of ceramic PVD coatings to replace metallic coatings in electrical contacts. Surface and Coatings Technology, 1997, 89(3): 270-278.

[7] Wlasny I, Dabrowski P, Rogala M, et al. Impact of electrolyte intercalation on the corrosion of graphene-coated copper. Corrosion Science, 2015, 92: 69-75.

[8] Guenbour A, Kacemi A, Benbachir A. Corrosion protection of copper by polyaminophenol films. Progress in Organic Coatings, 2000, 39(2-4): 151-155.

[9] Gu C D, You Y H, Wang X L, et al. Electrodeposition, structural, and corrosion properties of Cu films from a stable deep eutectics system with additive of ethylene diamine. Surface and Coatings Technology, 2012, 209: 117-123.

[10] Caprioli F, Decker F, Castro V D. Durable Cu corrosion inhibition in acidic solution by SAMs of benzenethiol. Journal of Electroanalytical Chemistry, 2011, 657(1-2): 192-195.

[11] Lin Y, Yasuda H. Effect of plasma polymer deposition methods on copper corrosion protection. Journal of Applied Polymer Science, 1996, 60(4): 543-555.

[12] Trachli B, Keddam M, Takenouti H, et al. Protective effect of electropolymerized 2-mercaptobenzimidazole upon copper corrosion. Progress in Organic Coatings, 2002, 44(1): 17-23.

[13] Románszki L, Datsenko I, May Z, et al. Polystyrene films as barrier layers for corrosion protection of copper and copper alloys. Bioelectrochemistry, 2014, 97: 7-14.

[14] Zheng Z, Wong K W, Lau W C, et al. Unusual kinematics-driven chemistry: cleaving C—H but not COO—H bonds with hyperthermal protons to synthesize tailor-made molecular films.

Chemistry: A European Journal, 2007, 13(11): 3187-3192.

[15] Zheng Z, Zhao H X, Fa W J, et al. Using a low-energy proton beam to cross-link polymer films for the protection of inorganic substrates. Surface and Interface Analysis, 2017, 49(2): 107-111.

[16] Zheng Z, Xu X D, Fan X L, et al. Ultrathin polymer film formation by collision-induced cross-linking of adsorbed organic molecules with hyperthermal protons. Journal of the American Chemical Society, 2004, 126(39): 12336-12342.

[17] Zheng Z, Zhao H X, Fa W J, et al. Construction of cross-linked polymer films covalently attached on silicon substrate via a self-assembled monolayer. RSC Advances, 2013, 3(29): 11580.

[18] Zheng Z, Kwok W M, Lau W M. A new cross-linking route via the unusual collision kinematics of hyperthermal protons in unsaturated hydrocarbons: the case of poly(trans-isoprene). Chemical Communications, 2006, (29): 3122-3124.

[19] Zhang S, Koberstein J T. Azide functional monolayers grafted to a germanium surface: model substrates for ATR-IR studies of interfacial click reactions. Langmuir, 2012, 28(1): 486-493.

[20] Nottbohm C T, Wiegmann S, Beyer A, et al. Holey nanosheets by patterning with UV/ozone. Physical Chemistry Chemical Physics, 2010, 12(17): 4324-4328.

[21] Herzer N, Wienk M M, Schmit P, et al. Fabrication of PEDOT-OTS-patterned ITO substrates. Journal of Materials Chemistry, 2010, 20(32): 6618-6621.

[22] Xu X J, Liu B, Zou Y P, et al. Organozinc compounds as effective dielectric modification layers for polymer field-effect transistors. Advanced Functional Materials, 2012, 22(19): 4139-4148.

[23] Lesch A, Vaske B, Meiners F, et al. Parallel imaging and template-free patterning of self-assembled monolayers with soft linear microelectrode arrays. Angewandte Chemie International Edition, 2012, 51(41): 10413-10416.

[24] Osnis A, Sukenik C N, Major D T. Structure of carboxyl-acid-terminated self-assembled monolayers from molecular dynamics simulations and hybrid quantum mechanics-molecular mechanics vibrational normal-mode analysis. The Journal of Physical Chemistry C, 2012, 116(1): 770-782.

[25] Shin H, Collins R J, De Guire M R, et al. Synthesis and characterization of TiO$_2$ thin films on organic self-assembled monolayers: part I. Film formation from aqueous solutions. Journal of Materials Research, 1995, 10(3): 692-698.

[26] Yang M Q, Mao J, Nie W, et al. Facile synthesis and responsive behavior of PDMS-b-PEG diblock copolymer brushes via photoinitiated "thiol-ene" click reaction. Journal of Polymer Science Part A: Polymer Chemistry, 2012, 50(10): 2075-2083.

[27] Pryor W A, Stanley J P. Reactions of the hydrogen atom in solution. IV. Photolysis of deuterated thiols. Journal of the American Chemical Society, 1971, 93(6): 1412-1418.

[28] Kochi J K. Free Radicals. New York: Wiley, 1973.

[29] Xi L, Zheng Z, Lam N S, et al. Effects of hyperthermal proton bombardment on alkanethiol self-assembled monolayer on Au(111). Applied Surface Science, 2007, 254(1): 113-115.

[30] Xi L, Zheng Z, Lam N S, et al. Study of the hyperthermal proton bombardment effects on self-assembled monolayers of dodecanethiol on Au(111). Journal of Physical Chemistry C,

2008, 112(32): 12111-12115.

[31] Fogarty D P, Kandel S A. Structural changes of an octanethiol monolayer via hyperthermal rare-gas collisions. Journal of Chemical Physics, 2006, 124(11): 111101.

[32] Kautz N A, Fogarty D P, Kandel S A. Degradation of octanethiol self-assembled monolayers from hydrogen-atom exposure: a molecular-scale study using scanning tunneling microscopy. Surface Science, 2007, 601(15): L86-L90.

[33] Gorham J, Smith B, Fairbrother D H. Modification of alkanethiolate self-assembled monolayers by atomic hydrogen: influence of alkyl chain length. Journal of Physical Chemistry C, 2007, 111(1): 374-382.

第8章　其他材料的表面交联聚合

8.1　多层碳纳米管涂层的交联

8.1.1　多层碳纳米管

1991 年，日本科学家 Iijima（饭岛）首先发现了多壁碳纳米管（MWCNT）[1]。后来，Iijima 和 Bethune 课题组又同时报道合成了单壁碳纳米管（SWCNT）[2]。随后，1996 年 Thess 课题组在 *Science* 上[3]第一次报道了大规模生产。碳纳米管（CNT）是一种拥有优异性能的独特材料，在不同领域具有潜在的应用前景[4-7]，CNT 的特性与应用在很大程度上取决于其排列、组装以及与其他分子和化学物质结合的方式[8]。理论计算表明，CNT 具有极高的强度和极大的韧性，被看作是未来的"超级纤维"。将 CNT 作为复合材料的增强体，已经在众多复合材料中得到广泛关注。例如，CNT 在涂层开发中表现出重要应用前景。然而，黏附性是决定 CNT 在涂层实际应用中至关重要的因素。涂层制备方法对 CNT 涂层的黏附性影响很大。目前，已经有许多涂层技术被采用，如利用化学气相沉积（CVD）方法，即是使用金属催化剂将 CNT 直接生长到基底上制备固有涂层[9]。但是，CVD 方法需要在高温（700 ℃甚至高于 1000 ℃）下进行，这一点限制了基底的选择。印刷和热喷涂是两种常用的可以制备厚 CNT 薄膜的非原位沉积方法[10,11]，然而其他材料（如黏合剂和添加剂）也将共同沉积。最近，采用电泳沉积（EPD）方法来制备用于场发射的 CNT 涂层[12]。然而，CNT 与基底之间的最小化学作用使得 CNT 涂层与基底之间的黏附性很差。随着实验室芯片和微流体技术的快速发展，基于 CNT 的微流体装置的使用总是受到流动应力稳定性的强烈挑战。只有黏附性强的 CNT 涂层才能使得 CNT 在这些领域的特定作用充分发挥出来。在本章中，通过采用包括电化学沉积和随后的超高热 H^+ 离子束轰击的两步法合成了 CNT 涂层。该方法确保在金属基底上形成的高交联度 MWCNT 涂层具有强黏附性。

8.1.2　两步合成法

首先进行电化学沉积，将用于涂覆 MWCNT 的铁基底与阳极连接，同时用石墨棒充当阴极，银/硝酸银（Ag/AgNO₃）电极用作参比电极。使用的 MWCNT 直径为 10～20 nm、长度为 1～2 μm（购自深圳纳米港有限公司）。将 MWCNT 浸泡在 H₂SO₄ 和 HNO₃ 混合物（体积比为 3∶1）中至少 24 h 进行官能团化，得到表面羧酸（—COOH）官能团化的 MWCNT[13]。官能团化的 MWCNT 用去离子水和甲醇冲洗几次，最后将其悬浮在碳酸亚丙酯中。官能团化的程度可以根据其他工作[14]报道的热重分析（TGA）法进行确定。官能团化的 MWCNT 的浓度保持在 0.15 mg/mL，其 pH 略低于 7。所有电化学沉积均在 Gamry 3100 恒电位仪上进行，电压分辨率为 0.01 mV，电流灵敏度极限为 1 nA。加入表面活性剂以进一步改善 MWCNT 的分散性。施加的电场总是保持在 2 V/cm 以下。沉积后，将样品在 70℃下干燥。本质上，进行的所有沉积都主要是电化学过程，这是基于两个观察的结果。第一，在 0.33～2 V/cm 的低场下可以观察到几微安到几十微安的高电流，这意味着在沉积过程中发生了剧烈的电化学反应。应该注意的是，对于电泳沉积，即使电场高达 10～20 V/cm 时也几乎不能检测到电流[15]。第二，对于更高浓度官能团化的 MWCNT，有大量的氢气在阴极逸出，而在阳极没有发现气体的产生。另外，还发现 MWCNT 涂层的沉积速率不断增加，根据这些现象，提出了如下电化学半反应：

电解液中：官能团化的 MWCNT $\Longleftrightarrow$ MWCNT—COO⁻ + H⁺

在阴极上：MWCNT—COO⁻ + M$_{anode}$ $\longrightarrow$ MWCNT—COOM$_{anode}$ + e⁻

在阳极上：2H⁺ + 2 e⁻ $\longrightarrow$ H₂ gas

其中，M$_{anode}$ 表示作为阳极的金属基底，在本研究中采用的是 Fe。

然后用超高热 H⁺离子束轰击[16]处理电化学沉积的 MWCNT 涂层。本书前面章节已经介绍了超高热 H⁺离子束轰击能够交联吸附的碳氢化合物、短链聚合物分子[17-20]。此外，将相同的技术应用于电化学沉积获得的 MWCNT 涂层，目的是在 MWCNT 之间引发大量的交联，从而增加涂层的内在机械强度。直接确认 MWCNT 涂层之间是否形成交联非常困难。我们之前所述的二次离子质谱（SIMS）[17]可以部分揭示交联的程度，该法主要是比较超高热 H⁺离子束轰击前后 MWCNT 中支链烃与初始烃的石墨烯片段比例。

利用扫描电子显微镜（SEM）观察了 MWCNT 涂层的形貌。图 8-1（a）是电化学沉积和超高热 H⁺离子束轰击处理后 MWCNT 涂层的 SEM 图片，而图 8-1（b）显示了相同 MWCNT 涂层在低倍下的 SEM 图片。显然，轰击后管状 MWCNT 的结构保持完整。

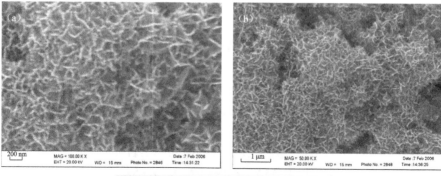

图 8-1　试样的 SEM 图片[21]

（a）用超高热 H⁺离子束轰击（EC-CNT-A）处理的电化学沉积 MWCNT 薄膜用水冲洗 15 min 后；（b）（a）中相同样品的更大视场；（c）未经超高热 H⁺离子束轰击（EC-CNT-B）处理的电化学沉积 MWCNT 薄膜用水冲洗 15 min 后

8.1.3　交联的确定

　　对超高热 H⁺离子束轰击后（EC-CNT-A）和轰击前（EC-CNT-B）的电化学沉积 MWCNT 涂层进行流体流动测试分析。为了比较，还采用嵌入式物理气相沉积技术（EPD）制备了 MWCNT 涂层（EPD-CNT）。首先将初始的 MWCNT 浸入相同的酸混合物中更短时间，然后将酸处理过的 MWCNT 在高电场（20 V/cm）下沉积在基底上。在流体流动测试中，样品在正己烷中以转速为 120 r/min 的旋转下进行 5 min 冲洗，然后在去离子（DI）水中以相同的转速进行另外 5 min 的冲洗。该流体流动测试模拟了涂层的流体流动环境。漂洗前后的涂层厚度使用 24 mg 负载的轮廓仪进行测量，表 8-1 总结了测试结果。由于 EPD-CNT 上的涂层不能牢固地黏附在基底上，因此很容易被轮廓仪的探针尖刮掉。对于 EC-CNT-B，由于进行了上述电化学反应，MWCNT 上的—COOH 与金属基底之间具有化学锚固作用，这使得涂层的黏附力更强。因此 EC-CNT-B 涂层在旋涂正己烷后仍稳定存在。但是，在去离子水中旋转可以除去，这是因为化学锚固的单元基本上是—COO—Fe—，它很容易溶解在水中[22]。然而，在经过 10 eV 轰击动能和 1×10^{16} 离子/cm^2 轰击剂量的 H$^+$ 离子束轰击之后的薄膜（EC-CNT-A），即使在水漂洗之后，70%的 MWCNT 涂层仍保持完整。研究表明，在含有 H 原子的样品系统上，超高热 H$^+$ 离子束轰击（10 eV）可以有效地将能量转移到 H 原子上并提高其反应活性[17]。因此，涉及 H 原子的化学键很容易被破坏，留下反应性自由基，其可以进行交联。在该实验中，表面官能团化的 MWCNT 上—COOH 官能团的 O—H 键可以有效地受到 10 eV H$^+$ 离子束的轰击而断裂，因此形成反应性自由基（COO·），这些自由基可以形成相邻的键。另外，由于 MWCNT 的石墨烯平面上 C=C 双键受到 10 eV 超高热 H$^+$ 离子束轰击时 H 插入 C=C 并将其变为 C—C·，该自由基可以沿着石墨烯平面移动。在这种情况下，当碳自由基在同一石墨烯平面内遇到另一个碳自由基时，C=C 双键重新形成。然而，当碳自由基在相邻的 MWCNT 上遇到另一个碳自由基时，将发生交联形成 C—C 键，并把两个 MWCNT 连接在一起。这样，形成了一种大规模交联的 MWCNT 均匀薄膜，并且在正己烷、水中都不溶解。这里观察到的管间交联与 Åström 课题组的理论研究结果是一致的，他们发现离子辐照可以引发管间以共价键的形式结合[23]。在我们的例子中，H$^+$ 比 H 原子更受青睐，因为正如 Ruffieux 课题组所述，H$^+$ 已经被证明与如 MWCNT 的平面结构有更有效的相互作用[24]。虽然已经证明高能离子和电子辐照可以在 SWCNT 之间建立管间连接[25,26]，但本章研究表明，使用低剂量超高热 H$^+$ 离子束轰击（~10 eV，10^{16} 离子/cm^2）已经能够在 MWCNT 之间建立共价键，并且这种技术可以更好地避免由于高能电子和重离子辐照引起的 MWCNT 非晶化。此外，预计在这种温和的轰击条件（低剂量、超高热和低质量）下，交联仅限于 MWCNT 的最外层壳。由于内管保持完好无损，交联薄膜仍可以保留 MWCNT 的基本特征。

表 8-1 MWCNT 涂层在流体流动实验中的厚度变化总结[21]

样品	正己烷			水		
	洗前/μm	洗后/μm	厚度变化	洗前/μm	洗后/μm	厚度变化/%
EC-CNT-A	3.0	3.0	无	3.6	1.8	−50
EC-CNT-B	3.6	3.6	无	3.6	全部去除	−100
EPD-CNT	涂层不能牢固地黏附在基底上，因此很容易被轮廓仪的探针尖刮掉					

8.1.4 黏附力和内在强度的改善

为了进一步研究 MWCNT 涂层的黏附特性，将它们浸入去离子水中超声处理以测试其溶解度。在设定的时间间隔内检查涂层，直到除去所有的 MWCNT。发现在去离子水中超声处理 2 min 就可以很容易地除去 EPD-CNT 涂层。而对于 EC-CNT-B 和 EC-CNT-A，则分别需要 15 min 和 25 min 超声才能除去所有涂层。图 8-1（b）和（c）显示了 EC-CNT-A 和 EC-CNT-B 用水冲洗 15 min 后的 SEM 图片。显然，大多数 MWCNT 保留在 EC-CNT-A 上，而用水冲洗后仅有少量 MWCNT 留在 EC-CNT-B 上。这些结果表明，通过电化学沉积制备的 MWCNT 涂层可以大大提高薄膜的黏附力，超高热 H^+离子束轰击处理则进一步提高了薄膜的黏附力。正如前面所阐述的，EC-CNT-B 和 EC-CNT-A 提高的黏附强度和固有强度是由于电化学沉积过程中形成了化学锚定和超高热 H^+离子束轰击过程中引起了交联。通过 AFM 的局部力光谱法对 MWCNT 涂层进行了分析。图 8-2（a）～（c）显示了 Fe 基底上 EC-CNT-B 和 EC-CNT-A 相应的力曲线。EPD-CNT 涂层脱落是因为该涂层易被 AFM 悬臂刮掉。显然，纯 Fe 表面上的黏附力（最小曲线）为 29.7 nN，添加 EC-CNT-B 涂层后减小到 16.2 nN，表面覆盖 EC-CNT-A 涂层时减小到 6.5 nN。纯 Fe 表面的黏附力在覆盖 EC-CNT-A 涂层后降低值高达 78%。这是因为可以用作良好固体润滑剂的碳素材料具有低的摩擦系数（COF）[27]。因此，覆盖 EC-CNT-B 涂层后 Fe 基底表面的黏附力降低很多，而且 Fe 基底覆盖 EC-CNT-A 涂层的黏附力比涂覆 EC-CNT-B 涂层的更低。有人提出，当 MWCNT 通过超高热 H^+离子束轰击后有效地交联了，更坚韧的交联薄膜可以更好地抵抗悬臂的穿透。这样，悬臂和 MWCNT 之间的相互作用较小，因此具有较低的黏附力。

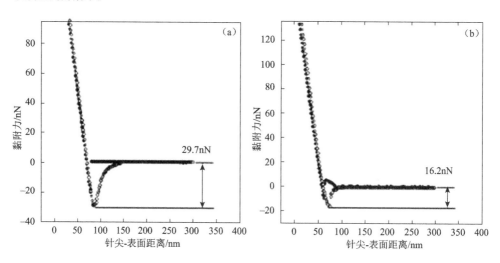

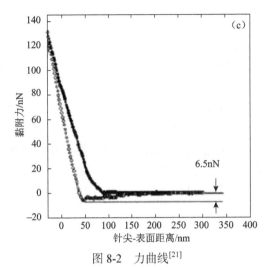

图 8-2　力曲线[21]

（a）Fe 基底上；（b）在超高热 H+离子束轰击电化学沉积 MWCNT 膜之前（EC-CNT-B）；（c）在超高热 H+离子束轰击电化学沉积 MWCNT 膜之后（EC-CNT-A）。实心点表示接近曲线；空心点表示缩回曲线

8.2　选择性断裂 C—H 键交联聚合有机半导体分子

8.2.1　有机半导体分子

有机半导体是具有半导体性质的有机材料，即导电能力介于金属和绝缘体之间，具有热激活电导率且电导率在 10^{-10}～100 S/cm 范围内的有机物。作为有机半导体聚合物的重要代表之一，聚噻吩及其衍生物的研究在新材料领域中引起了广泛的关注，这是因为它们在多种电子和光电子器件中具有潜在的应用前景，如光电二极管、聚合物发光二极管和电化学致动器[28,29]。聚噻吩分子结构相对简单，噻吩单体像长条带排列，其 π 单元位于带平面上。通常采用电化学方法注入空穴改变这些材料的性质，如形成 p 型半导体，并且其带电量与带负电的化学添加剂保持电荷平衡，化学添加剂所起作用与无机半导体中的 p 型掺杂剂（如 p-Si 中的 B^-）相同。聚 3,4-亚乙二氧基噻吩（通常称为 PEDT）与聚苯乙烯磺酸盐（通常称为 PSS）是聚噻吩导电代表，其分子结构示意如图 8-3 所示，两者混合可以作为"掺杂剂"。因为其具有良好的光学和电学性能，并且在水溶液[30-34]中也容易被加工，因此具有很强的实用性，这一点已经在世界范围内获得认可。市面上有多种 PEDT：PSS 产品，可以对 PEDT/PSS 摩尔比、化学添加剂的量和特定应用进行优化，其物理性能也非常优异[31,35]。一般而言，除了特定产品，很多 PEDT：PSS 分子膜的最终性能在很大程度上取决于制备实验条件。例如，分子膜的沉积通常

需要在 50～300℃的温度范围内进行热固化，以使其稳定性和导电性最佳[31,35-37]。然而，分子膜易受氧气、湿气、热、光和机械应力等环境因素的破坏而发生降解[31-41]。另外，人们还发现热能的影响特别有趣[38-41]。一方面，过多的热能输入会导致不希望出现的相分离、氧化、成分损失以及材料扩散到相关的器件结构中。另一方面，已知适当的热处理可以驱除残留的溶剂和杂质、改善结构有序性和链间电荷传输，甚至存在适当添加剂会引发额外的交联。然而，由于许多聚合物半导体（尤其是 PEDT：PSS）具有吸湿性，通过热退火获得的导电性改善会很快在空气中消失[36,37]。简而言之，开发能够改善分子膜的稳定性和导电性的后沉积工艺是值得期待的，特别是与器件制造兼容的干化学工艺，因为这些工艺不需要热预算和化学添加剂。

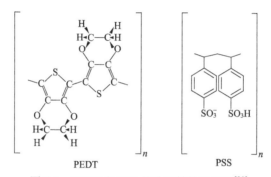

图 8-3　PEDT 和 PSS 的分子结构示意图[20]

　　本节主要总结了非热驱动方法使分子膜中的 PEDT 分子交联以提高其稳定性和导电性的探索。简而言之，基于运动学驱动方法[17-19]，使用超高热 H+ 离子束轰击吸附在导电基底上的有机分子并优先断裂 C—H 键，从而使前驱体交联至稳定的分子网络。与化学反应的典型设计考虑不同，在化学设计中，添加化学添加剂和催化剂以减小反应能垒，并使用热能驱动反应，这种运动学驱动方法的设计策略是使用"轻敲化学"的 H+ 弹射粒子优先破坏有机前驱体的 C—H 键，反应是由碰撞中的运动能量传递进行驱动的[42]。因此，该方法几乎没有任何化学污染风险，几乎没有热预算，在有机电子和光电子器件的制造新工艺开发方面具有明显优势。

8.2.2　基于超高热 H+ 离子束轰击的 PEDT 交联

　　本部分中使用的 PEDT：PSS（BaytronP®4083）购自 Bayer AG（德国拜耳公司）。PEDT：PSS 的摩尔比为 1：4.5。将购到的 PEDT：PSS 直接旋涂在 Au/Si 基底上。对于电导率的电流-电压测量，将 PEDT：PSS 旋涂在图案化的 ITO 玻璃电极上，并且采用 Keithley 236 源测量单元对薄膜的电导率进行测试。首先，对 Au/Si 基底上的 PEDT：PSS 薄膜用 10 eV 和 50 eV H+ 离子束进行轰击，轰击剂量

高达 $1×10^{17}$ 离子/cm^2。将薄膜样品在去离子水中漂洗 1 min 用于分析膜的溶解度，并通过轮廓仪测量膜厚度的变化。为了进行比较，同时测量了空气和超高真空（$\sim 10^{-9}$ Torr）中退火的 PEDT∶PSS 薄膜的电导率和溶解度。

8.2.3　交联的确定

溶解度可以定性地反映交联度。如果"轻敲化学"引发交联聚合是有效的，分子膜的溶解度将是 H^+ 动能和剂量的函数，并且随之降低。事实上，我们已通过实验验证了这一点。可以通过溶解于去离子水中来完全除去所制备的 PEDT∶PSS 膜（厚度约 50 nm）。对于用超高热 H^+ 离子束轰击的 PEDT∶PSS 薄膜，当轰击动能相同时，薄膜溶解度随着轰击剂量的增加而降低。相应地，薄膜溶解度也随着 H^+ 离子束动能的增加而降低。例如，用动能为 50 eV 的 H^+ 离子束和 $2×10^{16}$ 离子/cm^2 的轰击剂量，测试到平均剩余膜厚度达到初始膜厚度的 80%。这意味着膜中的大多数分子已经发生交联而不再溶解于水中。当然，用 10 eV H^+ 离子束轰击也可以产生相同的结果，但是其轰击剂量必须高出 50 eV 时轰击剂量大约 10 倍。该结果表明 H^+ 离子束轰击与溶解度降低密切相关，并且化学官能团没有发生不希望的变化，这些进一步证明"轻敲化学"方法优先破坏 C—H 键和交联分子的方法同样适用于 PEDT∶PSS 薄膜的研究。通过改变轰击条件来控制交联度，不需要任何热处理就可以调节和改善薄膜的溶解性和稳定性。

超高热 H^+ 离子束轰击方法的核心价值在于其破坏 C—H 键的化学选择性，从而引发链交联而不损害前驱体分子的化学性能。对于 PEDT 的超高热 H^+ 离子束轰击，用 XPS 进行化学价态分析的结果证明了这一点。图 8-4（a）~（c）显示了在 Au 基底上所制备的 PEDT∶PSS 膜的 XPS S 2p、C 1s 和 O 1s 光谱图。光谱特征峰与文献中的 XPS 结果一致[38,39]，这些峰中 S 2p 光谱非常有用。低结合能端（163~165 eV）的双峰归因于 PEDT 硫化物的 S $2p_{3/2}$ 和 S $2p_{1/2}$ 光谱峰，而高结合能端（167~170 eV）的双峰归因于 PSS 硫酸盐，后者比前者强度高 10 倍，这是因为以下几个因素：①当 PEDT∶PSS 摩尔比为 1∶4.5 时，所制得的 PEDT∶PSS 混合溶液具有最佳的溶解性和导电性；②PEDT∶PSS 薄膜是颗粒状的，因为购买的 PEDT∶PSS 产品包含水溶液中预先混合的 PEDT∶PSS 凝胶颗粒，且具有亲水性的 PSS 朝向颗粒表面；③在成膜过程中，颗粒表面富含 PSS。根据这种解释，可知 C 1s 和 O 1s 光谱中的小光谱分量归因于 PEDT 单元的碳原子和氧原子，而强光谱峰是 PSS 单元的那些碳原子和氧原子的信号峰。比较 H^+ 离子束轰击前后的这些化学态数据可以清楚地看到，尽管轰击有效地破坏了 C—H 键并使前驱体交联，但总体化学官能团仍然完好无损。实际上，无论能量是 10 eV 还是 50 eV，图 8-4（d）~（f）中的光谱数据通常是在被能量高达 $1×10^{17}$ cm^{-2} 的质子轰击的薄膜中发现的。进一步考察在约 292 eV C 1s 特征能量损失谱的强度，同样发现 PEDT：PSS 薄膜分子的基本 π 特征键并没有改变，因为 π 特征键的任何损失都会导致 π-π* 键间能量损失强度的降低。在这种情况下，如果 H+ 被惰性气体离子取代，由于惰性气体弹射粒子的质量较高，优先进行 C—H 键断裂的运动学将会被所有键都同时断裂的结果所取代。例如，用 100 eV Ar+ 以 $1×10^{17}$ 离子/cm² 的轰击剂量轰击同一样品，PSS 光谱分量强度下降，而 PEDT 光谱分量强度上升到它们两个光谱分量强度相当的程度[43]。因此，与 10~50 eV 的 H+ 离子束轰击不同，用 100 eV Ar+ 等重原子进行无差别轰击 PEDT：PSS 样品会导致分子链严重破坏和随后的分子碎片脱附。因此，推断 PEDT：PSS 的化学官能团在 H+ 离子束轰击后可以很好地保留，并且不会引起分子链及其化学官能团的明显降解。

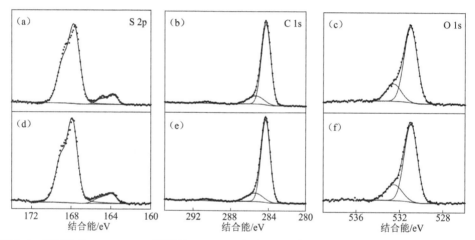

图 8-4　所制备的 PEDT：PSS 薄膜的 XPS S 2p（a）、C 1s（b）和 O 1s 光谱图（c）；在 10 eV、$2.0×10^{16}$ 离子/cm² 轰击剂量的 H+ 离子束轰击后，相同膜的 XPS S 2p（d）、C 1s（e）和 O 1s 光谱图（f）[20]

8.2.4　导电性的提高

除了提高薄膜的稳定性外，热固化沉积 PEDT：PSS 还可以改善薄膜的导电性。这部分工作的一个主要目标是确认超高热 H+ 离子束轰击处理是否也可以改善薄膜的电导率。为此，测量了沉积在两个电极上的 PEDT：PSS 薄膜的电流-电压特性，并且对不同轰击条件下 H+ 离子束轰击前后的薄膜进行分析。在热固化处理前后，也要对薄膜进行重复分析。所得的结果和示意图列于图 8-5 中，可以清楚地看到，在增加膜电导率方面，超高热 H+ 离子束轰击比常规的热固化处理更为有效。观察到 H+ 离子束轰击提高电导率的证据表明，"轻敲化学"已经引发了 PEDT 的一些分子间交联，因为 PSS 的分子间交联以及 PSS 与 PEDT 的分子间交联应该没有增加分子薄膜的电导率。

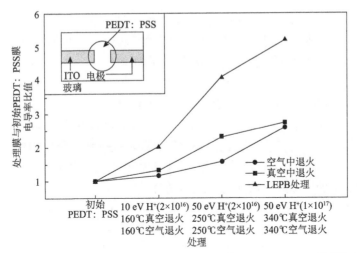

图 8-5　PEDT：PSS 薄膜在不同条件处理后的电导率与制备的 PEDT：PSS 薄膜的电导率之比[20]

LEPB 意味着超高热 H+离子束轰击，绘制线条以帮助读者跟踪趋势并且不具有科学意义，轰击剂量总是以每平方厘米的离子数量来衡量，插图为电导率测量的示意图

为了更好地解释"轻敲化学"如何有效地提高 PEDT：PSS 分子薄膜的电导率，进一步分析了薄膜导电性的起源。聚噻吩链是导电的基本基元。当将空穴注入聚噻吩链并通过 PSS 掺杂剂单元稳定时，每对相邻的噻吩单元横跨 π 共轭分子"带"，空穴可以沿着该带行进。当两个带的 π-π 系统紧密重叠且在"带-带"处有效地重叠时，一条导体带的空穴会跳到另一条导体带上的交叉点。理想情况下，分子带的堆积可以有序地增强导电性，但是在许多体系中，如本部分采用的 PEDT：PSS 分子薄膜，其"结晶度"较低，主要是因为难以将 PSS 链容纳在聚噻吩分子的晶体中[32,37,40,44]。因此，在下面的讨论中，假设 PEDT 分子是随机堆积的，许多"带-带"交叉点的间距会受到薄膜中热驱动分子运动的影响。

PEDT 链和碱性聚噻吩链之间的主要区别在于仅加宽每个聚噻吩链单元具有 U 形"亚乙二氧基"侧支链的聚噻吩链的分子带，如图 8-3 所示。该侧支链与每个噻吩单元的其余两个 C—H 键相连，因此，在运动学上没有足够的强度打破共轭主链中的强键时，共轭主链根本没有 C—H 键，因为无法与超高热 H+弹射粒子相互作用。从前面的研究结果可以发现，以 10～50 eV 的 H+离子束轰击可以有效改善 PEDT 的稳定性和导电性，即使轰击剂量高达 1×10^{17} 离子/cm²，也没有检测到不良影响，如材料损失。这与吸附的正三十二烷薄膜[CH₃(CH₂)₃₀CH₃，膜厚度为 11 nm]的超高热 H+离子束轰击并不矛盾。该直链烃分子中的 C—C 键比聚噻吩单元中的共轭碳键弱得多。由于已经证实具有 10～50 eV 动能的 H+弹射粒子轰击时正三十二烷 C—C 键断裂的概率远低于 C—H 键断裂的概率，因此破坏共轭碳键的可能性应该更低。

通过上述阐述,假设了几种可能导致电导率增加的途径,具体总结如下:

(1)在大量碰撞过程中,一些入射的 H⁺动能被消散到 PEDT 分子上,这使分子扩散朝向动能最小化的方向,使更多的分子间 π-π 键重叠。该效果类似于热退火来增强分子有序性[36,37,40]。

(2)有研究者认为本工作使用的市售 PEDT:PSS 产品中 PEDT 分子实际上相对较小并且具有不超过 10 nm 的单元[31]。噻吩单元的头部和尾部通过 C—H 键终止,则这些 C—H 键可以在超高热 H⁺离子束轰击过程中断裂。因此,我们创建了一种可以将较小的 PEDT 分子交联至具有共轭长度较长的较大 PEDT 分子上的途径。由于该途径将导致平均共轭长度的显著增加,进而导致光学吸收的可见"红移",因此进一步考察了 H⁺离子束轰击对光学性质的影响。但是,初步结果表明没有可见的"红移"发生,表明这种交联途径效果并不明显。

(3)另一种交联途径可以通过"亚乙二氧基"侧支链上的"轻敲化学"实现,该支链每单元具有四个 C—H 键。首先,假设在这项工作中研究的颗粒状 PEDT:PSS 薄膜中,每个颗粒都含有名义上平坦的分子,这些分子带随机缠绕在一起,其中一些链间间距与范德瓦耳斯间距接近,偶然地,可能发生链间 π-π 重叠,并且如前所述,提高了导电性。热驱动的分子运动可能会破坏这种 π-π 重叠并限制其电导率。利用"轻敲化学"来破坏 C—H 键而不破坏其他键,可以通过共价交联两个邻近的乙二氧基噻吩分子的"亚乙二氧基"侧支链来锁定这些偶然的链间键。因此,这样的"锁"可以确保链间 π-π 重叠。然后,这种交联反应可以导致所被轰击的膜的溶解度降低和电导率增加。此类链间 π-π 重叠通过计算建模有望给出该拟议途径更详细的描述。另外,使用核磁共振(NMR)和二次离子质谱法对一些"亚乙二氧基"侧链键变化的实验测量也很有用。

8.3　结　　论

综上所述,超高热 H⁺离子束轰击方法也可以交联其他材料:

(1)交联 MWCNT 涂层:使用两步法交联的 MWCNT 涂层可以有效地改善其黏附性和固有强度。电化学沉积用于改善涂层的黏附性,然后超高热 H⁺离子束轰击引发 MWCNT 之间的交联,使得涂层刚度和机械强度进一步提高。该技术能产生高剂量的超高热 H⁺,这将对 CNT 器件加工产生重要影响。此外,具有这种更高黏附性和固有强度的涂层应该能够承受大多数微流体细胞和生物传感实验室芯片中的流动应力,在生物医学领域发挥重要作用。

(2)超高热 H⁺离子束轰击优先引发 C—H 键断裂和交联吸附的"轻敲化学"

方法适用于制备 PEDT 基导电有机物分子膜。在 10～50 eV 的宽动能范围中进行 H⁺离子束轰击可以有效地提高有机物分子膜的稳定性和导电性。我们认为存在几种可能的反应途径产生了这些显著效果,进一步的理论计算和实验研究可以检验每个单独反应通道的有效性。这种表面涂层改性方法在干燥过程中进行,不使用除 H⁺之外的任何其他化学添加剂和催化剂,不需要任何热预算,并且可适用于其他有机半导体薄膜和器件的制造,具有很好的工业化应用前景。

参 考 文 献

[1] Iijima S. Helical microtubules of graphitic carbon. Nature, 1991, 354(6348): 56-58.

[2] Iijima S, Ichihashi T. Single-shell carbon nanotubes of 1-nm diameter. Nature, 1993, 363(6430): 603-615.

[3] Thess A, Lee R, Nikolaev P, et al. Crystalline ropes of metallic carbon nanotubes. Science, 1996, 273(5274): 483-487.

[4] Yu M F, Files B S, Arepalli S, et al. Tensile loading of ropes of single wall carbon nanotubes and their mechanical properties. Physical Review Letters, 2000, 84(24): 5552.

[5] Saito R, Dresselhaus M S, Dresselhaus G. Physical Properties of Carbon Nanotubes. London: Imperial College Press, 1998.

[6] Tans S J, Devoret M H, Dai H, et al. Individual single-wall carbon nanotubes as quantum wires. Nature, 1997, 386(6624): 474-477.

[7] Odom T W, Huang J L, Kim P, et al. Atomic structure and electronic properties of single-walled carbon nanotubes. Nature, 1998, 391(6662): 62-64.

[8] Zhou O, Shimoda H, Gao B, et al. Materials science of carbon nanotubes: fabrication, integration, and properties of macroscopic structures of carbon nanotubes. ChemInform, 2002, 35(8): 1045.

[9] Cheng H M, Li F, Su G, et al. Large-scale and low-cost synthesis of single-walled carbon nanotubes by the catalytic pyrolysis of hydrocarbons. Applied Physics Letters, 1998, 72(25): 3282-3284.

[10] Hölscher H. Quantitative measurement of tip-sample interactions in amplitude modulation atomic force microscopy. Applied Physics Letters, 2006, 89(12): 123109.

[11] Bower C, Zhou O, Zhu W, et al. Fabrication and field emission properties of carbon nanotube cathodes. MRS Online Proceedings Library, 2000, 593(1): 215-220.

[12] Gao B, Yue G Z, Qiu Q, et al. Fabrication and electron field emission properties of carbon nanotube films by electrophoretic deposition. Advanced Materials, 2001, 13(23): 1770-1773.

[13] Banerjee S, Hemraj-Benny T, Wong S S. Covalent surface chemistry of single-walled carbon nanotubes. Advanced Materials, 2005, 17(1): 17-29.

[14] Qin Y J, Shi J H, Wu W, et al. Concise route to functionalized carbon nanotubes. Journal of Physical Chemistry B, 2003, 107(47): 12899-12901.

[15] Abe Y, Tomuro R, Sano M. Highly efficient direct current electrodeposition of single-walled carbon nanotubes in anhydrous solvents. Advanced Materials, 2005, 17(18): 2192-2194.

[16] Lau W M, Feng X, Bello I, et al. Construction, characterization and applications of a compact mass-resolved low-energy ion beam system. Nuclear Instruments and Methods in Physics Research B, 1991, 59-60(1): 316-320.

[17] Zheng Z, Xu X D, Fan X L, et al. Ultrathin polymer film formation by collision-induced cross-linking of adsorbed organic molecules with hyperthermal protons. Journal of the American Chemical Society, 2004, 126(39): 12336-12342.

[18] Zheng Z, Wong K W, Lau W M, et al. Unusual kinematics-driven chemistry: cleaving C—H but not COO—H bonds with hyperthermal protons to synthesize tailor-made molecular films. Chemistry: A European Journal, 2007, 13(11): 3187-3192.

[19] Zheng Z, Kwok W M, Lau W M. A new cross-linking route via the unusual collision kinematics of hyperthermal protons in unsaturated hydrocarbons: the case of poly(*trans*-isoprene). Chemical Communications, 2006, 29: 3122-3124.

[20] Lau W M, Wang Y H, Luo Y, et al. Cross-linking organic semiconducting molecules by preferential C—H cleavage via chemistry with a tiny hammer. Canadian Journal of Chemistry, 2007, 85(10): 857-865.

[21] Choi C Y, Zheng Z, Wong K W, et al. Fabrication of cross-linked multi-walled carbon nanotube coatings with improved adhesion and intrinsic strength by a two-step synthesis: electrochemical deposition and hyperthermal proton bombardment. Applied Physics A, 2008, 91(3): 403-406.

[22] Lide D R. CRC Handbook of Chemistry and Physics. 80th ed. Florida: CRC Press, 2000.

[23] Åström J A, Krasheninnikov A V, Nordlund K. Carbon nanotube mats and fibers with irradiation-improved mechanical characteristics: a theoretical model. Applied Physics Letters, 2004, 93: 215503.

[24] Ruffieux P, Gröning O, Bielmann M, et al. Hydrogen chemisorption on sp^2-bonded carbon: influence of the local curvature and local electronic effects. Applied Physics A, 2004, 78: 975.

[25] Kis A, Csanyi G, Salvetat J P, et al. Reinforcement of single-walled carbon nanotube bundles by intertube bridging. Nature Materials, 2004, 3(3): 153-157.

[26] Stahl H, Appenzeller J, Martel R, et al. Intertube coupling in ropes of single-wall carbon nanotubes. Physical Review Letters, 2000, 85(24): 5186-5190.

[27] Miyoshi K, Street K W, Wal R L V, et al. Solid lubrication by multiwalled carbon nanotubes in air and in vacuum. Tribology Letters, 2005, 19(3): 191-201.

[28] Skotheim T A, Reynolds J. Handbook of Conducting Polymers. 2nd ed. New York: Marcel Dekker, 1997.

[29] Fichou D. Handbook of Oligo- and Polythiophenes. Weinheim: Wiley-VCH, 1998.

[30] Groenendaal L, Jonas F, Freitag D, et al. Poly(3, 4-ethylenedioxythiophene) and its derivatives: past, present, and future. Advanced Materials, 2000, 12(7): 481-494.

[31] Kirchmeyer S, Reuter K. Scientific importance, properties and growing applications of poly (3,4-ethylenedioxythiophene). Journal of Materials Chemistry, 2005, 15(21): 2077.

[32] Meskers S C J, Van Duren J K J, Janssen R A J, et al. Infrared detectors with poly

(3,4-ethylenedioxy thiophene)/poly(styrene sulfonic acid) (PEDOT/PSS) as the active material. Advanced Materials, 2003, 15(7-8): 613-616.

[33] Bereznev S, Konovalov I, Öpik A, et al. Hybrid CuInS$_2$/polypyrrole and CuInS$_2$/poly(3, 4-ethylenedioxythiophene) photovoltaic structures. Synthetic Metals, 2005, 152(1-3): 81-84.

[34] Vadivel M A. Novel organic-inorganic poly (3, 4-ethylenedioxythiophene) based nanohybrid materials for rechargeable lithium batteries and supercapacitors. Journal of Power Sources, 2006, 159(1): 312-318.

[35] Varene E, Tegeder P. Dynamics of optically excited electrons in the conducting polymer PEDT : PSS. Applied Physics A: Materials Science & Procession, 2012, 106(4):803-806.

[36] Huang J, Miller P F, De Mello J C, et al. Influence of thermal treatment on the conductivity and morphology of PEDOT/PSS films. Synthetic Metals, 2003, 139(3): 569-572.

[37] Huang J, Miller P F, Wilson J S, et al. Investigation of the effects of doping and post-deposition treatments on the conductivity, morphology, and work function of poly(3, 4-ethylenedioxythiophene)/ poly(styrene sulfonate) films. Advanced Functional Materials, 2005, 15(2): 290-296.

[38] Crispin X, Marciniak S, Osikowicz W, et al. Conductivity, morphology, interfacial chemistry, and stability of poly(3, 4-ethylene dioxythiophene)-poly(styrene sulfonate): a photoelectron spectroscopy study. Journal of Polymer Science Part B: Polymer Physics, 2003, 41(21): 2561-2583.

[39] Greczynski G, Kugler T, Keil M, et al. Photoelectron spectroscopy of thin films of PSS conjugated polymer blend: a mini-review and some new results. Journal of Electron Spectroscopy and Related Phenomena, 121(1-3): 1-17.

[40] Kim J, Kim E, Won Y, et al. The preparation and characteristics of conductive poly(3, 4-ethylenedioxythiophene) thin film by vapor-phase polymerization. Synthetic Metals, 2003, 139(2): 485-489.

[41] Lam L, McBride J W, Swingler J. The influence of thermal cycling and compressive force on the resistance of poly(3, 4-ethylenedioxythiophene)/poly(4-styrenesulfonic acid)-coated surfaces. Journal of Applied Polymer Science, 2006, 101(4): 2445-2452.

[42] Ceyer S T. New mechanisms for chemistry at surfaces. Science, 1990, 249(4965): 133-139.

[43] Parilis E S. Atomic Collisions on Solid Surfaces. Amsterdam: North-Holland Press, 1993.

[44] Martinazzo R, Tantardini G F. Quantum study of Eley-Rideal reaction and collision induced desorption of hydrogen atoms on a graphite surface. II . H-physisorbed case. Journal of Chemical Physics, 2006, 124(12): 124702.

第9章 交联聚合的改进——电子回旋共振系统

C—H 键是自然界中发现的最简单和最丰富的化学键之一，因此基于选择性地断裂 C—H 键的化学反应不仅从科学层面来讲是最基本的，同时还具有很重要的工业意义，因为许多先进的功能性有机材料，特别是功能性聚合物中均包含饱和烷烃链段作为其保持化学惰性的主链或间隔碳链[1]。C—H 键选择性地断裂后产生的碳自由基重新组合并使得 C—C 键交联，可以显著提高材料的机械强度和化学稳定性。更重要的是，人们还可以利用 C—C 键交联将具有所需化学基团的分子枝接到廉价的有机基底上，并应用于获得新功能特性和应用的分子工程。

尽管使用 H 原子来断裂 C—H 键是最优的交联方法，但由于氢解过程通常需克服 0.4～0.5 eV 的能垒，因此只有当温度升高到 300℃以上时才能够获得足够可行的反应速率[2,3]。鉴于这个温度下许多有机分子会失去它们的化学官能团，甚至有些聚合物固体会发生变形或分解，这样的样品加热在实际应用中并不可取。另外，利用热能驱动的反应也不符合"绿色化学"的宗旨，因为当使用热能来克服特定化学官能反应的活化能垒时，它也被反应环境中所有化学部分激发的平移、旋转、振动所消耗。

虽然可以通过采用紫外线照射、电子/离子辐照、等离子体暴露和其他自由基介导的反应来破坏 C—H 键并诱导分子交联[4]来降低热能消耗，但如第 1 章所述，这些处理方法的化学选择性很有限，处理过程会导致主要的化学官能团被改变或破坏。另外，这些技术还可能会损坏基底甚至产物整体性质。近年来，基于精确控制表面枝接反应已经开发了各种表面引发聚合的方法[5]，包括原子转移自由基聚合[6]以及其他制备反应以断裂 C—H 键，并在碳自由基位点上添加所需的化学官能团。然而，这些过程通常涉及多个步骤，并且会耗费大量反应性化学物质、热量和时间[5]。沿着这条路径，研究人员最近还报道了其他一些有望精准断裂 C—H 键的技术，包括特殊的碰撞诱导解离[2,3,7-10]、金属介导的解离[11]，甚至通过扫描隧道显微镜进行位点特异性电荷注入及抽取[12,13]。但这些方法同样不具备成本、效益及推广性方面的优势。

前面第 1～9 章中均使用了基于超高真空操作的离子束注入系统，并利用"超高热"H$^+$作为弹射粒子引发剂来断裂 C—H 键。与前面几章交联技术不同，本章的创新主要包括使用"超高热"H$_2$分子作为新的和更有效的引发剂来实现非常规断裂 C—H 键反应设计，并采用更为简单快捷的电子回旋共振（ECR）系统来产生 H$_2$分子束流，具有更加优越的"绿色"特征，能够减少能源和化学品消耗，并有利于增加产量和预防副反应发生。

9.1 超高热 H$_2$分子轰击断裂 C—H 键：用简单化学实现交联聚合

9.1.1 技术思路

本章采用更加简便、廉价和可推广方法的化学描述如图 9-1 所示。简而言之，选择性的 C—H 键断裂反应是利用 H$_2$分子作为轻质弹射粒子设计的，具有大约 20 eV 的可控动能，足以击掉 C—H 键的 H 原子。通过第 2 章的计算和第 3～9 章的实验结果，图 9-1 阐明了在这种碰撞条件下的能量转移仅在弹射粒子撞击 H 原子时才有效，因为这种情况弹射粒子-靶标对（H$_2$→H）的质量非常接近，能够优先选择断裂 C—H 键并实现很高的化学选择性。在整个 C—H 键断裂和交联聚合反应过程中唯一的化学试剂是少量的 H$_2$分子，它具有足够的化学惰性，不会驱动任何其他人们不希望的副反应。实际上，在这个反应系统中 H$_2$分子碰撞碳氢化合物 C—H 键中 H 原子的概率非常高，一般不会发生 H$_2$分子弹射粒子在没有碰撞情况下穿透前几个分子层的情况；因此，通过超高热 H$_2$分子进行的 C—H 键断裂除了高选择性外，化学反应性也很高。

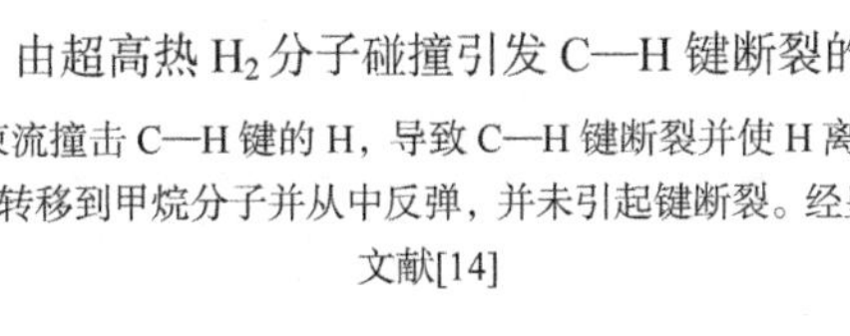

图 9-1 由超高热 H$_2$分子碰撞引发 C—H 键断裂的示意图

（a）具有足够动能的 H$_2$分子束流撞击 C—H 键的 H，导致 C—H 键断裂并使 H 离开分子；（b）H$_2$分子束流撞击 C—H 键的 C，将其一部分动能转移到甲烷分子并从中反弹，并未引起键断裂。经皇家化学学会许可，转载自参考文献[14]

9.1.2 方法特点

1. 超高热 H_2 分子断裂 C—H 键的基本物理和化学设计

图 9-1 描述了用超高热 H_2 分子优先断裂 C—H 键的基本化学设计[15]，实际上这在第 2 章的图 2-11～图 2-14 中已经做了分子动力学模拟并进行了验证。从本质上讲，该反应设计的新颖性在于使用了 H_2 分子代替 H^+ 作为引发剂与有机分子碰撞引发 C—H 键选择性断裂，作为一种非常规的反应途径，不需要热能来克服反应势垒。分子动力学模拟发现，动能大约为 20 eV 的超高热 H_2 分子与 C_2H_6 碰撞时，可以通过近似直接反冲机制从 C_2H_6 中将 H 原子解离（图 9-1 和图 2-12）[16,17]。总而言之，$H_2 \rightarrow C_2H_6$ 碰撞的模拟计算结果证实了超高热 H_2 分子碰撞诱导 C—H 键断裂的细节，具体见 2.3.2 小节，其要点可总结为以下几个方面。

（1）H_2 分子（图 2-12 中的 $H_{\#9}$ 和 $H_{\#10}$，平均能量为 19 eV）撞击 C_2H_6 的 $H_{\#3}$ 为碰撞诱导解离的反冲机制，同时也显示了多体相互作用的本质。在这样的背景下，研究人员注意到一个有趣的事实，即 Ne 撞击 20 eV 铜晶体的 Ne$\rightarrow$Cu 碰撞[18]表现为类似二元硬球碰撞。因此，从头算分子动力学模拟在研究人员设计超高热 H_2 分子诱导 C—H 键断裂，并阐明其科学内涵方面起着重要作用。

（2）大部分初始轰击能量的损失（19.0 eV –7.7 eV –2.8 eV –0.9 eV ≈ 8 eV）被用于键断裂能和反冲 C_2H_5 的内部能量所消耗。

（3）超高热 H_2 分子作为一种反冲粒子的有效性。

（4）具有 20～40 eV 贴近实际应用的宽动能窗口，有利于实现具有优良能量效率的 C—H 键优先断裂。

总之，这种全新方法的主要工作原理在于 H_2 分子弹射粒子与理想碰撞原子位点（C—H 键的 H）质量匹配。当 H_2 分子被任何较重的弹射粒子（如 He）替代时，正如预期的那样，计算和实验结果均发现优先破坏 C—H 键的选择性会丧失。这是因为较重的 He 不能再通过其质量依赖的运动学有效区分 H 原子与其他目标原子（如第 2 章所述）。虽然图 2-12 所示的计算结果表明断裂 C_2H_6 中 C—H 键所需 H_2 分子的能量阈值大约为 20 eV，当 C—H 键是宏观固体的饱和烃链段的一部分时，其平移动能的损失相较于入射能量基本可忽略，因此这个预期阈值将下降。

2. 新颖性

本章实验中选择使用超高热 H_2 分子作为弹射粒子在几个方面具有新颖性。首先，尽管在直接反冲光谱学中采用了反冲机制，氦气和其他典型动能为 1～100 keV 的惰性气体被用于从样品中分离原子，并进行化学成分分析，但是 16 个目标原子均被不加选择地反弹，没有显示任何化学选择性。其次，Rodríguez 课题组[17]使用 4～6 keV Ar+ 作为弹射粒子，从 Au(111) 基底上的烷基硫醇靶反冲 H、C、S、Ga 和 As 原子，以揭示系统的吸附动力学。相比之下，本章则描述了使用超高热 H_2 分子碰撞方法优先断裂烷基自组装分子层 C—H 键却不损失除氢以外的任何组成原子，并将这些分子交联为纳米团簇或二维分子层。

与 Ceyer [19]早期发现 Ni(111) 基底上 CH_4 分子 C—H 键断裂的碰撞诱导解离机制相比较，采用超高热 H_2 分子碰撞的方法也极具新颖性。Ceyer 的研究表明，当物理吸附在 Ni(111) 基底上的 CH_4 被低动能 Ar 原子撞击时，弹射粒子会将一部分能量转移到 CH_4 分子并进行反向散射，其机制也类似于二元硬球碰撞。随后 CH_4 向前运动导致其变形并诱导从物理吸附到解离化学吸附的转化。Ceyer 的进一步研究还证实，使用比 CH_4 重得多的氪代替氩气进行碰撞后，氪原子并不会反向散射，而是与 CH_4 一起向前移动。这会导致将 CH_4 轰击到 Ni 基底中并解离化学吸附。尽管上述两种情况都会产生 C—H 键断裂，但与本书采用轻质弹射粒子的根本不同在于，Ceyer 的 C—H 键断裂机制不会使弹射粒子发生 H 原子的反冲。如果 Ceyer 的机制应用于比 CH_4 更复杂的有机分子，则打断 C—H 键的同时也将伴随其他分子键的断裂，并且不能保证 C—H 键的优先断裂。实际上，当使用如 He 和 Ar 这些惰性气体原子与有机分子碰撞时，本书使用的分子动力学模拟确实显示出这样的问题，即在所有情况下，都观察到其他键的断裂以及 C—H 键断裂的效率降低等不良副反应。

本章使用超高热 H_2 分子作为 C—H 键断裂引发剂的方法是对于前面几章工作的创新[8-10]。尽管那些选择性 C—H 键断裂的科学数据及结论很好地支持了图 9-1 所示的反应模型，但是这种离子束方法在实际应用中会产生表面荷电问题，因为大多数有机材料是电绝缘的。此外，高轰击剂量超高热 H+ 的产生和传输在技术上也具有挑战性，因为离子行进相对缓慢并且会经受强烈的空间电荷排斥而导致光束扩散，从而限制了反应剂量的增加。此外，H+ 具有化学反应活性，可能会引起卤素原子夺取和羰基还原等副反应。本章通过使用化学惰性和电中性的 H_2 分子取代 H+，能够克服 H+ 作为引发剂的不足。

3. 高通量 H_2 分子束流的工程设计

为了充分利用超高热 H_2 分子选择性断裂 C—H 键的全新化学反应，首先必须克服产生高通量超高热 H_2 分子的技术难题。产生超音速分子束的已知方法[20,21]通常会给超高热 H_2 分子带来动能和束电流，而这对于选择性 C—H 键断裂来说还是太低。另外，中和超高热 H_2^+ 离子束[22]的方法也不切实际，因为空间电荷引起的离子束扩散使其轰击剂量受到限制。尽管涉及 H_2 分子碰撞的过程已经研究了数十年，但是并未探索过使用高通量超高热 H_2 分子来诱导 C—H 键断裂以及实际处理较大样本区域的可行性，因为这个工作的前提是首先建立一套廉价高效的实验装置。这种装置能够以每秒大约 20 eV 的速度产生 10^{16} cm^{-2} H_2 分子的轰击剂量，并均匀地覆盖 100 cm^2 的样品区域。使用这样的设备，上述超高热 H_2 分子诱导 C—H 键断裂及交联聚合反应，可以在几秒内完成，并可用于 100 cm^2 大面积样品的表面工程化处理。通过将反冲剂样品添加到卷对卷工件流水线切入装备，将为下一步工业开发与应用做技术准备。

　　图 9-2 中给出了符合上述规范的基本仪器设计。简而言之，从电子回旋共振微波等离子体（工业中广泛用于等离子体辅助的沉积和蚀刻）[23]中抽取较强的 H^+ 离子束，在施加电场的情况下，离子将被加速至适当的动能（300～400 eV）后送入充满 H_2 分子的长漂移管（长约 50 cm）中。在 1 mTorr（约 0.13 Pa）压力下，每个 H_2 分子每移动 10 cm 时都可能与另一个 H_2 分子发生碰撞。在这种情况下，从离子源出来的每个 H^+ 都会与漂移管中的 H_2 分子发生碰撞，由于 $H^+ \rightarrow H_2$ 质量匹配，能够将其能量有效地传递到其碰撞对象，并在漂移管中进一步引发一系列碰撞，最终导致在放置样品的漂移管末端产生并传递高通量的超高热 H_2 分子。使用样品架顶部的附加栅极，施加适当的偏置电压，可以排斥漂移管末端出口附近存在的离子和电子。

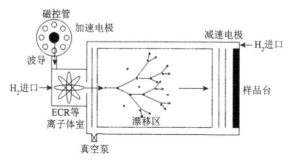

图 9-2　产生超高热 H_2 分子反应器的结构示意图

经皇家化学学会许可，转载自参考文献[14]

　　为了进一步探索这种设计的技术细节，研究人员使用 Monte Carlo（MC）技术来模拟碰撞[图 9-3（a）]的级联效应，并预测了超高热 H_2 分子的产量，实际上是漂移区中 H_2 压力和漂移区出口处 H_2 能量的函数[图 9-3（b）]。结果表明在产量达到最大值时存在最佳压力。例如，对于能进入 50 cm 漂移区的 400 eV H^+，最佳 H_2 压力约为 1 mTorr 时，能够获得足以断裂 C—H 键 H_2 分子弹射粒子的最佳产量。

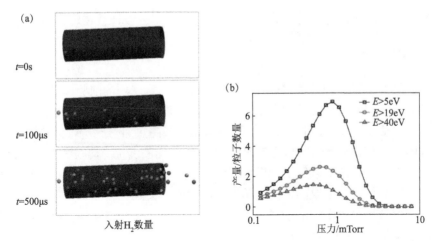

图 9-3 （a）模拟由 400 eV H^+引发的漂移区（蓝色管）中气相（293 K，1 mTorr）系列碰撞随时间的演变，动能 $E > 5$ eV 的 H_2 分子弹射粒子以红色标示，$E < 5$ eV 的 H_2 分子弹射粒子以绿色标示，未参与碰撞的背景气体粒子未显示；（b）每个入射离子产生 H_2 分子弹射粒子的数量。经皇家化学学会许可，转载自参考文献[14]

9.1.3 交联的实施

图 9-2 所示的原型装置用于研究选择性 C—H 键断裂及其随后通过碳自由基耦合进行的分子交联。整个过程可以用超高热氢引发的交联聚合反应（HHIC，此处所用氢为 H_2 分子）来表示。当使用 300 W 的微波功率时，对于大约 500 cm^2 的样品处理区域，完成 HHIC 样品处理时间通常不到 1 min。通常以 200～400 V 的电压从 ECR 氢等离子体中抽取氢离子，并以此促进产生高通量超高热 H_2 分子的级联碰撞过程。微波功率为 300 W 时，用于离子抽取的电流为 0.1～0.2 A。因此，用于离子抽取的功率消耗<100 W。当提高微波功率以产生更高的离子通量时，能量消耗的增加会产生更高剂量的超高热 H_2 分子，从而减少 HHIC 处理时间。另外，还可以使用反冲剂进料器将样品冲过反应器的方法来实现这种高通量条件。

9.1.4 作用过程的能量消耗

高通量条件对于降低每单位样品处理面积的总体 HHIC 能量消耗量是理想的，因为除了微波能量消耗和其他依赖于通量的能量消耗因素之外，HHIC 工艺还具有与通量无关的一些能耗，并且当通量较低时，每单位样品处理面积的平均能耗较高。有些能源成本因素值得考虑。例如，电磁铁产生 0.0875 T 的局部磁场以维持 ECR 的运转状态；将氢气压力保持在 1 mTorr。总体而言，当采用高通量条件时，HHIC 工艺符合绿色工程的原则：①在室温下运行；②通过优先向 C—H 键传递能量来克服 C—H 键断裂的反应活化势垒；③整个过程仅使用 H_2

分子来推进，并且不会被交联反应所消耗；④这个工程设计旨在防止副反应发生。

9.1.5　实验验证

　　为了验证基于 ECR 系统 HHIC 的交联效果，本章使用的前驱体是在新处理的云母基底上沉积的一层正三十二烷（n-$C_{32}H_{66}$）薄膜，同样使用 XPS 来监测薄膜厚度。研究发现，当该层正三十二烷薄膜暴露于超高热 H_2 分子不充分时，简单庚烷冲洗即可将其除去。随着超高热 H_2 分子处理时间的增加，交联度提高，能够有效降低处理后薄膜层的溶解。如前面几章所述，以厚度作为度量标准，能够方面研究交联度对氢离子抽取能量的依赖性。这种依赖关系在图 9-4 中做了总结。正如所预期的，当氢离子抽取能量太低时，HHIC 的效率会下降，因为没有产生具有足够能量的 H_2 分子弹射粒子来破坏 C—H 键。

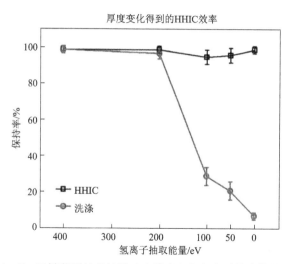

图 9-4　C—H 键断裂的有效性（交联度）与氢离子抽取能量的关系

抽取能量不足会导致交联效率的急剧降低，图中"HHIC"及"洗涤"分别表示经 HHIC 方法处理以及进一步溶剂清洗处理后样品厚度的保留。经皇家化学学会许可，转载自参考文献[14]

　　HHIC 的效率是本章研究工作的一个重要参数。根据图 9-3（b）所示的计算结果，到达样品表面有用的超高热 H_2 分子的典型总通量（每单位面积接受的 H_2 分子弹射粒子数）大约为 $7×10^{15}$ cm^{-2}。假设每个 $C_{32}H_{66}$ 分子中至少有 2 个 C—H 键断裂才能使所有 $C_{32}H_{66}$ 单元交联成不溶性交联薄膜，估计 HHIC 对 C—H 键断裂的速率常数至少应为 10^{-11} $cm^{-3} \cdot s^{-1} \cdot$ 分子$^{-1}$。这比通过使用 H 原子引发 C—H 键断裂的效率高出大约 9 个数量级。此外，通过 HHIC 来完成 10 nm 厚正三十二烷薄膜交联聚合仅需几秒。因此，当反应通量足够高时，这种 HHIC 方法可用于分子膜的卷对卷生产。

图 9-5～图 9-7 展示了三个示例，并且引用了最近文献报道的其他相关应用，以说明本章 HHIC 技术的可行性和多功能性。

9.1.6　原位交联聚合技术的实际应用——机械应力工程

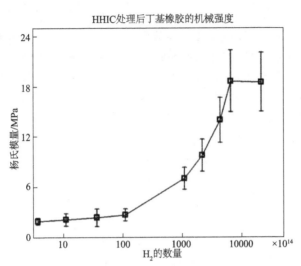

图 9-5　丁基橡胶表面的力学性能

经皇家化学学会许可，转载自参考文献[14]

对于工程聚合物和功能有机材料，在不改变体相弹性情况下提高表面机械强度可以提高许多产品的耐用性、可靠性和使用寿命。原则上，通过增加聚合物或有机基材近表面区域中 C—C 键交联的密度能够满足这一工程要求。但是，在不包括块状基底其他物理和化学特性情况下实现这一任务并非易事。本节则证明了 HHIC 处理技术可以大大提高弹性体表面的杨氏模量。实验中使用丁基橡胶作为弹性体模型基材，采用不同条件下的 HHIC 处理后，用光谱分析（如 FTIR 和 XPS 等）来确认碳氢化合物表面化学性质的保留，并用原子力显微镜测量了深度约 10 nm 表面区域的杨氏模量。图 9-5 总结了表面杨氏模量随超高热 H_2 分子轰击剂量的变化情况。使用图 9-2 所示的 HHIC 设计装置，用 300 W 的中等微波功率产生超高热 H_2 分子短暂处理 30 s 就足以使表面机械强度增加 20 倍。这也预示着该设计的放大版本有望廉价且快速地生产类似表面工程化的弹性体材。借助本章所描述的 HHIC 简单碰撞诱导键断裂及其引发的交联聚合反应，能够使聚合物表面机械性质得到显著改善。

9.1.7　表面功能化

聚合物表面功能化是实际工程应用中一项重要任务。针对那些需要精确控制化学官能团，并且不能耐受大量化学污染物的优质表面工程产品，以下这个范例使用聚丙烯来模拟简单廉价且难于化学接枝的饱和聚合物基材，证明了 HHIC 在工程表面化学中的优点。

　　本节第一个范例选择将 PAA 的亲水性分子层锚定并交联到疏水性聚丙烯基材上。首先在聚丙烯基底上简单旋涂 PAA 溶液成膜，随后采用 HHIC 工艺以使沉积的 PAA 薄膜交联。考虑到烃链上每隔两个碳原子有一个—COOH，可以形成具有较高羧基基团密度的稳定交联分子层。图 9-6（a）所示 XPS 分析表明，HHIC 处理实际上并不会破坏丙烯酸基团。而相比之下，即使使用迄今最好的等离子体聚合工艺来交联 PAA，也只保留了大约 73%的丙烯酸基团，还引入了一些污染性的含氧官能团[24]。同时，HHIC 交联后 PAA 层的稳定性也通过对比未处理 PAA 的溶剂清洗实验得到了证实。本节需要再次强调的是，HHIC 工艺的重要性和独特优点在于，薄膜原位交联过程中几乎完美地保留了所需的化学官能团，并保证了绿色化学的特性，同时还具有高产品收率、无副产品及低化学品消耗的特点。这些优点对于依赖优质电子或生物医学材料的应用来说，是获得交联/接枝结果的关键，因为此项技术在实现交联聚合的同时还能够提供一系列纯化学功能。除了这些优点之外，图 9-6（b）还显示了通过掩模方法来实现区域选择性 HHIC 处理，并产生交联 PAA 的设计构图。这种处理技术适用于新型化学、生物医学和电子传感器及其他电子和光电子器件的生产。

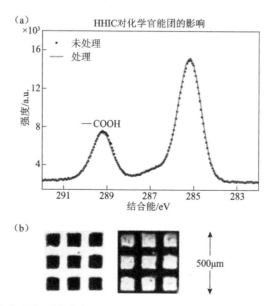

图 9-6　（a）未处理聚丙烯酸（PAA）和 HHIC 处理后 PAA 的 XPS C 1s 窄扫描图谱，显示超过 96%的—COOH 官能团被保留；（b）PAA 中负离子的 TOF-SIMS 图像，左图为 Si 基底（SiO$_3$H—信号），右图为交联 PAA（C$_6$H—）。经皇家化学学会许可，转载自参考文献[14]

　　HHIC 在保持工程纯化学功能性方面的第二个示例是通过改变锂离子电池的隔膜来改进其性能，最常用的隔膜具有图 9-7 中插图所示的聚丙烯膜微观结构，通常放置在电池的电解质中以分隔阳极和阴极。本示例的设计思路是用 HHIC 方法将聚环氧乙烷（PEO）接枝到聚丙烯上，以提高电解质的润湿性并降低电池的内阻。研究发现，HHIC 处理后确实实现了 PEO 在聚丙烯隔膜上的稳定锚定，而图 9-7 中所示的膜微结构并没有发生变化。FTIR 和 XPS 测试结果也证实了 PEO 官能性的保持。另外，接触角数值的变化也可间接证明极性官能团引入和保持。例如，初始隔膜的水接触角为 108°，而与电解质溶剂[碳酸乙烯酯（EC）和碳酸二甲酯（DMC）的混合物]相对应的接触角为 59°；经过 HHIC 处理后，对应接触角数值分别减小到 27° 和 34°，进一步表明 HHIC 处理枝接 PEO 使其交联在聚丙烯隔膜的方法确实可以提高其润湿能力。

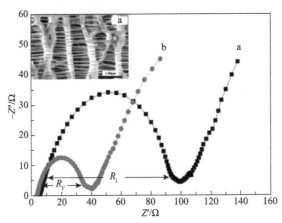

图 9-7　初始分离器（a）和 PEO 涂覆隔膜经 HHIC 处理及氯仿洗涤 12h 后组装锂离子电池（b）的交流阻抗谱，左上插图为 HHIC 处理前后分离器微结构的完整保持，R_i 和 R_i 表示隔膜的界面阻抗。经皇家化学学会许可，转载自参考文献[14]

　　为了评价隔膜表面改性对电化学性能的影响，研究人员制备了具有 $LiCoO_2$/隔膜/锂金属结构的半电池，并通过标准交流阻抗谱仪对其进行了表征。重叠的半圆对应于电荷累积和电荷转移过程，两者均会受到电解质-隔膜界面阻抗的显著影响。利用这些数据可以跟踪和测量接口阻抗的变化。如图 9-7 所示，用 HHIC 交联的 PEO 对隔膜进行改性后，初始隔膜的界面阻抗由 100 Ω 降至 40 Ω。在实际应用中，锂离子电池的充电/放电性能及其可靠性得到优化。

　　HHIC 方法除了上述适用性之外，还被用于将抗蛋白质吸附性能优异的 PEO 共价键合到丁基橡胶基材上[25,26]。研究发现，HHIC 处理后的 PEO 可显著降低纤维蛋白原（一种常见蛋白）的吸附。HHIC 的另一项应用涉及聚[2-（二甲基氨基）乙基]甲基丙烯酸酯（PDMAEMA）物理吸附在具有 C—H 键的基材上，并最终形成性能稳定的抗菌薄膜。与表面引发原子转移自由基聚合的常规方法[27]相比，

HHIC 方法具有类似的抗菌效果[28]，却消耗少得多的化学试剂，成本大大降低。具体细节将在后面章节中详细介绍。

9.2　超高热 H_2 分子轰击过程研究

9.2.1　超高热 H_2 分子轰击

超高热 H_2 分子轰击过程的示意如图 9-8 所示。根据第 2 章所述的硬球二元碰撞的第一近似值，当弹射粒子与靶标正面碰撞时，其能量可以最有效地传递，可由公式 $\dfrac{4M_tM_p}{(M_t+M_p)^2}$ 来确定[8,30]，其中 M_t 和 M_p 分别为初始粒子和目标粒子的质量。理论上，从 10 eV H_2 分子传递到分子链 H 原子的最大能量是 10 eV（表 9-1）。从原子的角度来看，碰撞后留下的 H_2 分子弹射粒子与 H 原子之间的有效能量会破坏 C—H 键（键能为 4.3 eV）。这与第 4 章描述的情况类似，本章不再过多讲述。

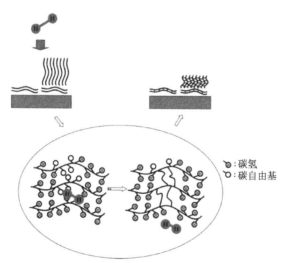

○：碳氢
○：碳自由基

图 9-8　用于分子交联的超高热 H_2 分子轰击过程示意图[29]
包括碳自由基的产生、分子链之间交联及薄膜交联引起的变化

表 9-1　从弹射粒子传递到目标原子的最大能量[29]

原子-原子作用	10 eV H→H	10 eV H→C	5 eV H→H	5 eV H→C	15 eV H→H	15 eV H→C
能量传递/eV	10	2.8	5	1.4	15	4.3

电荷中性的超高热 H_2 分子轰击方法能够在不使用任何化学添加剂的情况下改变膜的物理性质，在很大程度上消除或减轻了传统基于离子/等离子体轰击的表面荷电效应[31-34]。此外，该技术还具有避免半导体行业应用中涂层电介质被损坏的潜力[35,36]。

9.2.2　技术设计

正烷烃分子结构—$CH_3(CH_2)_nCH_3$ 已经被公认为是有机和生物分子的主要成分[37,38]，在高分子科学和工程中已经进行了大量理论和实验研究[39-41]，并在黏附、润滑和涂层添加剂中具有重要应用[42]。此外，正烷烃分子由于具有线型分子结构且仅包含饱和 C—C 键，本章再次成为测试评价 HHIC 处理效果的最佳样品分子选择。

同第 4 章的实验类似，将质量分数为 0.3% 的正三十二烷[$CH_3(CH_2)_{30}CH_3$]正己烷溶液旋涂在由天然氧化物层覆盖的硅（100）单晶片上。研究发现，以 5000 r/min 的转速进行 1 min 的涂覆过程可以形成"分离的岛状"单分子层，如图 9-9 所示。样品不同位置进行的形貌和相位图像分析表明，在岛状平行层上方只有一个垂直的单分子层生长。研究人员制备了七个不同 H_2 分子轰击时间的样品，通过两轮实验进行了统计分析。

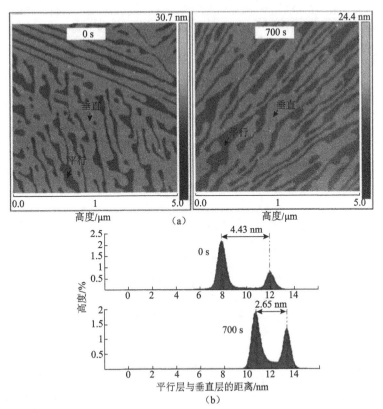

图 9-9　没有轰击（0 s）和 700 s 轰击后 $C_{32}H_{66}$ 垂直层的形貌图像（a）和高度曲线（b）[29]

　　超高热 H_2 分子轰击仍然通过自制的低成本 ECR 系统[14]进行，轰击剂量从 $1\times10^{16}cm^{-2}$ 至 $1\times10^{18}cm^{-2}$ 不等，轰击时间控制在 5～700 s 不等，其他轰击参数保持不变，这里不再赘述。

9.2.3　H_2 分子引发交联的确定

　　所制备各种薄膜的 XPS 全谱如图 9-10 所示，同前面几章的评价方式类似，C 1s 峰用于确定轰击前后薄膜化学成分的变化情况。初始薄膜的 XPS 全谱图（图 9-10 中 a）显示出来自 $C_{32}H_{66}$ 分子的 C 1s 信号和从基底检测到的 Si 2s、Si 2p 和 O 1s 信号。在没有超高热 H_2 分子轰击的情况下，薄膜在正己烷中浸泡 5 min 后发生溶解，XPS 光谱（图 9-10 中 b）中 C 1s 信号的显著减少表明了这一点。然而，对于被 10 eV H_2 分子束轰击长达 600 s 的薄膜，比较薄膜浸入正己烷前后的 XPS 图谱，没有发现 C 1s 信号的明显变化（图 9-10 中 c 和 d），再次证明超高热 H_2 分子引发交联能够显著增强烷烃薄膜在正己烷中抗溶解性，也表明该技术在制备恶劣环境下用于有机薄膜涂层的潜在应用。此外，XPS 结果（C 1s 信号）再次证实，用于轰击的 10 eV 超高热 H_2 分子弹射粒子仅会导致 C—H 键断裂，不能破坏 C—C 键而造成主链断裂。下面 AFM 测试结果将进一步说明 H_2 分子轰击处理对薄膜形态和机械性能的物理影响。

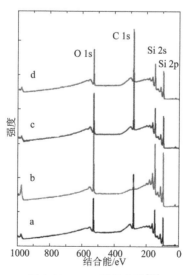

图 9-10　XPS 测量全谱[29]

a. 初始 $C_{32}H_{66}$ 分子层；b. 初始薄膜在正己烷中浸泡 5 min 后；c. 超高热 H_2 分子轰击 600 s 后的 $C_{32}H_{66}$ 分子层；
d. 浸入正己烷中 5 min 的轰击样品

9.2.4　轰击对薄膜厚度和分子密度的影响

从表面科学的微观角度来看，正构烷烃层在 SiO_2 表面的生长机制引起了越来越多的关注[39-41,43-45]。理论模拟[45]和实验测量[46,47]都证实了这样一种结构模型：一层或两层 $C_{32}H_{66}$ 立即吸附在 SiO_2 表面上，分子的长链平行于界面；然后，将其他分子层直立放置，分子的长轴以全反式垂直定向于基底。正如我们之前提到的，这两个阶段代表两个分子层形成的情况，需要进行深入的分析。

由于施加在 AFM 尖端上的平行层和垂直层之间的相互作用不同，振幅调制的轻敲 AFM 模式可以测量在 SiO_2 基底上形成的全反射层和垂直层的"假台阶"高度。之前的研究是使用 AFM 接触模式测量正构烷烃分子层的全反式构象的高度[46]。本节还通过 AFM 接触模式测量了初始 $C_{32}H_{66}$ 轰击前后垂直层的高度证实了这一结果。

使用质量浓度为 0.3% 的旋涂液在 5000 r/min 条件下旋涂，形成了类似分离岛状的垂直层薄膜（图 9-9）。通过测量轰击后垂直层的高度作为暴露或轰击时间的函数（注意：本节轰击过程的其他操作参数保持不变，因此不同的暴露时间对应于不同的氢气流量），垂直层高度与暴露时间的关系如图 9-11 所示。初始 $C_{32}H_{66}$ 层的高度估计为（4.56 ± 0.19）nm，与文献中通过高分辨率椭偏仪（ellipsometry）校准得到的分子层（大约 44Å）的全反式构象一致[43,48]。通过轰击，垂直层高度随着暴露时间的延长而降低（图 9-11）。600 s 轰击过后分子层高度变为（2.58 ± 0.08）nm，仅为初始薄膜高度的大约 57%。然而，同一样品上 XPS 测试结果表明，碳浓度并没有随暴露轰击而变化。因此，结合 AFM 和 XPS 的分析结果，表明 H_2 分子轰击后由于分子链之间的交联形成了更为致密的分子网络薄膜，而对于轰击时间在 50 s 和 400 s 之间的交联反应是不完全的。当进一步延长轰击时间至大于 600 s，整个垂直层的高度则变化较小。

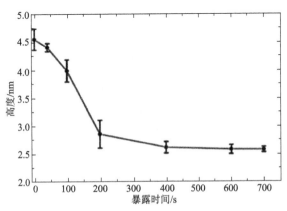

图 9-11　AFM 测量显示 $C_{32}H_{66}$ 垂直层的高度随着 H_2 分子暴露时间的变化[29]

9.2.5　粗糙度和临界时间

如图 9-11 所示，400 s 可能是以 H_2 分子弹射粒子作为引发剂完成 $C_{32}H_{66}$ 薄膜交联聚合所需必要氢气剂量的临界暴露时间。在这个轰击过程中，H_2 分子弹射粒子束流很难控制在样品表面均匀分布，因此 H—H 键和 C—H 键之间的碰撞是随机的。然而，在本节的研究中，可以通过两次粗糙度测量结果来确定碰撞的影响，这里提到的粗糙度(R_a)可以根据文献[49]进行定义。

对于所有样品，在垂直层上进行粗糙度 R_a 测量，恒定的扫描面积为 200 nm×200 nm[49]。采用轻敲模式调节施加在单分子层[50]上的敲击力具有统计学上的优势，有利于提供更可靠的结果[51]。初始 $C_{32}H_{66}$ 垂直单分子层具有非常光滑的表面，其粗糙度 R_a = （0.14 ± 0.02）nm（图 9-12），非常接近硅基底的粗糙度（大约 0.1 nm）[52]。研究发现，被轰击表面的粗糙度随着 H_2 分子暴露时间的增加而增加；在大约 200 s 时，粗糙度在（0.70 ± 0.04）nm 处达到峰值。超过 200 s 后粗糙度开始降低，并且在大于 400 s 后，表面再次变得非常光滑，具有稳定的粗糙度 R_a，为（0.15 ± 0.01）nm。

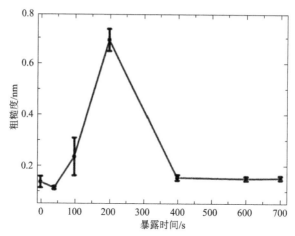

图 9-12　$C_{32}H_{66}$ 垂直层的粗糙度（通过 AFM 测量）与 H_2 分子暴露时间的关系[29]

误差棒表示七个轰击样品的表面粗糙度的标准偏差

以上结果表明，首先，接受 H_2 分子束流轰击并实现表面交联聚合的烷烃薄膜可以具有与初始薄膜相同的粗糙度。其次，轰击时间大约 400 s 即可达到完成交联聚合所需的足够 H_2 分子剂量。最后，在 200 s 的暴露时间下，粗糙度达到大约 0.70 nm 的最大值，几乎是初始表面粗糙度的五倍。这对应于部分被轰击的表面（图 9-11）的情况，其交联度在整个表面上变化也最为明显。这种现象可以解释为：实验中 $C_{32}H_{66}$ 分子最初以全反式长链垂直于基底，经过 200 s 的部分轰击处理，一些分子彼此交联后向下弯曲，而其他完整分子仍然保持其长度，并产生了粗糙度很高的表面。因此，被轰击表面的粗糙度可作为判断分子交联程度的重要参数。研究发现 200 s 轰击后粗糙度测量结果与图 9-11 中的高度测量结果一致，例如，测得高度标准偏差最大之处正对应于粗糙度最大值。

9.3　结　论

本章使用超高热 H_2 分子作为引发剂选择性断裂 C—H 键是更加行之有效的方法。遵循运动能量转移的基本原理，轻质弹射粒子可以通过原子质量区分其碰撞原子。像熟练外科医生的手术刀一样，它只从 C—H 键中切除氢，同时保留其他化学键完好无损。由于反应器相对简单、能耗少、不消耗反应性气体，因此制造成本低。同时，基于 ECR 的简单设备能够产生高通量的超高热 H_2 分子引发剂，可以处理大量样品且不需要热能，高通量下甚至只需要几秒时间即可完成交联聚合反应。总的来说，这种新方法给出了绿色化学反应设计中近乎完美的示例（表 9-2），并有望在化学、分子工程和有机电子领域中得到实际应用。通过研究薄膜的形态和力学性质，证明被轰击的垂直层具有交联的分子网络和较为光滑的表面，薄膜的机械强度提高到五倍。在氢轰击过程中形成了富碳（如无定形）层。上述技术优点对于改善现代小型系统的摩擦学特性以延长其使用寿命方面是非常重要的。

表 9-2　HHIC 的绿色化学应用

绿色化学理论	HHIC 的绿色化学内容
能量最小	裂解 C—H 键总是需要能量。在 HHIC 中，开发了一种巧妙的方法来将能量作用到 C—H 键的 H 原子上以裂解该键。更重要的是，该方法最大限度地减少了化学过程系统中其他原子的能量作用。相比之下，目前大多数裂解 C—H 键的方法会不加选择地将能量存储到化学系统中的所有部分。因此，HHIC 相对节能
合成在室温下进行	目前大多数裂解 C—H 键的方法需要在高于室温温度下进行。HHIC 在室温下进行
防止浪费	HHIC 旨在优先裂解 C—H 键，没有不希望的键裂解。这种方法可以防止浪费和副产品的形成
化学产品的设计保持功能的有效性	在 HHIC 中，分子交联并保留其功能性化学基团
合成方法的设计最大限度地将使用的所有材料纳入最终产品	HHIC 具有非常高的反应率和低的副反应率。因此，它旨在最大限度地将使用的所有材料纳入最终产品
不使用辅助物质（溶剂、分离剂等）	HHIC 不需要任何辅助物质
避免不必要的衍生化	与许多 C—H 键裂解和交联方法不同，HHIC 不需要任何衍生化步骤

参 考 文 献

[1] Pugh C, Kiste A L. Molecular engineering of side-chain liquid crystalline polymers by living polymerizations.Progress in Polymer Science, 1997, 22(4): 601-691.

[2] Zhang W Q, Zhou Y, Wu G R, et al. Depression of reactivity by the collision energy in the single barrier H + CD$_4$ $\longrightarrow$ HD + CD$_3$ reaction. Proceedings of the National Academy of Sciences of the United States of America, 2010, 107(34): 15305.

[3] Kerkeni B N, Clary D C. Quantum reactive scattering of H$^+$ hydrocarbon reactions. Physical Chemistry Chemical Physics, 2006, 8:917-925.

[4] Hyun J. A new approach to characterize crystallinity by observing the mobility of plasma treated polymer surfaces. Polymer, 2001, 42(15): 6473-6477.

[5] Edmondson S, Osborne V L, Huck W T S. Polymer brushes via surface-initiated polymerizations. Chemical Society Reviews, 2004, 33(1): 14.

[6] Patten T E, Xia J, Abernathy T, et al. Polymers with very low polydispersities from atom transfer radical polymerization. Science, 1996, 272(5263): 866-868.

[7] Zhang W, Kawamata H, Liu K. CH stretching excitation in the early barrier F+CHD$_3$ reaction inhibits CH bond cleavage. Science, 2009, 32(5938): 303-306.

[8] Zheng Z, Zhao H X, Fa W J, et al. Construction of cross-linked polymer films covalently attached on silicon substrate via a self-assembled monolayer. RSC Advances, 2013, 3: 11580-11585.

[9] Zheng Z, Kwok R W M, Lau W M. A new cross-linking route via the unusual collision kinematics of hyperthermal protons in unsaturated hydrocarbons: the case of poly(*trans*-isoprene). Chemical Communications, 2006, 29(29): 3122-3124.

[10] Zheng Z, Wong K W, Lau W C, et al. Unusual kinematics-driven chemistry: cleaving C—H but not COO—H bonds with hyperthermal protons to synthesize tailor-made molecular films. Chemistry : A European Journal, 2007, 11(13): 3187-3192.

[11] Bernskoetter W H, Schauer C K, Goldberg K I, et al. Characterization of a rhodium(I) - methane complex in solution. Science, 2009, 326(5952): 553-556.

[12] Zhao A D, Li Q X, Chen L, et al. Controlling the Kondo effect of an adsorbed magnetic ion through its chemical bonding. Science, 2005, 309(5740): 1542-1544.

[13] Katano S, Kim Y, Hori M, et al. Reversible control of hydrogenation of a single molecule. Science, 2007, 316(5833): 1883-1886.

[14] Trebicky T, Crewdson P, Paliy M, et al. Cleaving C—H bonds with hyperthermal H$_2$: facile chemistry to cross-link organic molecules under low chemical- and energy-loads. Green Chemistry, 2014, 16(3): 1316-1325.

[15] Jacobs D C. Reactive collisions of hyper thermal energy molecular ions with solid surfaces. Journal of Chemical Physics, 2002, 53(1): 379-407.

[16] Rabalais J W. Scattering and recoiling spectrometry: an ion's eye view of surface structure. Science, 1990, 250(4980): 521-527.

[17] Rodríguez L M, Gayone J E, Sánchez E A, et al. Gas phase formation of dense alkanethiol layers

on GaAs(110). Journal of the American Chemical Society, 2007, 129(25): 7807-7813.

[18] Tongson L L, Cooper C B. Mass spectrometric study of the binary approximation in scattering of low energy ions from solid surfaces. Surface Science, 1975, 52(2): 263-269.

[19] Ceyer S T. New mechanisms for chemistry at surfaces. Science, 1990, 249(4965): 133-139.

[20] Levine R D. Molecular Reaction Dynamics. Cambridge: Cambridge University Press, 2005.

[21] Scoles G. Atomic and Molecular Beam Methods. New York: Oxford University Press, 1988.

[22] Rechtien J H, Harder R, Herrmann G, et al. Direct measurement of the energy release and final molecular axis orientation in dissociative molecular scattering at surfaces. Surface Science, 1993, 282(1-2): 137-151.

[23] Ketzer B, Weitzel Q, Paul S, et al. Erratum to "performance of triple GEM tracking detectors in the COMPASS experiment". Nuclear Instruments and Methods in Physics Research Section A: Accelerators, Spectrometers, Detectors and Associated Equipment, 2011, 648(1): 293.

[24] Friedrich J, Mix R, Kühn G, et al. Plasma-based introduction of moonsort functional groups of different type and density onto polymer surfaces. Part 2: pulsed plasma polymerization. Composite Interfaces, 2003, 10(2-3): 173-223.

[25] Bonduelle C V, Lau W M, Gillies E R. Preparation of protein- and cell-resistant surfaces by hyperthermal hydrogen induced cross-linking of poly(ethylene oxide). ACS Applied Materials & Interfaces, 2011, 3(5): 1740-1748.

[26] Halperin A. Polymer brushes that resist adsorption of model proteins: design parameters. Langmuir, 1999, 15(7): 2525-2533.

[27] Huang J Y, Murata H, Koepsel R R, et al. Antibacterial polypropylene via surface-initiated atom transfer radical polymerization. Biomacromolecules, 2007, 8(5): 1396-1399.

[28] Karamdoust S, Yu B Y, Bonduel C V, et al. Preparation of antibacterial surfaces by hyperthermal hydrogen induced cross-linking of polymer thin films. Journal of Materials Chemistry, 2012, 22(11): 4881-4889.

[29] Liu Y, Yang D Q, Nie H Y, et al. Study of a hydrogen-bombardment process for molecular cross-linking within thin films. Journal of Chemical Physics, 2011, 134(7): 9886.

[30] Andersen C A, Roden H J, Robinson C F. Negative ion bombardment of insulators to alleviate surface charge-up. Journal of Applied Physics, 1969, 40(8): 3419-3420.

[31] Arnold J C, Sawin H H. Charging of pattern features during plasma etching. Journal of Applied Physics, 1991, 70(10): 5314-5317.

[32] Kenney J A, Hwang G S. Prediction of stochastic behavior in differential charging of nanopatterned dielectric surfaces during plasma processing. Journal of Applied Physics, 2007, 101(4): 044.

[33] Losurdo M, Capezzuto P, Bruno G. Plasmasurface interactions in the processing of Ⅲ-Ⅴ semiconductor materials. Pure and Applied Chemistry, 2009, 70(6): 1181-1186.

[34] Chang J P, Coburn J W. Plasma-surface interactions. Journal of Vacuum Science and Technology A, 2003, 21: S145.

[35] Abatchev M K, Murali S K. Differential surface-charge-induced damage of dielectrics and leakage kinetics during plasma processing. Electrochemical and Solid-State Letters, 2006,

9(1): F1-F4.

[36] Linder B P, Cheung N W. Plasma immersion ion implantation with dielectric substrates. IEEE Transactions on Plasma Science, 1996, 24(6): 1383-1388.

[37] Sefler G A, Du Q, Miranda P B, et al. Surface crystallization of liquid n-alkanes and alcohol monolayers studied by surface vibrational spectroscopy. Chemical Physics Letters, 1995, 235(3-4): 347-354.

[38] Wu X Z, Sirota E B, Sinha S K, et al. Surface crystallization of liquid normal-alkanes. Physical Review Letters, 1993, 70(7): 958.

[39] Schollmeyer H, Struth B, Riegler H. Long chain n-alkanes at SiO_2/air interfaces: molecular ordering, annealing, and surface freezing of triacontane in the case of excess and submonolayer coverage. Langmuir, 2003, 19(12): 5042-5051.

[40] Merkl C, Pfohl T, Riegler H. Influence of the molecular ordering on the wetting of SiO_2/air interfaces by alkanes. Physical Review Letters, 1997, 79(23): 4625.

[41] Yamamoto T, Nozaki K, Yamaguchi A, et al. Molecular simulation of crystallization in n-alkane ultrathin films: effects of film thickness and substrate attraction. Journal of Chemical Physics, 2007, 127(15): 154704.

[42] Herwig K W, Matthies B, Taub H. Solvent effects on the monolayer structure of long n-alkane molecules adsorbed on graphite. Physical Review Letters, 1995, 75(17): 3154-3157.

[43] Volkmann U G, Pino M, Altamirano L A, et al. High-resolution ellipsometric study of an n-alkane film, dotriacontane, adsorbed on a SiO_2 surface. Journal of Chemical Physics, 2002, 116(5): 2107-2115.

[44] Holzwarth A, Leporatti S, Riegler H. Molecular ordering and domain morphology of molecularly thin triacontane films at SiO_2/air interfaces. Europhysics Letters, 2000, 52(6): 653-659.

[45] Holzwarth A, Leporatti S, Riegler H. Molecular ordering and domain morphology of molecularly thin triacontane films at SiO_2/air interfaces. EPL, 2007, 52(6): 653.

[46] Bai M, Trogisch S, Magonov S, et al. Explanation and correction of false step heights in amplitude modulation atomic force microscopy measurements on alkane films. Ultramicroscopy, 2008, 108(9): 946-952.

[47] Sirringhaus H, Tessler N, Friend R H. Integrated, high-mobility polymer field-effect transistors driving polymer light-emitting diodes. Synthetic Metals, 1999, 102(1-3): 857-860.

[48] Trogisch S, Simpson M J, Taub H, et al. Atomic force microscopy measurements of topography and friction on dotriacontane films adsorbed on a SiO_2 surface. The Journal of Chemical Physics, 2005, 123(15): 154703.

[49] Bhushan B. Handbook of Micro/Nano Tribology. 2nd ed. Boca Raton: CRC Press, 1999.

[50] Hartig M, Chi L F, Liu X D, et al. Dependence of the measured monolayer height on applied forces in scanning force microscopy. Thin Solid Films, 1998, 327-329: 262-267.

[51] Simpson G J, Sedin D L, Rowlen K L. Surface roughness by contact versus tapping mode atomic force microscopy. Langmuir, 1999, 15(4): 1429-1434.

[52] Tsukruk V V, Luzinov I, Julthongpiput D. Sticky molecular surfaces: epoxysilane self-assembled monolayers. Langmuir, 1999, 15(9): 3029-3032.

第10章 超高热 H_2 分子束轰击诱导交联聚合物薄膜的制备与抗蛋白质吸附应用

10.1 引　言

　　蛋白质是一种由氨基酸构成的有机大分子，它是生命的物质基础，是构成细胞和组织的重要成分，占人体全部质量的 16%～20%。蛋白质无处不在，很容易发生吸附现象。作为一种非常普遍的现象，蛋白质吸附严重影响了吸附基底的特性和功能，特别是在生物医学领域备受关注。例如，蛋白质的非特异性吸附行为非常容易引起污染。蛋白质一旦与用于体内手术植入的生物材料和器械接触，就很容易发生吸附现象从而造成污染，最终可能会致使植入手术的失败。因此，抗蛋白质吸附材料的研究在医用和环境领域都具有重要用途，特别是在蛋白质纯化、医疗设备、抗污等方面发挥着至关重要的作用，现在已成为生物医用材料领域的研究热点。

　　目前，可用于抗蛋白质吸附的材料种类有很多[1-3]。从化学结构上来讲，德国科学家 Michael Grunze 等[4-6]总结了抗蛋白质吸附材料表面官能团通常具有强亲水性、氢键受体、非氢键供体、电中性等特征。但是，到目前为止，能够有效抑制蛋白质吸附并得到广泛应用的材料还比较少。聚环氧乙烷（PEO）是一种非枝化水溶性高分子化合物，广泛应用于化工、生物化学和生物技术领域的高分子材料。PEO 本身具有良好的生物相容性和水溶性[3]，其分子链具有空间排斥效应和经典斥力作用，并且还有含水量高、排斥体积大和对吸附位点的保护作用等特性[5-8]，这些特点赋予它阻止蛋白质吸附的能力[9,10]。研究表明，对材料进行 PEO 表面处理是一种有效的抗蛋白质吸附功能化手段[3,4]。

　　多年来，研究者在 PEO 及其衍生物的表面功能化方面做了大量研究，并开发了多种方法。其中，大部分功能化方法都涉及表面反应，包括：①表面硅烷化反应，将硅烷基引入到分子中，从而降低了化合物的极性[7,11-14]；②表面氨基功能化反应，将氨基引入到分子中[15,16]；③亲电表面基团与亲核 PEO 衍生物的反应[14,17,18]。研究发现，随着 PEO 接枝密度和长度的增加，蛋白质的吸附能力普遍降低[10,12,13,19-22]。

此外，PEO 表面功能化还有非键合方法[7,19-27]。例如，在引发剂吸附后，表面引发聚乙二醇甲基丙烯酸酯聚合形成的表面，也可以降低蛋白质吸附量[28,29]。总体来讲，现有方法在很大程度上实现了对聚合物表面化学结构的控制。然而，这些方法所得聚合物与基底表面的附着力较弱，从而影响了表面稳定性。PEO 的排斥体积效应将会减小聚合物链的表面密度，这使得 PEO 的成功接枝或吸附仍是一个挑战性的难题[30,31]。不仅如此，上述方法还需要表面具有特定的官能团来进行共价或非共价接枝 PEO，每种方法都需要具有特异性的基体。液相加工工艺以及对额外化学试剂的需求使得这些方法在工业规模生产的成本显著提高。

物理处理方法是表面 PEO 功能化的另一种选择。这种方法在表面涂覆 PEO，然后进行等离子体诱导或电子束诱导交联反应[32-35]，以获得具有防污性能的材料。为此，四乙二醇二甲醚、三甘醇二甲醚或者二甘醇二甲醚常被用作前驱体，其他以乙烯基/丙烯基为端基的 PEO 低聚物也有报道[36-42]。最佳条件下，等离子体方法得到的薄膜类似 PEO，主要由环氧乙烷单体组成并具有一定程度的交联[40,42]。相比于传统湿化学方法，物理方法在基底特异性和成本方面具有明显优势，但是热电子、离子、自由基和其他被激发的微粒物种能量高，会导致部分表面破坏或形成副产物。例如，一些副反应经常会产生酯类、羰基、羧基和烃类等基团，同时也会减少表面含氧量[38,40,41,43]。

近年来，基于碰撞运动学概念，在本书的第 1～9 章提出了一种新的干合成法用来制备具有特定功能的分子薄膜。这种方法与传统的化学或等离子体方法有本质的不同，它兼用了物理和化学方法，包括电荷交换、离子轰击、运动学、碰撞引发解离、非弹性能量转移、链转移和链交联等。该方法的第一个应用实例是用超高热 H^+ 离子束处理表面[44]，例如我们在第 3 章中讲到的，制备具有羧基官能团的超薄交联聚合物薄膜。为了避免聚合物等绝缘基底上的电荷积聚[45]，使用 H_2 分子代替离子作为引发剂的研究也取得了成功。如第 2 章中所阐述的，根据硬球近似理论，用公式 $4M_1M_2/(M_1+M_2)^2$ 可以计算出两种分子之间的最大传递能量。该模型表明，在与 C—H 键的 H 原子正面碰撞中，H_2 分子弹射粒子最大动能转移率为 89%；如果目标为 C 原子，则最大动能转移仅为 49%。因此，通过计算化学键的解离能并相应地控制 H_2 分子弹射粒子的能量，理论上实现特定 C—H 键断裂并形成交联分子膜，同时保护其他表面化学官能团是完全可行的。实际上，因为 C—H 键和 O—H 键之间存在强度差异，利用 H^+ 离子束弹射粒子就能够实现对聚丙烯酸薄膜中羧酸的 O—H 键和 C—H 键的选择性断裂。此外这种新方法与传统的湿法不同之处还在于：合成交联聚合物薄膜时不需要化学引发剂、添加剂或催化剂，只需要具有几电子伏动能的 H_2 分子。在第 9 章采用一种能够产生超高热高束流 H_2 分子的反应器，可在几秒内完成表面接枝反应。本章将主要介绍利用 H_2 分子束诱导交联制备 PEO 功能化薄膜及其抗蛋白质、抗细胞吸附能力和抗污特性。

10.2　PEO 表面修饰和分析技术

10.2.1　PEO 修饰表面的制备与超高热 H₂ 分子引发交联

以 6000 r/min 的速度在干净硅片或环氧化丁基橡胶涂层硅片上旋涂 PEO 的 CH_2Cl_2 溶液（4 mg/mL），制成 PEO 薄膜。在干净硅片或环氧丁基涂层硅片上旋涂丁基橡胶 402（以下简称丁基 402）的正己烷溶液（5 mg/mL），制成丁基橡胶薄膜。为了更好对比，同样制备了橡胶基底的 PEO 修饰表面。具体方法为：将一片固化的丁基橡胶（08CA361）浸入水中洗涤 24 h，然后切割并用紫外光照 1 h 灭菌处理。在丁基橡胶片表面先旋涂环氧化丁基橡胶的正己烷溶液（5 mg/mL），然后旋涂 PEO 的 CH_2Cl_2 溶液（4 mg/mL，旋涂两次）。随后，采用超高热 H₂ 分子诱导交联技术对以上两种表面进行交联处理，具体方法在前面章节已经介绍，在此不再赘述。一般讲，具有一定动能（5~10 eV）和剂量（$1×10^{15}$~$1×10^{18}$ cm^{-2}）的 H₂ 分子轰击样品。本章所使用的超高热 H₂ 分子剂量为 $1×10^{16}$~$1×10^{17}$ cm^{-2}，并且该剂量的超高热 H₂ 分子能够在几秒内在样品表面聚积并反应。以上所得薄膜均用于抗蛋白质吸附性能测试和细胞培养实验。

10.2.2　蛋白质吸附实验

选取胎牛血清溶液（50 mL）、谷氨酸溶液（5 mL）、葡萄糖溶液（1 L）和链霉素溶液（5 mL）按照最佳比例配制细胞生长培养基，选择 C_2C_{12} 小鼠成纤维细胞，将其置于 37℃（5% CO₂）的上述生长培养基中培养 48 h。然后，取出生长培养基，用 PBS（pH 7.2）缓冲液洗涤表面 3 次，将细胞在多聚甲醛固定溶液中孵育 10 min，然后用 PBS（pH 7.2）缓冲液洗涤 3 次。固定后，将表面浸入冷丙酮（3 min）和 PBS 缓冲液（10 min）中进行渗透。最后，将表面浸入 1 μg/mL 的 4',6-二脒基-2-苯基吲哚（DAPI）水溶液中进行细胞核染色，然后通过荧光显微镜评估每个表面上的细胞数，对每个表面平均随机选择 10 个区域，对于每个样品，制备并测量三个表面。

10.3　硅基底上 PEO 涂层及功能薄膜的交联

蛋白质在材料表面的吸附受很多因素影响，包括化学组成、亲疏水性、表面电荷、形貌结构、拓扑结构及蛋白质结构等。

　　为了便于后续样品表面形貌和元素成分的表征，选择具有原子级光滑表面的硅片作为基底，用于制备 PEO 表面涂层，研究 PEO 涂层及其交联过程。实验室选择摩尔质量为 10000 g/mol 的 PEO，溶于 CH_2Cl_2 溶液，通过旋涂法在硅片上制成薄膜。利用 AFM 测定薄膜的厚度和粗糙度，所得结果见表 10-1。可见，通过调节 PEO 的浓度，能够获得不同厚度的薄膜，并且粗糙度保持相对恒定。选择浓度为 4 mg/mL 的 PEO 来制备用于超高热 H_2 分子轰击的表面，此时交联深度约为 20 nm。

表 10-1　自旋涂覆法所制 PEO 薄膜的厚度和粗糙度（AFM 确定）[46]

PEO 浓度/（CH_2Cl_2，mg/mL）	厚度/nm	粗糙度/nm
2	8	2.1
3	12	1.9
4	19	2.9
5	26	2.3

　　利用超高热 H_2 分子束诱导交联对 PEO 涂覆硅片进行 100 s 的处理。为了确定表面 PEO 交联是否成功，对其进行清洗处理实验和 XPS 分析，测试结果见表 10-2。在交联处理前，XPS 图谱中仅能观察到 C 和 O 的特征峰，证实表面 PEO 的存在。交联后，C 与 O 的特征峰也没有明显变化。非交联表面浸泡在水中清洗 2 天，XPS 图谱中可明显看到 Si 元素特征峰的出现，表明未交联的聚合物能够从表面洗掉。相反，当清洗交联表面时，XPS 图谱没有变化，表明聚合物不能从表面洗掉。为了进一步表征 PEO 层的结构，进行了 XPS 高分辨谱（HR-XPS）的测试。通过对 C 1s 信号的分析可知，与初始 PEO 链中的非氧关联的 C—C 峰强度增加，同时出现了一个对应于 O—C=O 的弱峰（表 10-3）。然而，XPS 图谱显示在超高热 H_2 分子束交联处理 100 s 后交联层的 PEO 特征还保留 90%，而其他物理处理过程获得的最佳结果为 70%～80%[38,40,43,47]。此外，处理后的表面粗糙度也非常小（约 2 nm），而其他物理方法处理后的表面粗糙度多为 5～10 nm，表明超高热 H_2 分子束处理方法具有较好的非消融效果。

表 10-2　洗涤前后硅片上交联和非交联 PEO 涂层的 XPS 分析[46]

超高热 H_2 分子束交联	洗涤	含量/%		
		C	O	Si
是	是	73.9	26.1	
是	否	73.3	26.7	
否	是	21.3	33.0	45.7
否	否	74.0	26.0	

表 10-3　超高热 H_2 分子不同处理时间对硅片上处理前后 PEO 涂层的 XPS 分析[46]

处理时间/s	C 1s/%	O 1s/%	HR-XPS C 1s/%				
			O—C=O	C=O	C—O	环 C—O	C—C
0	74.9	25.1			98.3		1.7
100	74.7	25.3	2.6		87.5		9.9
400	72.0	28.0	4.1	38.5	34.2	12.5	10.7
1000	73.8	26.2	6.7	30.2	24.0	13.3	25.7

　　延长处理时间对 PEO 层结构和抗蛋白质吸附特性产生重要影响。借助 PEO 末端和表面之间的反应，PEO 能够高密度地接枝到表面上，并形成刷子状结构。研究者发现，如果有蛋白质吸附，PEO 链的构象迁移率会在链压缩过程中产生熵损失，因此，人们认为在此类表面上的 PEO 链迁移率是优化抗蛋白质吸附的重要因素。相反，PEO 通过超高热 H_2 分子束交联引入表面时，交联可以发生在沿着 PEO 链的多个位点，固定支链可以阻止刷子状结构的形成，并降低链移动性。虽然不能精确地量化聚合物在每一次反应时间中交联的数量，但它们会随着表面处理时间的增加而增加，而交联程度对抗蛋白质吸附及抗污性能的影响具有重要意义。另外，确定在什么位点延长处理时间可以改变 PEO 层化学结构发生副反应，这也是非常重要的。

　　为了比较不同处理时间的效果，分别选择了 400 s 和 1000 s 对样品进行交联处理。处理后，用原子力显微镜对每个样品进行分析，发现延长处理时间并未观察到表面层厚度或粗糙度的显著变化。XPS 测试结果表明，即使经过 1000 s 的处理，C/O 组成也没有发生变化，这与类 PEO 表面传统的等离子体接枝方法不同，它们在 PEO 表面可以观察到 C/O 组成的显著变化[38,40,52]。然而，XPS C 1s 高分辨率谱图随着处理时间的增加会引起相应的变化，这些变化可归因于 C—C 键、环状 C—O 键、C=O 键和 O—C=O 键的形成。环状 C—O 键来自广泛的交联，但 C—C 键、C=O 键和 O—C=O 键的形成则来自重排过程，这可能是自由基副反应的结果。

　　通过接触角测量进一步分析了 PEO 交联表面，结果见表 10-4。由于 PEO 具有良好的水溶性从而无法测量未交联的旋涂薄膜的接触角，在超高热 H_2 分子束处理 100 s 后，接触角为 24°，这与接枝 PEO 表面所测结果非常相似。当处理时间延长到 1000 s 后，接触角增加到 52°。前进角和后退角也随处理时间的增加而增大。XPS 结果显示在所有处理时间内测得的 C/O 比值相同，这表明在化学重组过程中没有发生氧损失。随着处理时间增加，XPS 证实副反应的发生可能使样品表现出比线型 PEO 更低的氢键合能力，因此亲水性降低。总的来说，上述结果表明超高热 H_2 分子处理可以成功地用于交联 PEO 膜，并且仅仅使用不超过 100 s 的处理时间，这样对 PEO 化学结构的破坏程度可降到最低。

表 10-4　在超高热 H$_2$ 分子处理后不同时间段的 PEO 涂覆硅片的接触角测量[46]

处理时间/s	静态接触角/（°）	前进角/（°）	后退角/（°）
100	24.4±1.0	27.6±2.1	< 10
400	35.0±2.2	47.4±2.9	16.9±5.2
1000	52.4±2.9	58.8±1.8	25.8±3.5

10.4　丁基橡胶基底上 PEO 的涂覆和交联

　　传统 PEO 接枝方法要求基底必须具有反应活性基团才能进行功能化，这也是限制该方法广泛应用的一个原因。使用超高热 H$_2$ 分子束交联技术可以在各种非反应性基底上交联薄膜，能够解决这一问题。丁基橡胶是一种在生物材料领域具有广泛应用前景的聚合物，由于其不透水性和非生物降解性[53,54]，被认为是一种理想的乳房植入材料。此外，聚异丁烯与聚苯乙烯的共聚物目前被用于制造血管支架[55]。然而报道认为，为了更好地发挥丁基橡胶的功能，需要减少其表面对蛋白质的吸附。作为仅含有 C—H 键的聚异丁烯和来自异戊二烯的小部分（约 2%）C=C 键的聚合物，丁基橡胶也可以作为功能化的理想底物。在此，选择化学惰性的丁基橡胶为例，利用超高热 H$_2$ 分子束交联方法对其表面进行 PEO 功能化。

　　为便于表面功能化表征及蛋白质吸附性能分析，在硅片上旋涂丁基 402 制成平坦的丁基橡胶表面，该表面用于进一步超高热 H$_2$ 分子束交联。仍然采用 AFM 测定了膜厚度和粗糙度，分别为 22 nm 和 1.8 nm，结果见表 10-5 和图 10-1（a）。随后，将 PEO 旋涂在丁基表面，但结果表明，由于 PEO 和丁基表面之间的不相容性，所得到的薄膜非常不均匀，在表面存在大颗粒的 PEO[图 10-1（b）]。在之前的工作中，使用含有 2%异戊二烯单元的丁基与间氯过氧苯甲酸反应制备了环氧化丁基[图 10-2]。将该聚合物旋涂在硅片上，并经超高热 H$_2$ 分子束交联处理 100 s，通过 AFM 测量，得到 23 nm 的膜厚度和 1.3 nm 的粗糙度[图 10-1（c）]。XPS C 1s 高分辨率图谱证实了环氧化物基团的存在。这些结果表明，在该改性丁基表面上旋涂 PEO 可以形成更加均匀的薄膜，测量所得丁基和 PEO 层组合膜厚度为 36 nm、粗糙度为 5.9 nm[图 10-1（d）]。另外，该方法具有很好的重复性。

表 10-5　AFM 分析交联丁基橡胶和 PEO 包覆丁基橡胶薄膜[46]（单位：nm）

样品	膜厚度	膜粗糙度
丁基 402	22	1.8

续表

样品	膜厚度	膜粗糙度
环氧化丁基 402	23	1.3
丁基 402 + PEO（100 kDa）	nd	nd
环氧化丁基 402 + PEO（100 kDa）	36	5.9

注：nd 表示未确定

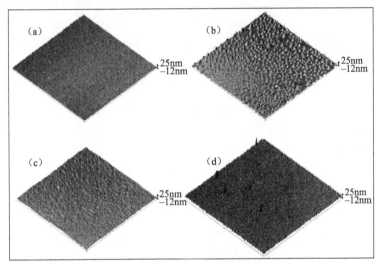

图 10-1　薄膜的 AFM 图像（形貌）[46]

（a）交联丁基橡胶；（b）交联丁基橡胶上的 PEO（100 kDa）；（c）交联环氧化丁基橡胶；（d）交联环氧化丁
基橡胶上的 PEO（100 kDa），每个图像代表 20 个 20 μm 的区域

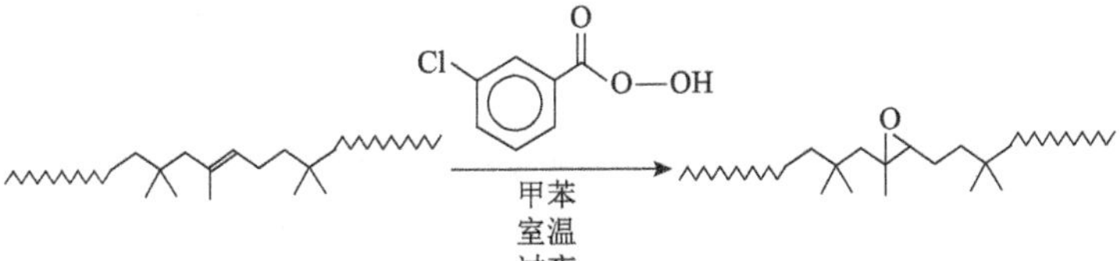

图 10-2　丁基橡胶的环氧化[46]

　　值得注意的是，除了强碱性或强酸性条件外，我们发现丁基环氧官能团在溶液中不发生化学反应。考虑到在该表面上发生反应的难度，在旋涂条件下，依靠 PEO 的羟基对环氧化物的开环是很难提高膜均匀性的。此外，环氧化丁基薄膜的接触角为 88°，与所得的丁基薄膜的 91°接触角非常接近，表明这两个表面的亲水性差别不大。也许正是由于在丁基中加入很小百分比的氧而增加了两种聚合物之间的相容性，从而增加了亲氧性。当环氧树脂与聚丁二烯共聚物混合时，

Mondragon 等[56]曾观察到这种亲氧效应。在整个混合物中引入 4.8%的环氧化聚丁二烯单元足以实现最终聚合物共混的纳米结构。在我们的实验条件下，环氧化丁基橡胶或其他疏水聚合物被小部分氧化可为提高 PEO 疏水聚合物表面与其他亲水聚合物相容性提供一条通用方法，从而能有效地对它们进行旋涂。

10.5　PEO 功能化表面对蛋白质的抗吸附特性

10.5.1　蛋白质吸附行为测试与表征

根据前期报道，在 pH 为 7.2 的 5 mmol/L 磷酸盐缓冲液中制备罗丹明-纤维蛋白原结合物；使用 1 mg/mL 蛋白质浓度比较不同时间处理的 PEO 表面，而在其他实验中使用 400 μg/mL 蛋白质浓度。实验过程如下，将功能化表面浸入蛋白质溶液中，2 h 后，通过用缓冲液和水清洗表面除去未吸附蛋白质，然后使用 LSM 510 多通道点共聚焦扫描显微镜（激光 543 nm 和 560～600 nm 的带通滤光器）测试荧光强度。通过对每个样品 10 个随机选择的区域进行平均来评估荧光强度，为了保证测量的准确性，在实验过程中使用固定的拍照条件对观察到的荧光信号进行定量分析。使用 Northern Eclipse 图像分析软件（Empix Imaging，Mississauga，Ontario）分析荧光显微镜图像，获得图像内荧光强度的平均值和标准偏差。测量未暴露于蛋白质的表面区域的荧光强度，以量化材料本身的背景荧光强度，并从暴露区域测量的荧光强度中减去该值，然后使用每个膜的背景校正的荧光强度来比较每个表面上的蛋白质吸附。对于所有样品均做三次平行实验，然后取其平均值。

10.5.2　抗蛋白质吸附能力分析

以上工作已经证明了超高热 H_2 分子束轰击诱导 PEO 交联以及在硅片和疏水聚合物表面上形成稳定均匀膜，接下来将验证这些膜对蛋白质的抗吸附能力。实验选择共聚焦荧光显微镜作为表征不同表面对蛋白质吸附的主要工具[57]，纤维蛋白原作为蛋白质代表，因为它是血浆中的常见蛋白质，参与血液的凝固。纤维蛋白原在表面诱导血栓形成过程中起着重要作用[58]，因此受到广泛关注。如前所述，通过与活化的罗丹明染料反应形成荧光纤维蛋白原结合物，从而可以利用荧光显微镜进行观察。此外，为便于比较，根据先前方法，通过硅烷功能化 PEO 与干净玻璃反应化学接枝 PEO 表面，用作对照。

为了测量蛋白质吸附，将丁基、环氧化丁基、PEO 修饰环氧化丁基、PEO 涂覆硅片和化学接枝的 PEO 表面等分别浸入 400 μg/mL 荧光纤维蛋白原溶液并浸泡

2 h，然后清洗表面并进行共聚焦荧光显微镜观察。对每个表面上的至少 10 个随机区域进行定量荧光测量，并且为了符合统计学规则每种类型表面至少进行 3 个平行实验。如图 10-3 所示，丁基橡胶和环氧化丁基橡胶表面显示出具有高浓度蛋白质吸附的强荧光，这可能归因于它们的强疏水性。相比之下，在超高热 H₂ 分子束交联处理 100 s 后的表面，表现出的荧光强度比 PEO 涂覆的硅片减少了 98%以上，与化学接枝的 PEO 表面的荧光强度相当。这种特殊的化学接枝 PEO 表面在 150 μg/mL 的溶液中浸泡 1 h 后，测量得到吸附蛋白质约 0.01 μg/cm²，因此可以推断交联 PEO 涂层硅片吸附的蛋白质量也与此值类似。交联 PEO 膜抗蛋白质吸附的良好性能可归因于该方法在旋涂的过程中获得了较高表面覆盖率，这对于化学接枝方法而言是很难做到的。此外实验证实，经过 100 s 的超高热 H₂ 分子束交联处理后，PEO 的抗蛋白质吸附能力能够维持不变，因为 PEO 薄膜的化学结构仅有小的改变。先前报道中，等离子体处理的 PEO 表面显示出其抗污性质确实与 PEO 特征保留的百分比相关[40,59]。另外发现与硅片涂覆 PEO 表面相比，环氧化丁基橡胶上的 PEO 表面对蛋白质吸附有所增加，这可能是由涂层的少量不均匀性造成的，但这仅占到蛋白质吸附量的不足 10%。因此，该技术也可以有效地应用于非反应性疏水聚合物表面，从而显著降低其对蛋白质的吸附量。这些荧光结果同时也被 AFM 测试所证实，在交联的丁基表面上检测到蛋白质分子吸附和蛋白质聚集体，但在交联的 PEO 表面上没有检测到这些蛋白质分子（图 10-4）。此外利用 XPS 对吸附蛋白质后的表面进行表征，发现在丁基表面上检测到氮的明显信号，而在 PEO 表面上并没有检测到，这也表明了 PEO 交联表面抗蛋白质吸附的优异能力（表 10-6）。

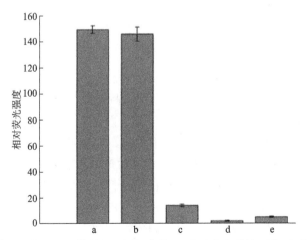

图 10-3　共聚焦荧光显微镜测得不同超高热 H₂ 分子束交联处理表面吸附蛋白质的相对荧光强度[46]

a. 丁基 402；b. 环氧化丁基 402；c. PEO 涂覆的环氧化丁基 402；d. PEO 涂覆的清洁硅片；e. 硅烷官能化 PEO 接枝表面（0.01 μg/cm²），误差棒表示每个样品 10 次测量的标准偏差

图 10-4　蛋白质吸附前后的 AFM 图像（形貌）[46]

（a）蛋白质吸附前的交联丁基橡胶；（b）蛋白质吸附后的交联丁基橡胶；（c）蛋白质吸附前的交联 PEO；
（d）蛋白质吸附后的交联 PEO，在每种情况下将聚合物涂覆在硅片上，每个图像代表 20 个 20 μm 的区域

表 10-6　在蛋白质吸附前后交联的 PEO 或丁基 402 涂覆的硅片的 XPS 分析[46]（单位：%）

样品	C 1s	O 1s	N 1s	其他
PEO 吸附蛋白质前	73.8	26.2		
PEO 吸附蛋白质后	72.6	26.5		0.8
丁基 402 吸附蛋白质前	98.5	1.1	0.3	0.1
丁基 402 吸附蛋白质后	55.4	19.9	14.4	10.3

　　如前所述，从 XPS 和接触角结果可得知，超高热 H₂ 分子束交联处理时间过长改变了 PEO 的结构，那么研究这些变化对蛋白质吸附的影响也是有意义的。因此，利用上述荧光测量方法，进一步比较了处理时间分别为 100s、400s 和 1000 s 的 PEO 表面对蛋白质吸附的影响。结果表明，蛋白质吸附量随着处理时间的延长而增加，400 s 和 1000 s 样品分别显示出比 100 s 样品高 2.5 倍和 11 倍的荧光强度（图 10-5）。这一结果与随着处理时间延长接触角增加的规律一致，这也是可以想到的，因为疏水性的增加能够促进蛋白质吸附[60]。由于过长交联时间的处理对 PEO 链迁移率降低可能起到一定作用，而与蛋白质结合时熵的变化关系不大。通常情况下，这两种效应的贡献也很难准确分开。

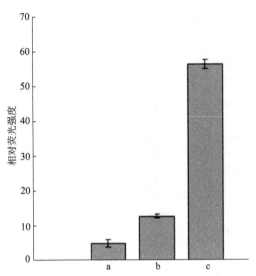

图 10-5　共聚焦荧光显微镜获得的相对荧光强度对应于超高热 H_2 分子束交联后在 PEO 涂覆的表面上吸附荧光标记的纤维蛋白原[46]

a. 100 s；b. 400 s；c. 1000 s，误差棒表示 3 个样品中每个样品 10 次测量的标准偏差

10.6　细胞抗黏附和生长行为研究

细胞的培养与生长见 10.2.2 节。细胞在基质上的黏附是培养中绝大多数哺乳动物细胞存活和增殖的必要条件。因为细胞需要附着后才能生长，表面上细胞生长的评估可以反映出该表面抵抗细胞黏附的能力。在此，考察了各种表面对细胞生长行为的影响。本实验中，每平方厘米接种 10000 个 C_2C_{12} 小鼠成纤维细胞，然后将表面在培养基中培养 2 天，固定后，用 DAPI 染色细胞核，用共聚焦荧光显微镜计算表面细胞数。如图 10-6 所示，发现细胞在本体丁基橡胶上具有良好的生长行为，表现出与组织培养基聚苯乙烯相似的细胞生长能力（～$2×10^5$ 细胞/cm²）。但是，当使用环氧化丁基作为界面层涂覆丁基，然后涂覆 PEO 和超高热 H_2 分子束交联处理后，细胞吸附数量减少了 90%，与对照组化学接枝的 PEO 表面吸附数量接近。细胞黏附和生长数量的减少显然与这些表面对蛋白质抗吸附性有关，因为表面对蛋白质吸附通常被认为是细胞吸附的第一步[61]。相比之下，硅片基底上 PEO 交联表面对细胞吸附比丁基减少了 95%。由于不同的表面接枝密度，化学接枝的 PEO 表面生长的细胞比在 PEO 涂覆硅片上的细胞多。与硅片相比，丁基橡胶基底上相对增加的细胞数量，可能是因为丁基表面不太光滑，因此难以获得完全和均匀涂覆的表面。不过，将界面环氧化聚合物和超高热 H_2 分子束交联两种方

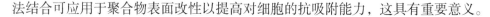

法结合可应用于聚合物表面改性以提高对细胞的抗吸附能力，这具有重要意义。

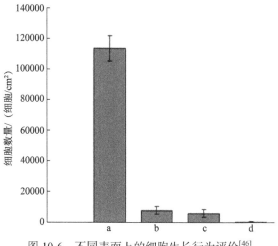

图 10-6　不同表面上的细胞生长行为评价[46]

a. 本体丁基橡胶；b. 超高热 H_2 分子束交联处理的丁基+环氧化丁基+ PEO；c. 接枝在玻璃上硅烷官能化 PEO 表面；d. 超高热 H_2 分子束交联处理的 PEO 涂覆的硅片，误差棒表示 3 次平行实验中每个样品 10 次测量的标准偏差

10.7　结　　论

　　本章详细介绍了超高热 H_2 分子束轰击诱导交联方法在 PEO 表面功能化的应用，以及该表面在抗蛋白质和细胞黏附中的应用前景。100 s 的处理时间足以将大分子牢固地固定在基底表面，与常规等离子体处理相比，还保持有高度的 PEO 特征。利用共聚焦荧光显微镜、AFM 和 XPS 等表征手段，证明了 PEO 交联显著提高了表面的抗蛋白质吸附能力，可与化学接枝的 PEO 表面抗蛋白质吸附能力相媲美。处理时间延长到 400 s 和 1000 s 时，XPS C 1s 高分辨图谱所示，出现了 O—C＝O、C＝O 和 C—C 等新的官能团信号，这些表面组成的变化导致了蛋白质吸附能力的增强。然而，与常规等离子体方法相比，超高热 H_2 分子束交联方法对 C/O 比和表面粗糙度没有引起变化，这可能归因于该方法对 C—H 键断裂的高选择性。此外还证明了该方法可以应用于疏水性非功能性丁基橡胶表面。PEO 表面对蛋白质的抗吸附能力使得该表面对细胞生长具有显著的抑制作用。综上所述，超高热 H_2 分子束交联是一种很有前途的方法，可以赋予各种含有 C—H 键的非反应性亲水和疏水表面较好的抗蛋白质和细胞吸附性能，该方法还可以应用于其他非 PEO 聚合物体系。

参 考 文 献

[1] Krishnan S, Weinman C J, Ober C K. Advances in polymers for anti-biofouling surfaces. Journal of Materials Chemistry, 2008, 18(29): 3405.

[2] Roach P, Eglin D, Rohde K, et al. Modern biomaterials: a review—bulk properties and implications of surface modifications. Journal of Materials Science: Materials in Medicine, 2007, 18(7): 1263-1277.

[3] Harris M J. Poly(ethylene glycol) Chemistry: Biotechnical and Biomedical Applications. New York: Plenum Press, 1992.

[4] Leckband D, Sheth S, Halperin A. Grafted poly(ethylene oxide) brushes as nonfouling surface coatings. Journal of Biomaterials Science, Polymer Edition, 1999, 10(10): 1125-1147.

[5] Chan Y H M, Schweiss R, Werner C, et al. Electrokinetic characterization of oligo- and poly(ethylene glycol)-terminated self-assembled monolayers on gold and glass surfaces. Langmuir, 2003, 19(18): 7380-7385.

[6] Herrwerth S, Eck W, Reinhardt S, et al. Factors that determine the protein resistance of oligoether self-assembled monolayers-internal hydrophilicity, terminal hydrophilicity, and lateral packing density. Journal of the American Chemical Society, 2003, 125(31): 9359-9366.

[7] Kreuzer H J, Wang R L C, Grunze M. Hydroxide ion adsorption on self-assembled monolayers. Journal of the American Chemical Society, 2003, 125(27): 8384-8389.

[8] McPherson T, Kidane A, Szleifer I, et al. Prevention of protein adsorption by tethered poly(ethylene oxide) layers: experiments and single-chain mean-field analysis. Langmuir, 1998, 14(1): 176-186.

[9] Jeon S I, Andrade J D. Protein-surface interactions in the presence of polyethylene oxide: II. Effect of protein size. Journal of Colloid and Interface Science, 1991, 142(1): 159-166.

[10] Halperin A. Polymer brushes that resist adsorption of model proteins: design parameters. Langmuir, 1999, 15(7): 2525-2533.

[11] Jo S, Park K. Surface modification using silanated poly(ethylene glycol)s. Biomaterials, 2000, 21(6): 605-616.

[12] Murthy R, Cox C D, Hahn M S, et al. Protein-resistant silicones: incorporation of poly(ethylene oxide) via siloxane tethers. Biomacromolecules, 2007, 8(10): 3244-3252.

[13] Yang Z, Galloway J A, Yu H. Protein interactions with poly(ethylene glycol) self-assembled monolayers on glass substrates: diffusion and adsorption. Langmuir, 1999, 15(24): 8405-8411.

[14] Dong B Y, Jiang H Q, Manolache S, et al. Plasma-mediated grafting of poly(ethylene glycol) on polyamide and polyester surfaces and evaluation of antifouling ability of modified substrates. Langmuir, 2007, 23(13): 7306-7313.

[15] Sofia S J, Premnath V, Merrill E W. Poly(ethylene oxide) grafted to silicon surfaces: grafting density and protein adsorption. Macromolecules, 1998, 31(15): 5059-5070.

[16] Hoffmann J, Groll J, Heuts J, et al. Blood cell and plasma protein repellent properties of star-PEG-modified surfaces. Journal of Biomaterials Science, Polymer Edition, 2006, 17(9):

985-996.

[17] Alcantar N A, Aydil E S, Israelachvili J N. Polyethylene glycol-coated biocompatible surfaces. Journal of Biomedical Materials Research, 2000, 51(3): 343-351.

[18] Gong X Y, Dai L M, Griesser H J, et al. Surface immobilization of poly(ethylene oxide): structure and properties. Journal of Polymer Science Part B: Polymer Physics, 2000, 38(17): 2323-2332.

[19] Norde W, Gage D. Interaction of bovine serum albumin and human blood plasma with PEO-tethered surfaces: influence of PEO chain length, grafting density, and temperature. Langmuir, 2004, 20(10): 4162-4167.

[20] Unsworth L D, Sheardown H, Brash J L. Protein resistance of surfaces prepared by sorption of end-thiolated poly(ethylene glycol) to gold: effect of surface chain density. Langmuir, 2005, 21(3): 1036-1041.

[21] Michel R, Pasche S, Textor M, et al. Influence of PEG architecture on protein adsorption and conformation. Langmuir, 2005, 21(26): 12327-12332.

[22] Unsworth L D, Sheardown H, Brash J L. Protein-resistant poly(ethylene oxide)-grafted surfaces: chain density-dependent multiple mechanisms of action. Langmuir, 2008, 24(5): 1924-1929.

[23] Lee J H, Kopecek J, Andrade J D. Protein-resistant surfaces prepared by PEO-containing block copolymer surfactants. Journal of Biomedical Materials Research, 1989, 23(3): 351-368.

[24] Liu V A, Jastromb W E, Bhatia S N. Engineering protein and cell adhesivity using PEO-terminated triblock polymers. Journal of Biomedical Materials Research, 2002, 60(1): 126-134.

[25] Ji J, Feng L X, Shen J C. "Loop" or "tail"? Self-assembly and surface architecture of polystyrene-graft-ω-stearyl-poly(ethylene oxide). Langmuir, 2003, 19(7): 2643-2648.

[26] Prime K L, Whitesides G M. Adsorption of proteins onto surfaces containing end-attached oligo(ethylene oxide): a model system using self-assembled monolayers. Journal of the American Chemical Society, 1993, 115(23): 10714-10721.

[27] Benhabbour S R, Sheardown H, Adronov A. Protein resistance of PEG-functionalized dendronized surfaces: effect of PEG molecular weight and dendron generation. Macromolecules, 2008, 41(13): 4817-4823.

[28] Ma H, Hyun J, Stiller P, et al. "Non-fouling" oligo(ethylene glycol)-functionalized polymer brushes synthesized by surface-initiated atom transfer radical polymerization. Advanced Materials, 2004, 16(4): 338-341.

[29] Hucknall A, Rangarajan S, Chilkoti A. In pursuit of zero: polymer brushes that resist the adsorption of proteins. Advanced Materials, 2009, 21(23): 2441-2446.

[30] Knoll D, Hermans J. Polymer-protein interactions. Comparison of experiment and excluded volume theory. Journal of Biological Chemistry, 1983, 258(9): 5710-5715.

[31] Zhu X Y, Jun Y, Staarup D R, et al. Grafting of high-density poly(ethylene glycol) monolayers on Si(111). Langmuir, 2001, 17(25): 7798-7803.

[32] Sheu M S, Hoffman A S, Feijen J. A glow discharge treatment to immobilize poly(ethylene oxide)/poly(propylene oxide) surfactants for wettable and non-fouling biomaterials. Journal of Adhesion Science and Technology, 1992, 6(9): 995-1009.

[33] Yen C, He H Y, Fei Z Z, et al. Surface modification of nanoporous poly(ε-caprolactone) membrane with poly(ethylene glycol) to prevent biofouling: part I. Effects of plasma power and treatment time. International Journal of Polymeric Materials and Polymeric Biomaterials, 2010, 59(11): 923-942.

[34] D'Sa R A, Meenan B J. Chemical grafting of poly(ethylene glycol) methyl ether methacrylate onto polymer surfaces by atmospheric pressure plasma processing. Langmuir, 2009, 26(3): 1894-1903.

[35] Sofia S J, Merrill E W. Grafting of PEO to polymer surfaces using electron beam irradiation. Journal of Biomedical Materials Research, 1998, 40(1): 153-163.

[36] Shen M C, Wagner M S, Castner D G, et al. Multivariate surface analysis of plasma-deposited tetraglyme for reduction of protein adsorption and monocyte adhesion. Langmuir, 2003, 19(5): 1692-1699.

[37] López G P, Ratner B D. Molecular adsorption and the chemistry of plasma-deposited thin organic films: deposition of oligomers of ethylene glycol. Plasmas and Polymers, 1996, 1(2): 127-151.

[38] Brétagnol F, Ceriotti L, Lejeune M, et al. Functional micropatterned surfaces by combination of plasma polymerization and lift-off processes. Plasma Processes and Polymers, 2006, 3(1): 30-38.

[39] Sardella E, Detomaso L, Gristina R, et al. Nano-structured cell-adhesive and cell-repulsive plasma-deposited coatings: chemical and topographical effects on keratinocyte adhesion. Plasma Processes and Polymers, 2008, 5(6): 540-551.

[40] Sardella E, Gristina R, Senesi G S, et al. Homogeneous and micro-patterned plasma-deposited PEO-like coatings for biomedical surfaces. Plasma Processes and Polymers, 2004, 1(1): 63-72.

[41] Padron-Wells G, Jarvis B C, Jindal A K, et al. Understanding the synthesis of DEGVE pulsed plasmas for application to ultra thin biocompatible interfaces. Colloids and Surfaces B: Biointerfaces, 2009, 68: 163-170.

[42] Chu L Q, Knoll W, Förch R. Pulsed plasma polymerized di(ethylene glycol) monovinyl ether coatings for nonfouling surfaces. Chemistry of Materials, 2006, 18(20): 4840-4844.

[43] Palumbo F, Favia P, Vulpio M, et al. RF plasma deposition of PEO-like films: diagnostics and process control. Plasmas and Polymers, 2001, 6(3): 163-174.

[44] Zheng Z, Xu X, Fan X, et al. Ultrathin polymer film formation by collision-induced cross-linking of adsorbed organic molecules with hyperthermal protons. Journal of the American Chemical Society, 2004, 126(39): 12336-12342.

[45] Liu Y, Yang D Q, Nie H Y, et al. Study of a hydrogen-bombardment process for molecular cross-linking within thin films. Journal of Chemical Physics, 2011, 134(7): 074704.

[46] Bonduelle C V, Lau W M, Gillies E R. Preparation of protein- and cell-resistant surfaces by hyperthermal hydrogen induced cross-linking of poly(ethylene oxide). ACS Applied Materials & Interfaces, 2011, 3(5): 1740-1748.

[47] López G P, Ratner B D, Tidwell C D, et al. Glow discharge plasma deposition of tetraethylene glycol dimethyl ether for fouling-resistant biomaterial surfaces. Journal of Biomedical Materials Research, 1992, 26(4): 415-439.

[48] Currie E P K, Van Der Gucht J, Borisov O V, et al. Stuffed brushes: theory and experiment. Pure and Applied Chemistry, 1999, 71(7): 1227-1241.

[49] Lee J H, Lee H B, Andrade J D. Blood compatibility of polyethylene oxide surfaces. Progress in Polymer Science, 1995, 20(6): 1043-1079.

[50] Andrade J D, Hlady V, Jeon S I. PEG and Protein Resistance: Principles, Problems, Possibilities. Washington DC: American Chemical Society,1996.

[51] Jeon S I, Lee J H, Andrade J D, et al. Protein—surface interactions in the presence of polyethylene oxide: I. Simplified theory. Journal of Colloid and Interface Science, 1991, 142(1): 149-158.

[52] Favia P, Sardella E, Gristina R, et al. Novel plasma processes for biomaterials: micro-scale patterning of biomedical polymers. Surface and Coatings Technology, 2003, 169-170: 707-711.

[53] Puskas J E, Chen Y H. Biomedical application of commercial polymers and novel polyisobutylene-based thermoplastic elastomers for soft tissue replacement. Biomacromolecules, 2004, 5(4): 1141-1154.

[54] Puskas J E, Chen Y H, Dahman Y, et al. Polyisobutylene-based biomaterials. Journal of Polymer Science Part A: Polymer Chemistry, 2004, 42(13): 3091-3109.

[55] Pinchuk L, Wilson G J, Barry J J, et al. Medical applications of poly (styrene-block-isobutylene-block-styrene) ("SIBS"). Biomaterials, 2008, 29(4): 448-460.

[56] Ocando C, Tercjak A, Serrano E, et al. Micro- and macrophase separation of thermosetting systems modified with epoxidized styrene-block-butadiene-block-styrene linear triblock copolymers and their influence on final mechanical properties. Polymer International, 2008, 57(12): 1333-1342.

[57] Model M A, Healy K E. Quantification of the surface density of a fluorescent label with the optical microscope. Journal of Biomedical Materials Research, 2000, 50(1): 90-96.

[58] Horbett T A. Chapter 13 Principles underlying the role of adsorbed plasma proteins in blood interactions with foreign materials. Cardiovascular Pathology, 1993, 2(3): 137-148.

[59] Morra M. In Water in Biomaterials Surface Science. NewYork: John Wiley & Sons, 2001.

[60] Wang Y X, Robertson J L, Spillman W B, et al. Effects of the chemical structure and the surface properties of polymeric biomaterials on their biocompatibility. Pharmaceutical Research, 2004, 21(8): 1362-1373.

[61] Shard A G, Tomlins P E. Biocompatibility and the efficacy of medical implants. Regenerative Medicine, 2006, 1(6): 789-800.

第11章 超高热 H_2 分子束轰击诱导交联聚合物薄膜及其在抗菌中的应用

11.1 引　言

聚合物材料的表面功能化在电子器件、生物医学和环境领域具有广泛的应用。在医疗卫生领域，许多医疗器械的表面往往需要特殊功能，包括抗微生物生长、药物控制释放以及第 10 章所介绍的抗蛋白质吸附特性等[1-3]。表面聚合物的功能化方法有很多种，可以通过化学反应进行表面接枝，也可以通过引发剂在表面聚合生长[4-9]。这些化学方法虽然能获得所需要的功能表面，但它们通常需要多步共价改性或添加引发剂，这些都不利于处理工艺的规模化应用。此外，它们还要求表面必须携带反应性官能团。为了克服这些限制，有人通过使用非水溶性的聚合物进行简单涂覆或印刷而改性表面[10-13]。聚电解质的层层组装工艺、物理吸附和化学吸附等方法也曾被使用[14-18]。然而，由于聚合物表面不是共价固定的，因此容易发生分层剥离的问题，并且它们在生物流体存在下的长期稳定性尚未可知。

通过等离子体或超高热 H_2 分子束诱导接枝交联也能形成聚合物表面[19-21]。例如，第 10 章所介绍的表面聚环氧乙烷（PEO）功能化用于抗蛋白质吸附特性研究[22,23]。虽然在某些情况下合理调整聚合过程可以提供特定的化学功能，但许多实例也证明这容易导致表面化学官能团出现杂相，不利于在生物医学领域的应用[24-28]。鉴于等离子体方法高效、简单，而化学固定化方法则能提供结构确定的官能团和聚合物长度，如果可以将这两种方法相结合，可能会有更广泛的推广意义。

研究人员最近开发了一种新的、基于等离子体的特殊方法，使用碰撞运动学的概念来合成具有定制功能的分子薄膜[29-32]。该方法使用具有高动能的 H_2 分子粒子束处理表面以选择性地切割 C—H 键。因此，这种处理方法称为超高热 H_2 分子诱导交联，可用于将特异性功能分子共价接枝到聚合物表面。用外行人的话来说，超高热 H_2 分子束交联可以用硬球近似来说明，根据这种近似，两个碰撞物质之间的最大能量转移由两个质量确定，其计算公式为 $4M_1M_2/(M_1+M_2)^2$。这个简单的模型表明，对于 H_2 分子弹射粒子，在与 C—H 键的正面碰撞中，最大动能转移为 89%，而如果目标为 C，则最大动能转移为 49%，考虑到这一点，以及已知的键解离能，就有可能调整 H_2 分子的动能，以便在表面上有选择地断裂 C—H 键。然后，由 C—H 键断裂产生的自由基可以有效地交联表面上的分子膜，同时保留其他化学官能团。由于多种表面和特异性功能分子含有 C—H 键，因此超高热 H_2 分子束交联方法具有广泛的应用范围。

在第 10 章中研究人员证明了超高热 H_2 分子束交联技术用于制备 PEO 涂层表面，该表面可以抵抗蛋白质的吸附和细胞的生长，以及用于制备基于聚丙烯、丁基橡胶和聚乙酸乙烯酯的聚合物层[33,34]。由于抗菌分子中存在多种多样的化学功能基团以及满足生物医学应用中明确定义的表面的要求，使用超高热 H_2 分子束交联技术制备抗菌表面是一种理想方法。众所周知开发抗菌表面具有重要意义，如门把手、电梯按钮和食品包装之类常用物品的去污可以防止微生物的传播和感染，而使用如导管和植入物之类的抗微生物医疗装置可以降低医院获得性感染的发生率[35-37]。杀菌剂一般要共价固定在材料的表面，因为物理吸附方法可能导致抗微生物剂从表面逐渐浸出，不仅污染环境，而且最终因表面的消耗而使抗菌活性降低。虽然已有各种接枝技术将抗菌聚季铵盐化合物附着到玻璃、金属、硅和纸等表面[38-42]，但这些方法仍然受到很多限制，目前还没有开发出理想的方法。因此，研究人员在此使用超高热 H_2 分子束交联制备季铵化聚甲基丙烯酸-*N*,*N*-二甲基氨基乙酯（PDMAEMA）的薄膜。PDMAEMA 是一种已知的抗菌聚合物[43]，在模型烷烃改性硅表面及丁基橡胶上，是一种常见的高性能弹性体。使用 AFM、XPS 和接触角测量对薄膜进行了详细表征，结果表明超高热 H_2 分子束交联方法在共价固定聚合物的同时能够保持其化学功能的有效性。该薄膜对革兰氏阴性菌和革兰氏阳性菌均显示出明显的广谱抗菌活性。

11.2　超高热 H_2 分子束交联制备聚合物表面

采用超高热 H_2 分子束交联方法来制备具有抗菌活性的交联聚合物表面，具体步骤如图 11-1 所示。简而言之，首先将 PDMAEMA 旋涂在硅片表面，然后进行超高热 H_2 分子束交联处理，将表面彻底洗涤以除去未固定的聚合物，最后通过与烷基卤反应使交联表面进一步季铵化。该方法操作简单，并且还便于在被接枝到表面之前在溶液中对聚合物进行制备和表征。按照先前报道的方法合成了 PDMAEMA[44]，得到的聚合物的平均摩尔质量（M_n）为 14100 g/mol，基于聚苯乙烯（PS）标准，通过 *N,N*-二甲基甲酰胺中的尺寸排阻色谱法测定的多分散性指数（PDI）为 1.46。基于端基分析的平均摩尔质量 ^{1}H NMR 波谱测定结果约为 12000 g/mol。

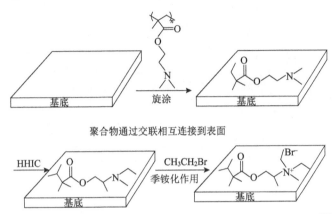

图 11-1　使用超高热 H_2 分子束交联方法制备抗菌表面的步骤[45]

研究人员选择并制备了十八烷基三甲氧基硅烷（ODTS）表面改性的硅片作为后续实验的模型表面。该表面具有原子级的光滑度，这有助于对表面聚合物进行 AFM 等技术的表征和分析。ODTS 能够提供 C—H 键，可以通过超高热 H_2 分子束交联技术将聚合物共价交联到表面。此外，它将高度亲水的硅片转化为疏水表面，这是疏水聚合物表面的理想模型，从而实现抗菌聚合物的官能化。具体步骤为：先用食人鱼（piranha）溶液清洗硅片，然后在辛胺催化作用下置于 ODTS 的甲苯溶液进行表面反应。与干净硅表面接触角[(15±3)°]相比，所得表面的接触角为(84±5)°（表 11-1）。另外，表 11-2 列出了 XPS 的测量结果，硅含量显著降低并且表面的碳含量增加，这是因为表面聚合物的形成掩盖了硅的信号，这也证明了表面聚合反应的发生。

表 11-1　不同表面的水接触角数据[45]

样品	接触角/(°)
干净硅片	15±3
ODTS/硅片	84±5
PDMAEMA/ODTS/硅片	未测定（水溶）
HHIC 处理的 PDMAEMA/ODTS/硅片（30 s）	58±2
HHIC 处理的 PDMAEMA/ODTS/硅片（180 s）	64±5
HHIC 处理的 PDMAEMA/ODTS/硅片（30 s）-清洗	57±4
HHIC 处理的 PDMAEMA/ODTS/硅片（180 s）-清洗	62±4

续表

样品	接触角/（°）
PDMAEMA/ODTS/硅片-清洗	85±5
季铵化 PDMAEMA/ODTS/硅片（30 s）	9±6
季铵化 PDMAEMA/ODTS/硅片（180 s）	11±4

注：每个表面至少进行 5 次测量

表 11-2　不同表面的 XPS 全谱扫描[45]

样品	成分/%				
	C	O	N	Si	其他
干净硅片	10	33	—	57	—
ODTS/硅片	64	17	—	20	—
PDMAEMA/ODTS/硅片	79	13	8	—	—
HHIC 处理的 PDMAEMA/ODTS/硅片（30 s）	79	15	6	—	—
HHIC 处理的 PDMAEMA/ODTS/硅片（180 s）	78	15	7	—	—
HHIC 处理的 PDMAEMA/ODTS/硅片（30 s）-清洗	83	12	5	—	—
HHIC 处理的 PDMAEMA/ODTS/硅片（180 s）-清洗	78	16	6	—	—
PDMAEMA/ODTS/硅片-清洗	62	15	1	22	—
季铵化 PDMAEMA/ODTS/硅片（30 s）	78	15	5	—	2（Br）
季铵化 PDMAEMA/ODTS/硅片（180 s）	83	11	4	—	2（Br）

接着，配制浓度为 1 mg/mL 或 5 mg/mL PDMAEMA 的二氯甲烷溶液，将其旋涂在改性硅片表面。早期研究中发现，浓度为 1 mg/mL 的 PDMAEMA 所形成的表面覆盖不完整。因此，所有后续研究均在 5 mg/mL 的条件下进行。在旋涂之后，AFM 测量结果显示，获得了厚度为 15～25 nm 的均匀聚合物膜，该厚度恰好处于超高热 H_2 分子束交联的预计深度范围。由于非交联聚合物可溶于水，因此无法确定该表面的接触角。然而，如表 11-2 总结的 XPS 数据结果显示，硅元素特征峰信号的消失以及来自 PDMAEMA 的碳、氧和氮峰信号的相应增加，证明了表面上 PDMAEMA 的存在。此外，C 1s 区域的高分辨 XPS 数据非常接近 PDMAEMA 化学结构的理论值（表 11-3，图 11-2）[46,47]，也证明了上述结论。然后利用超高热 H_2 分子束交联方法对 PDMAEMA 涂覆表面进行交联处理，选择了 30 和 180 s 两个处理时间。虽然无法对实际的交联度进行量化，但可预测交联度应随着处理时间的增加而增加，从而导致聚合物膜的链迁移率降低。这种链迁移率的降低会对抗菌活性产生重要影响，这一点很有意义，也非常值得研究。

表 11-3　高分辨 XPS 数据[45]

样品	C 1s 峰的组成/%			
	C—C	C—N	C—O	C=O
ODTS/硅片	97	—	3	—
PDMAEMA/硅片	37.5	37.5	12.5	12.5
PDMAEMA/ODTS/硅片	38	38	13	11
HHIC 处理的 PDMAEMA/ODTS/硅片（30 s）	38	37	14	11
HHIC 处理的 PDMAEMA/ODTS/硅片（30 s）-清洗	39	39	11	11
HHIC 处理的 PDMAEMA/ODTS/硅片（180 s）	38	36	15	11
HHIC 处理的 PDMAEMA/ODTS/硅片（180 s）-清洗	40	40	11	9
PDMAEMA/ODTS/硅片-清洗	99	—	1	—

样品	N 1s 峰的组成/%	
	C—N	C—N⁺
HHIC 处理的 PDMAEMA/ODTS/硅片（30 s）-清洗	79	21
HHIC 处理的 PDMAEMA/ODTS/硅片（180 s）-清洗	90	10
季铵化 PDMAEMA/ODTS/硅片（30 s）	20	80
季铵化 PDMAEMA/ODTS/硅片（180 s）	21	79

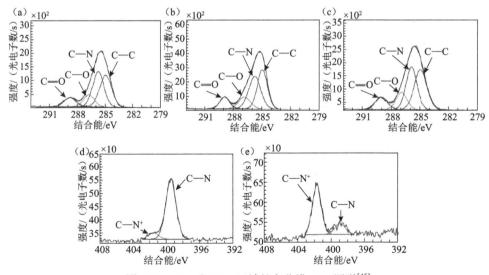

图 11-2　C 1s 和 N 1s 区域的高分辨 XPS 图谱[45]

（a）PDMAEMA/ODTS /硅片、（b）超高热 H₂ 分子束交联处理的 PDMAEMA/ODTS/硅片（30 s）和（c）超高热 H₂ 分子束交联处理的 PDMAEMA/ODTS/硅片（180 s）的 C 1s 区域；（d）超高热 H₂ 分子束交联处理的 PDMAEMA/ODTS/硅片（180 s）和（e）季铵化的 PDMAEMA/ODTS/硅片（180 s）的 N 1s 区域

超高热 H$_2$ 分子束交联处理后，处理时间无论是 30 s 还是 180 s，AFM 测试结果显示所得聚合物表面均没有发生变化。30 s 和 180 s 处理的薄膜样品接触角分别约为 58° 和 64°，该结果与先前报道的 PDMAEMA 官能化表面的接触角一致。XPS 全谱显示，30 s 或 180 s 处理后的表面元素组成，与未处理相比没有发现任何显著变化。此外，C 1s 高分辨 XPS 谱（表 11-3，图 11-2）显示 PDMAEMA 的化学官能团在超高热 H$_2$ 分子束交联处理过后也没有明显改变。所得交联薄膜在 CH$_2$Cl$_2$/NEt$_3$（95∶5，V/V）中浸泡和超声处理后还保持很高的稳定性。AFM 图像、接触角测量（表 11-1）和 XPS 测试都表明分子膜还保持完整。相反，当在相同条件下洗涤未交联膜时，AFM 图像显示膜材料已从表面完全脱去，并且接触角测量和 XPS 结果都与 ODTS 涂覆的表面十分类似。总之，这些结果表明超高热交联方法能够有效地将膜共价连接到表面同时保持其化学功能和稳定性。

为了获得抗菌活性表面，最后还需要将 PDMAEMA 中的叔胺基团季铵化。这一步可以通过将分子交联膜表面浸入乙基溴的乙腈溶液中来实现。季铵化处理后，超高热 H$_2$ 分子束交联处理 30 s 和 180 s 的样品接触角分别下降到 $(9 \pm 6)°$ 和 $(11 \pm 4)°$，这一现象可归因于带电荷胺基的引入而导致表面润湿性的增加。XPS 结果中，高分辨 N 1s 谱的变化最为显著。这可能是由于一定程度的胺基质子化，样品表面本身只有 10%~20% 的 N 1s 峰对应于非季铵化表面上的 N，但在季铵化和洗涤后该比例增加到 80%（图 11-2）。对于 30 s 和 180 s 处理的样品，研究人员均观察到少量未季铵化的氮信号，表明胺与溴乙烷之间的反应未达到 100%，这可归因于交联后聚合物膜内某些胺基比较隐蔽，没有机会参与反应。显然，在任何情况下，膜表面上的胺基都是最容易被季铵化的，这对于抗菌活性是非常重要的。为了进一步评估表面电荷，研究人员利用荧光素络合比色法对表面上可测量的季铵基团浓度进行定量分析。假设荧光素和表面季铵基团之间存在 1∶1 的静电结合，使用该测定法可以计算表面电荷密度，结果表明表面上存在大约 4.4×10^{15} 电荷/cm^2。由于该测定是在水溶液中进行的，因此不能排除未季铵化但质子化的伯胺对该值的干扰。但从 XPS 结果可知，这些干扰不应超过该值的 20%，与先前研究相比，这足以满足抗菌活性的使用。

11.3　交联聚合功能化表面的抗菌性能

11.3.1　细菌的培养和活性评价方法

研究了季铵化表面对革兰氏阳性菌金黄色葡萄球菌（金黄色葡萄球菌 ATCC3307）和革兰氏阴性菌大肠杆菌（大肠杆菌 ATCC 29425）的抗菌活性。在 37℃

下，大肠杆菌或金黄色葡萄球菌在 15 mL 营养肉汤（Difco BD）中预培养 24 h。以 4000 r/min 离心 10min 洗涤。除去上清液后，用 PBS 缓冲液洗涤两次，重新分散并稀释至约 3×10⁵ CFU/mL。将样品置于灭菌的玻璃培养皿中，100℃下加热 30 min 进行灭菌处理。将 100 mL 含有细菌的 PBS 溶液逐滴添加到每个样品的表面上并完全覆盖样品表面。将培养皿密封并置于 37℃、相对湿度 46% 的培养箱中，3 h 后，使用 10 mL PBS 溶液从样品表面洗涤细菌，从该溶液中，将 100 mL 涂布在固体平板计数琼脂上，在 37 ℃温育 24 h 后，计数培养皿上存活的细菌菌落数，与稀释因子相乘后的结果表示为 CFU/mL。每个样品重复三次，细菌失活率按照（初始细菌悬浮液的 CFU–表面接触后的 CFU）×100/初始细菌悬浮液的 CFU 来计算，结果用三次平行实验的平均值±SD 来表示，使用 Prism 软件进行统计学分析。

11.3.2　细菌存活/失活分析

将 100 mL 金黄色葡萄球菌悬浮液（约 2×10⁶ CFU/mL）逐滴添加到干净的硅片、季铵化的 PDMAEMA 涂覆的硅片、清洁的丁基橡胶或季铵化 PDMAEMA 涂覆的丁基橡胶上。孵化 3 h 后（37℃，相对湿度 46%），用 10 mL PBS 和 10 mL 去离子水冲洗表面，使用 LIVE/DEAD（Invitrogen，USA）立即对表面上的黏附细菌进行染色，将两种 BacLight 染色剂 SYTO 9 和碘化丙啶溶解在 0.5 mL 过滤灭菌的去离子水中，然后将 5 mL 每种染料稀释在 100 mL 过滤灭菌的去离子水中。将总共 200 mL（100 mL + 100 mL）染料悬浮液混合在一起并移液到制备的表面上，然后在室温下避光孵育 15 min。最后，用过滤灭菌的去离子水冲洗表面，并使用 LSM 510 多通道点扫描共聚焦显微镜（对 SYTO 9 染色样品使用的是配有 505～530 nm 带通滤波片的 488 nm 激光，对碘化丙啶染色样品使用的是配有 615nm 带通滤波片的 543 nm 激光）对荧光进行成像，使用 ZEN 软件获得并精炼所有图像。

11.3.3　表面季铵基团的测定

如前所述，通过 UV-vis 光谱法测量季铵化的 PDMAEMA 涂覆的橡胶表面上的季铵基团的表面密度。简言之，将表面（1 cm×1 cm）浸入 10 mL 1%（质量分数）荧光素（钠盐）的去离子水溶液中 10 min。然后用去离子水彻底冲洗表面，置于 3 mL 0.1%（质量分数）十六烷基三甲基氯化铵的去离子水溶液中，并以 300 r/min 摇动 20 min 以解吸染料。加入 10vol%（体积分数）的 100 mmol/L PBS 缓冲液（pH 为 8.0）后，在 501 nm 处测量所得水溶液的吸光度，使用 77 L/(mmol·cm) 的消光系数计算荧光素的浓度，假定一个表面季铵基团与一个染料分子复合，确定染料浓度到表面电荷密度的转换。

11.3.4　结果与讨论

如上所述，研究人员选择了革兰氏阳性菌金黄色葡萄球菌和革兰氏阴性菌大肠杆菌作为代表，对实验得到的季铵化交联薄膜进行抗菌性能测试，并将阳离子表面与干净的硅片作为空白对照进行比较。如表 11-4 所示，测定结果显示清洁硅片可以杀死 59%的金黄色葡萄球菌和 9%的大肠杆菌。关于金黄色葡萄球菌的结果是令人奇怪的，但可以进一步通过活细菌在表面上的黏附和生长来解释，这将在下面详细描述。相比而言，用超高热 H_2 分子交联分子束交联处理 30 s 后季铵化的表面能够杀死 99%的金黄色葡萄球菌和 90%的大肠杆菌，将交联时间增加至 180 s 同样表现出类似的抗菌活性（$p>0.05$）。超高热 H_2 分子交联分子束交联处理 180 s 的表面上存在更多数量的交联导致表面链迁移率降低，抗菌结果说明链迁移率降低不会对抗菌活性产生不利影响。该结果与俄克拉荷马州立大学宋青等[48]通过蒸汽交联制备的聚合物表面所测结果一致。此外，还与 Russell 等[40,43]的研究结果一致，他们认为影响季铵化 PDMAEMA 表面抗菌活性的主要因素是表面上的正电荷密度，而不是聚合物长度或其他性质。

表 11-4　季铵化 PDMAEMA/ODTS/硅片的抗菌活性[45]

表面类型	菌群失活率/%	
	金黄色葡萄球菌（革兰氏阳性菌）	大肠杆菌（革兰氏阴性菌）
干净硅片	59±1	9±0.1
季铵化 HHIC 处理的 PDMAEMA/ODTS/硅片（30 s）	99±0.1	90±1
季铵化 HHIC 处理的 PDMAEMA/ODTS/硅片（180 s）	98±2	94±3

超高热 H_2 分子束交联处理 180 s 后的样品表面对革兰氏阴性菌大肠杆菌和革兰氏阳性菌金黄色葡萄球菌的抗菌活性没有显著差异（$p>0.05$）。而处理 30 s 的样品，对金黄色葡萄球菌的活性更加显著（$p<0.001$）。对于含交联季铵盐的其他薄膜[49]，也观察到类似规律：对金黄色葡萄球菌具有更高抗菌活性，这可能与大肠杆菌菌株的特异性或这些表面与革兰氏阳性菌和革兰氏阴性菌的不同膜结构的作用机制有关。前人[50,51]曾提出了有关阳离子表面可能的抗菌作用机制，包括膜中动态结构中金属离子，以及阳离子表面对阴离子磷脂的黏附导致细菌细胞膜的破坏，这些机制可能取决于特定表面和细菌种类之间的相互作用。

接下来，进一步研究了聚合物表面对细菌黏附和生长的影响对表观抗菌活性的贡献。利用 LIVE/DEAD BacLight 细菌活力试剂盒能可视化区分表面上细菌的存活状态。在该测定中，活细菌摄取了染料 SYTO 9 而呈现绿色，且能穿透所有细菌膜；而死细菌因为吸收了碘化丙啶而呈现红色，碘化丙啶仅穿透受损的细菌膜并且优于 SYTO 9 的荧光。将干净的硅片与金黄色葡萄球菌孵育之后，清洗表面，观察到许多活细菌和非常少量的死细菌（图 11-3）。在抗菌实验测定中，这些活细菌将被计为杀死或灭活的细菌，因为它们不会从表面回收而计入随后的菌落计数中，相反在季铵化 PDMAEMA 涂覆的表面上基本没有检测到细菌，因此证实了其真正的抗菌活性。

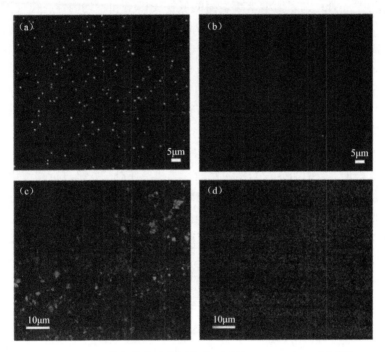

图 11-3　用金黄色葡萄球菌孵育表面后的 LIVE/DEAD 分析[45]

在该测定中活细菌呈现绿色，而死细菌呈现红色。（a）一个干净的硅片，有许多活细菌结合在一起；（b）季铵化的 PDMAEMA 涂覆的硅表面，基本上没有结合的细菌；（c）用许多活细菌清洗丁基橡胶；（d）季铵化的 PDMAEMA 涂覆的丁基橡胶，未检测到结合的细菌。注意，由于表面固有的不均匀性，丁基橡胶图像的分辨率看起来较低

11.4　其他聚合物表面应用

如上，本章已经证明超高热 H$_2$ 分子束交联方法是一种将抗菌聚合物固定在基底表面并保持高活性的有效手段。那么，如果将该方法拓展应用于其他聚合物表面将具有重要意义。为证明这一点，研究人员又选择了丁基橡胶基底表面。为什么选择固化的丁基橡胶作为聚合物表面呢？首先，商业丁基橡胶几乎完全由未活化的 C—C 键和 C—H 键组成，传统化学方法几乎不可能或者很难对其表面进行

功能化操作。相反，正如第 10 章所讲，C—H 键的存在却可以使其成为超高热 H_2 分子束交联方法的理想底物。此外，丁基橡胶的表面功能化在生物医学中的应用也非常广泛，例如，异丁烯和苯乙烯的共聚物已被用作血管支架的涂层，并且由于其生物惰性和高抗渗性，还可作为乳房植入物[52-54]。为了扩展丁基橡胶在医疗器械中的应用范围，赋予其表面抗菌活性是非常有意义的。

　　按照上述 ODTS 改性硅片的方案，将 PDMAEMA 旋涂在固化的丁基橡胶片上，浓度为 5 mg/mL，因为纳米级表面的低杨氏模量和不均匀性，很难借助 AFM 测量膜的厚度，但是使用衰减全反射红外光谱法（ATR-IR）可以在表面上容易地检测到 PDMAEMA 中的羰基 C＝O 的伸展，如图 11-4 所示。该薄膜随后经过超高热 H_2 分子束交联处理 30 s。因为表面不均匀，为了确保表面被完全覆盖，进行两次旋涂和交联操作。交联后，通过 ATR-IR 观察到相同的羰基峰。与初始的丁基表面的接触角[(82±2)°]相比，处理后的接触角为(63±6)°，该接触角变化与上述硅片上交联 PDMAEMA 测得的接触角规律相同。在 CH_2Cl_2/NEt_3（95：5）中浸泡，然后超声处理洗涤交联膜后，ATR-IR 光谱和接触角均未改变，表明 PDMAEMA 被有效固定在表面。按照与硅片同样的处理方法和条件对交联膜进行季铵化[55]，虽然 ATR-IR 光谱测量中没有检测到变化，但接触角明显减小到(12±6)°，这与表面上季铵基团的存在密切相关。表面上季铵基团的浓度也通过上述荧光素测定法定量，测定值为 $5.2×10^{15} cm^{-2}$，与季铵化硅片上获得的 $4.4×10^{15} cm^{-2}$ 个电荷值相当。

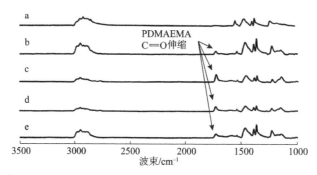

图 11-4　丁基橡胶（a）、PDMAEMA/丁基橡胶（b）、超高热 H_2 分子束交联处理的 PDMAEMA/丁基橡胶（c）、超高热 H_2 分子束交联处理的 PDMAEMA/丁基橡胶洗涤后（d）和季铵化超高热 H_2 分子束交联处理的 PDMAEMA/丁基橡胶表面（e）的 ATR-IR 光谱[45]

　　使用上述相同的液滴测定法测量季铵化表面的抗菌活性（表 11-5）。发现丁基表面本身对金黄色葡萄球菌和大肠杆菌均表现出一定的抗菌活性，但是，LIVE/DEAD BacLight 细菌测定[图 11-3（c）]显示，这种活性可能是由于许多细菌黏附在表面所致，这与硅片所观察到的现象类似。一些抗菌活性也可能归因于在测定过程中橡胶添加剂如氧化锌的浸出。在用季铵化的 PDMAEMA 对表面进行官能化后，93%的革兰氏阳性菌和大于 99%的革兰氏阴性菌被杀死或失活，在表面上没有检测到细菌[图 11-3（d）]。结果还显示对金黄色葡萄球菌和大肠杆菌的抗菌活性显著（$p<0.0001$）不同，这些表面表现出与硅片恰好相反的现象：与金黄色葡萄球菌相比，能更有效地杀死或抑制大肠杆菌。尽管具体抗菌机理尚不清晰，但也说明了这些表面抗菌作用和机制的复杂性。总之，这些结果证明了 HHIC 是一种能够制备抗菌表面的有效手段，特别是也能够应用于不含反应性官能团的聚合物表面。

表 11-5 季铵化 PDMAEMA/丁基橡胶的抗菌活性[45]

表面类型	菌群失活率/%	
	金黄色葡萄球菌（革兰氏阳性菌）	大肠杆菌（革兰氏阴性菌）
丁基橡胶	49±4	46±12
季铵化 HHIC 处理的 PDMAEMA/丁基橡胶（30 s）	93±0.1	>99

11.5 结 论

本章介绍了超高热 H$_2$ 分子束诱导交联方法成功地将抗菌功能聚合物交联到基底表面，发现超高热 H$_2$ 分子束交联可以应用于涂有 PDMAEMA 的 ODTS 改性硅片，而不会明显破坏聚合物的表面或化学功能基团。利用 AFM、XPS 和接触角测量等多种手段对形成的聚合物分子薄膜进行了系列的表征。重要的是，实验证明了季铵化 PDMAEMA 表面对革兰氏阳性菌金黄色葡萄球菌和革兰氏阴性菌大肠杆菌具有高效抗菌活性，可用于一种抗菌涂层或表面。为了证明该技术的适用性，超高热 H$_2$ 分子束诱导交联方法还被用于在丁基橡胶基底制备 PDMAEMA 抗菌活性表面。因为丁基橡胶不含功能性基团，而且是疏水表面，该结果更加有力地证明了该方法对聚合物表面功能化及功能材料开发的通用性和实用性。该技术制备的抗菌活性表面，具有工艺简单、抗菌活性显著、易于规模化制备等优点，在公共卫生健康和医疗产品等领域将有重要的应用前景。

参 考 文 献

[1] Krishnan S, Weinman C J, Ober C K. Advances in polymers for anti-biofouling surfaces. Journal of Materials Chemistry, 2008, 18(29): 3405.

[2] Ferreira L, Zumbuehl A. Non-leaching surfaces capable of killing microorganisms on contact. Journal of Materials Chemistry, 2009, 19(42): 7796.

[3] Parker T, Dave V, Falotico R. Polymers for drug eluting stents. Current Pharmaceutical Design, 2010, 16(36): 3978-3988.

[4] Jo S, Park K. Surface modification using silanated poly(ethylene glycol)s. Biomaterials, 2000, 21(6): 605-616.

[5] Huang J Y, Koepsel R R, Murata H, et al. Nonleaching antibacterial glass surfaces via "grafting onto": the effect of the number of quaternary ammonium groups on biocidal activity. Langmuir, 2008, 24(13): 6785-6795.

[6] Lee S B, Koepsel R R, Morley S W, et al. Permanent, nonleaching antibacterial surfaces. 1. Synthesis by atom transfer radical polymerization. Biomacromolecules, 2004, 5(3): 877-882.

[7] Yuan S J, Xu F J, Pehkonen S O, et al. Grafting of antibacterial polymers on stainless steel via surface-initiated atom transfer radical polymerization for inhibiting biocorrosion by desulfovibrio desulfuricans. Biotechnology and Bioengineering, 2009, 103(2): 268-281.

[8] Tiller J C, Liao C J, Lewis K, et al. Designing surfaces that kill bacteria on contact. Proceedings of the National Academy of Sciences of the United States of America, 2001, 98(11): 5981-5985.

[9] Edmondson S, Osborne V L, Huck W T S. Polymer brushes via surface-initiated polymerizations. Chemical Society Reviews, 2004, 33(1): 14.

[10] Haldar J, An D, De Cienfuegos L A, et al. Polymeric coatings that inactivate both influenza virus and pathogenic bacteria. Proceedings of the National Academy of Sciences, 2006, 103(47): 17667-17671.

[11] Fuchs A D, Tiller J C. Contact-active antimicrobial coatings derived from aqueous suspensions. Angewandte Chemie International Edition, 2006, 45(40): 6759-6762.

[12] Krishnan S, Ward R J, Hexemer A, et al. Surfaces of fluorinated pyridinium block copolymers with enhanced antibacterial activity. Langmuir, 2006, 22(26): 11255-11266.

[13] Park D, Wang J, Klibanov A M. One-step, painting-like coating procedures to make surfaces highly and permanently bactericidal. Biotechnology Progress, 2006, 22(2): 584-589.

[14] Lichter J A, Van Vliet K J, Rubner M F. Design of antibacterial surfaces and interfaces: polyelectrolyte multilayers as a multifunctional platform. Macromolecules, 2009, 42(22): 8573-8586.

[15] Wong S Y, Moskowitz J S, Veselinovic J, et al. Dual functional polyelectrolyte multilayer coatings for implants: permanent microbicidal base with controlled release of therapeutic agents. Journal of the American Chemical Society, 2010, 132(50): 17840-17848.

[16] Lee J H, Kopecek J, Andrade J D. Protein-resistant surfaces prepared by PEO-containing block copolymer surfactants. Journal of Biomedical Materials Research, 1989, 23(3): 351-368.

[17] Unsworth L D, Sheardown H, Brash J L. Polyethylene oxide surfaces of variable chain density by chemisorption of PEO-thiol on gold: adsorption of proteins from plasma studied by radiolabelling and immunoblotting. Biomaterials, 2005, 26(30): 5927-5933.

[18] Prime K L, Whitesides G M. Adsorption of proteins onto surfaces containing end-attached oligo(ethylene oxide): a model system using self-assembled monolayers. Journal of the

American Chemical Society, 1993, 115(23): 10714-10721.

[19] Siow K S, Britcher L, Kumar S, et al. Plasma methods for the generation of chemically reactive surfaces for biomolecule immobilization and cell colonization: a review. Plasma Processes and Polymers, 2006, 3(6-7): 392-418.

[20] Jain I P, Agarwal G. Ion beam induced surface and interface engineering. Surface Science Reports, 2011, 66(3-4): 77-172.

[21] Desmet T, Morent R, De Geyter N, et al. Nonthermal plasma technology as a versatile strategy for polymeric biomaterials surface modification: a review. Biomacromolecules, 2009, 10(9): 2351-2378.

[22] Sheu M S, Hoffman A S, Feijen J. A glow discharge treatment to immobilize poly(ethylene oxide)/poly(propylene oxide) surfactants for wettable and non-fouling biomaterials. Journal of Adhesion Science and Technology, 1992, 6(9): 995-1009.

[23] D'Sa R A, Meenan B J. Chemical grafting of poly(ethylene glycol) methyl ether methacrylate onto polymer surfaces by atmospheric pressure plasma processing. Langmuir, 2009, 26(3): 1894-1903.

[24] Tan S, Li G, Shen J, et al. Study of modified polypropylene nonwoven cloth. Ⅱ. Antibacterial activity of modified polypropylene nonwoven cloths. Journal of Applied Polymer Science, 2000, 77(9): 1869-1876.

[25] Jampala S N, Sarmadi M, Somers E B, et al. Plasma-enhanced synthesis of bactericidal quaternary ammonium thin layers on stainless steel and cellulose surfaces. Langmuir, 2008, 24(16): 8583-8591.

[26] Kinmond E J, Coulson S R, Badyal J P S, et al. High structural retention during pulsed plasma polymerization of 1H, 1H, 2H-perfluorododecene: an NMR and TOF-SIMS study. Polymer, 2005, 46(18): 6829-6835.

[27] Ward L J, Schofield W C E, Badyal J P S, et al. Atmospheric pressure plasma deposition of structurally well-defined polyacrylic acid films. Chemistry of Materials, 2003, 15(7): 1466-1469.

[28] Ringrose B J, Kronfli E. Preparation of hydrophilic materials by radiation grafting of poly(ethylene-co-vinyl acetate). European Polymer Journal, 2000, 36(3): 591-599.

[29] Zheng Z, Xu X, Fan X, et al. Ultrathin polymer film formation by collision-induced cross-linking of adsorbed organic molecules with hyperthermal protons. Journal of the American Chemical Society, 2004, 126(39): 12336-12342.

[30] Zheng Z, Kwok W M, Lau W M. A new cross-linking route via the unusual collision kinematics of hyperthermal protons in unsaturated hydrocarbons: the case of poly(trans-isoprene). Chemical Communications, 2006, (29): 3122-3124.

[31] Zheng Z, Wong K W, Lau W M, et al. Unusual kinematics-driven chemistry: cleaving C—H but not COO—H bonds with hyperthermal protons to synthesize tailor-made molecular films. Chemistry: A European Journal, 2007, 13(11): 3187-3192.

[32] Liu Y, Yang D Q, Nie H Y, et al. Study of a hydrogen-bombardment process for molecular cross-linking within thin films. The Journal of Chemical Physics, 2011, 134(7): 074704.

[33] Bonduelle C V, Lau W M, Gillies E R. Preparation of protein- and cell-resistant surfaces by

hyperthermal hydrogen induced cross-linking of poly(ethylene oxide). ACS Applied Materials & Interfaces, 2011, 3(5): 1740-1748.

[34] Thompson D B, Trebicky T, Crewdson P, et al. Functional polymer laminates from hyperthermal hydrogen induced cross-linking. Langmuir, 2011, 27(24): 14820-14827.

[35] Smith A W. Biofilms and antibiotic therapy: is there a role for combating bacterial resistance by the use of novel drug delivery systems. Advanced Drug Delivery Reviews, 2005, 57(10): 1539-1550.

[36] Drekonja D M, Kuskowski M A, Wilt T J, et al. Antimicrobial urinary catheters: a systematic review. Expert Review of Medical Devices, 2008, 5(4): 495.

[37] Darouiche R O, Mansouri M D, Kojic E M. Antifungal activity of antimicrobial-impregnated devices. Clinical Microbiology and Infection, 2006, 12(4): 397-399.

[38] Kügler R, Bouloussa O, Rondelez F. Evidence of a charge-density threshold for optimum efficiency of biocidal cationic surfaces. Microbiology, 2005, 151(5): 1341-1348.

[39] Milović N M, Wang J, Lewis K, et al. Immobilized N-alkylated polyethylenimine avidly kills bacteria by rupturing cell membranes with no resistance developed. Biotechnology and Bioengineering, 2005, 90(6): 715-722.

[40] Murata H, Koepsel R R, Matyjaszewski K, et al. Permanent, non-leaching antibacterial surfaces-2: how high density cationic surfaces kill bacterial cells. Biomaterials, 2007, 28(32): 4870-4879.

[41] Yuan S J, Pehkonen S O, Ting Y P, et al. Antibacterial inorganic-organic hybrid coatings on stainless steel via consecutive surface-initiated atom transfer radical polymerization for biocorrosion prevention. Langmuir, 2009, 26(9): 6728-6736.

[42] Ignatova M, Voccia S, Gilbert B, et al. Synthesis of copolymer brushes endowed with adhesion to stainless steel surfaces and antibacterial properties by controlled nitroxide-mediated radical polymerization. Langmuir, 2004, 20(24): 10718-10726.

[43] Huang J, Murata H, Koepsel R R, et al. Antibacterial polypropylene via surface-initiated atom transfer radical polymerization. Biomacromolecules, 2007, 8(5): 1396-1399.

[44] Agut W, Taton D, Lecommandoux S. A versatile synthetic approach to polypeptide based rod-coil block copolymers by click chemistry. Macromolecules, 2007, 40(16): 5653-5661.

[45] Karamdoust S, Yu B Y, Bonduelle C V, et al. Preparation of antibacterial surfaces by hyperthermal hydrogen induced cross-linking of polymer thin films. Journal of Materials Chemistry, 2012, 22: 4881-4889.

[46] Beamson G, Briggs D. High Resolution XPS or Organic Polymers: the Scienta ESCA300 Database. London: John Wiley & Sons, 1992.

[47] Christ B V. Handbook of Monochromatic XPS Spectra: the Elements of Native Oxides. London: John Wiley & Sons, 1999.

[48] Ye Y M, Song Q, Mao Y. Single-step fabrication of non-leaching antibacterial surfaces using vapor crosslinking. Journal of Materials Chemistry, 2011, 21(1): 257-262.

[49] Saif M J, Anwar J, Munawar M A. A novel application of quaternary ammonium compounds as antibacterial hybrid coating on glass surfaces. Langmuir, 2008, 25(1): 377-379.

[50] Bieser A M, Tiller J C. Mechanistic considerations on contact-active antimicrobial surfaces with controlled functional group densities. Macromolecular Bioscience, 2011, 11(4): 526-534.

[51] Lewis K, Klibanov A M. Surpassing nature: rational design of sterile-surface materials. Trends in Biotechnology, 2005, 23(7): 343-348.

[52] Puskas J E, Chen Y H. Biomedical application of commercial polymers and novel polyisobutylene-based thermoplastic elastomers for soft tissue replacement. Biomacromolecules, 2004, 5(4): 1141-1154.

[53] Puskas J E, Chen Y, Dahman Y, et al. Polyisobutylene-based biomaterials. Journal of Polymer Science Part A: Polymer Chemistry, 2004, 42(13): 3091-3109.

[54] Pinchuk L, Wilson G J, Barry J J, et al. Medical applications of poly(styrene-block-isobutylene-block-styrene) ("SIBS"). Biomaterials, 2008, 29(4): 448-460.

[55] Moore W R, Genet J M. Antibacterial activity of gutta-percha cones attributed to the zinc oxide component. Oral Surgery Oral Medicine Oral Pathology Oral Radiology, 1982, 53(5): 508-517.

致　　谢

衷心感谢香港中文大学、加拿大西安大略大学、成都绿色能源与绿色制造技术研发中心、北京计算科学研究中心、西北工业大学、北京科技大学、北京科技大学顺德研究生院等单位相关课题组成员对本书"原位交联聚合反应"的研发所做出的巨大贡献。

感谢河南省高层次人才特殊支持计划-中原千人计划(中原学者 202101510004 和中原科技创新领军人才项目 204200510016)、许昌学院"316"人才计划等项目的政策支持。

感谢国家自然科学基金委员会（面上项目 20574058）的支持；感谢河南省高校科技创新团队项目（19IRTSTHN026）的支持。同时，也感谢河南省微纳米能量储存与转换材料重点实验室的长期支持。

在书稿的出版过程中，清华大学姚文清老师给予了极大的支持和帮助，在此衷心感谢！

术语汇编及释义

adhesion 黏附

atomic force microscope（AFM） 原子力显微镜

Auger electron 俄歇电子

binary collision 二元碰撞

bombardment time 轰击时间

carbon nanotube（CNT） 碳纳米管

carboxylic functionality 羧基官能团

chemistry with a tiny hammer 轻敲化学（质量很小的粒子与目标分子的碰撞类似于"小锤子的敲击"，会导致 C—H 键断裂，并由此产生交联聚合化学反应）

cleaving/cleavage 断裂

collision 碰撞

collision induced dissociation/dissociative collision 碰撞诱导解离

contact angle 接触角

cross-linking polymerization 交联聚合

deflector 偏转器（对离子束传递的精确控制）

degree of cross-linking 交联度

direct recoiling spectrometry 直接反冲光谱学

docosanoic acid 二十二烷酸

dotriacontane 正三十二烷

electron cyclotron resonance（ECR）电子回旋共振

energy spread 能量散度

excitation 激发

Faraday cup 法拉第杯（用于测量离子束剂量）

Fermi level 费米能级

fluence 剂量

hard-sphere collision 硬球碰撞

hydrogen beam 氢束流（泛指氢离子、氢分子、氢原子等含氢粒子的束流）

hyperthermal 超高热的

hyperthermal hydrogen induced cross-linking（HHIC） 超高热氢引发交联聚合反应

initiator 引发剂

in situ cross-linking polymerization 原位交联聚合（即先成膜后交联聚合）

ion beam bombardment 离子束轰击

ion dosage 离子剂量

ion energy 离子能量（泛指离子动能）

ion pair 离子对

ion source 离子源（用来产生等离子体）

ion species 离子束种类

ion-surface interactions 离子-表面相互作用

ionization 离子化

ionization energy 解离能

kinetic energy 动能

main chain scission 主链断裂

mass separated ion beam system 质量选择离子束系统

non-fouling properties 防污特性

organic semiconductor 有机半导体

original film 初始薄膜

phonon 声子

photoelectron 光电子

poly(acrylic acid)（PAA）　聚丙烯酸

polybutylene（PB）　聚丁烯

proton-collision-induced cross-linking（PCIC）
　质子碰撞引发交联

polydispersity index　多分散性指数

polyethylene（PE）　聚乙烯

poly-3,4-ethylenedioxythiophene（PEDT）聚-3,4-
　亚乙二氧基噻吩，简称聚噻吩

poly(ethylene oxide)（PEO）　聚环氧乙烷

poly(*trans*-isoprene)/polyisoprene（PtI）　聚异戊
　二烯

polymethylmethacrylate（PMMA）　聚甲基丙烯
　酸甲酯

polystyrene（PS）　聚苯乙烯

poly-styrene-sulphonate（PSS）　聚苯乙烯磺酸，
　简称聚磺酸

polytetrafluoroethylene（PTFE）　聚四氟乙烯

polymer coating　聚合物涂层

profilometer　轮廓仪

projectile　弹射粒子

radical chain transfer　自由基链转移

radical combination　自由基耦合

radical generation　自由基生成

radical pair　自由基对

recoiling mechanism　反冲机制

scanning tunneling microscope（STM）　扫描隧
　道显微镜

scission　断链

secondary electron　二次电子

self-assembled monolayer（SAM）　自组装单层

solvent effect　溶剂效应

solubility　溶解度

spin-coating　旋涂

substrate　基底

secondary ion mass spectroscopy（SIMS）二次
　离子质谱

surface charging effect　表面荷电效应

surface initiated polymerization（SIP）　表面引
　发聚合

surface roughness（RMS）　表面粗糙度均方
　根值

surface sputtering　表面溅射

target　靶标

thermogravimetric analysis（TGA）　热重分析

X-ray photoelectron spectroscopy（XPS）　X射
　线光电子能谱

ultra-high vacuum（UHV）　超高真空

velocity filter　速度滤波器（由磁铁和一对静电
　偏转板组成，以便区分具有不同飞行速度的
　离子或不同质量的离子）

volatility　挥发性

wettability　浸润性

work function　功函数

Young's modulus　杨氏模量

索　引

L

离子剂量　56, 94

离子束轰击　11, 50

离子束轰击模型　111

量子化学计算　28

绿色化学　171

N

纳米团簇　132, 137

黏附力　146

Q

轻敲化学　1, 150

S

势能面　29

羧酸官能团　84, 91

T

弹射粒子　7, 158

铜基底　123

W

无机基底　118

X

芯能级谱图　59

旋涂　48, 50

选择性断裂　158

Y

杨氏模量　163

有机半导体　147

原位交联聚合　17

原子力显微镜　6, 48

Z

正三十二烷　49, 71

质子碰撞引发交联　86

主链断裂　9, 104

自由基链转移　80

自由基耦合　81

自由基形成　80

自组装单层　124, 125

其他

Au(111)基底　135

C—H 键　156

PEO 表面修饰　177

XPS 全谱　58

X 射线光电子能谱　6, 57